李计元　主　编

李　环　李海明　副主编

材料科学与工程实验教程

化学工业出版社

·北京·

本书从实验室安全教育、基本技能训练入手，用约80个实验，对基础验证性实验、综合设计性实验、自主创新性实验、工程实践类案例进行了详细的论述，每个实验基本涵盖实验目的、实验原理、实验仪器和设备、实验步骤、数据记录与处理、注意事项和思考题等。本书可作为高等院校材料类、机械类等专业的本科生实验教学用书。还可供有关教师、研究生和工程技术人员参考。

图书在版编目（CIP）数据

材料科学与工程实验教程/李计元主编. —北京：化学工业出版社，2020.1

ISBN 978-7-122-35752-6

Ⅰ.①材… Ⅱ.①李… Ⅲ.①工程材料-材料试验-高等学校-教材 Ⅳ.①TB302

中国版本图书馆CIP数据核字（2019）第260474号

责任编辑：赵卫娟　　文字编辑：于　水

责任校对：宋　玮　　装帧设计：关　飞

出版发行：化学工业出版社（北京市东城区青年湖南街13号　邮政编码100011）

印　　装：三河市延风印装有限公司

787mm×1092mm　1/16　印张13½　字数341千字　2020年2月北京第1版第1次印刷

购书咨询：010-64518888　　售后服务：010-64518899

网　　址：http://www.cip.com.cn

凡购买本书，如有缺损质量问题，本社销售中心负责调换。

定　　价：58.00元

前言

材料是社会进步的物质基础，是冶金、机械、化工、建筑、信息、能源等工业的支撑，材料科学与工程是研究材料的组成、结构、制备工艺及材料性能，并研究材料与构件的生产过程，制成具有一定使用性能和经济价值的材料及构件的应用基础学科。材料科学的发展，推动和促进了无机非金属材料、有机高分子材料、功能材料以及复合材料等专业的发展。

根据本科人才培养定位，在“新工科”的背景下，需要培养具有扎实专业知识、较强动手能力，在新型无机材料和绿色建筑功能材料等方面具有创新精神和创业意识的复合型应用人才。编者在多年教学经验的基础上整合优化实验教学课程体系，拓展实验内涵，编写了本教材。本书的主要特点：按照实验类型将实验项目进行划分，共分为四大类，其中基础验证性实验主要培养学生的实验操作、数据处理等技能；综合设计性实验是在基础验证性实验的基础上培养学生独立设计和综合运用实验手段的能力，突出对材料的组成-过程-性能之间关系认识的训练；自主创新性实验使学生尽早开始接触科研创新活动，激发学生创新潜能，培养科学思维，提高综合素质；工程实践类案例提供了材料科学与工程、无机非金属材料专业的实践教学案例，主要培养学生的工程实践能力和团队协作意识。

本书由天津城建大学李计元任主编，李环、李海明任副主编。李计元拟定了编写框架，并编写第1章1.1、1.2、1.3，第2章2.3、2.4、2.5及实验一～实验十八，第3章实验一～实验五，第4章实验一～实验四，第5章案例一～案例五；李环编写第2章实验十九、实验二十、实验三十一～实验三十九，第3章实验六～实验十五，第4章实验五、实验六，第5章案例六～案例九；李海明编写第1章1.4，第2章2.1、2.2及实验二十一～实验三十，第3章实验十六～实验二十五，第4章实验七～实验十一。本书编写过程中得到了鄂磊、荣辉、宁彩珍等教师的支持和帮助，在此表示衷心的感谢！同时对书中所引用文献资料的作者致以诚挚的谢意！

由于编写者的水平有限，书中不妥之处在所难免，恳请同行和读者给予批评指正。

编者

2019年10月

目　录

第1章　实验安全规程与基本技能训练　/ 1

1.1　实验室安全教育 …… 1

1.1.1　实验安全规程 …… 1

1.1.2　实验室工作习惯 …… 1

1.1.3　实验室安全应急预案 …… 2

1.1.4　化学药品的使用与保管 …… 3

1.2　基本技能训练 …… 4

1.2.1　玻璃仪器洗涤和干燥 …… 4

1.2.2　称量 …… 4

1.2.3　粉磨 …… 5

1.2.4　固-液分离技术 …… 6

1.2.5　烧成 …… 7

第2章　基础验证性实验　/ 10

实验一　晶体对称要素、紧密堆积及典型的晶体结构 …… 10

实验二　最紧密堆积原理及典型化合物晶体的结构分析 …… 11

实验三　泥浆性能测定 …… 13

实验四　黏土或坯料可塑性测定 …… 16

实验五　坯料线收缩率与体积收缩率的测定 …… 20

实验六　烧结温度与烧结温度范围的测定 …… 22

实验七　釉料熔融温度范围测定 …… 26

实验八　坯釉应力测定 …… 28

实验九　气孔率、吸水率及体积密度测定 …… 30

实验十　真密度测定 …… 33

实验十一　显微硬度测定 …… 35

实验十二　陶瓷材料抗折强度的测定 …… 37

实验十三　陶瓷白度测定 …… 40

实验十四　光泽度测定 …… 42

实验十五　陶瓷透光度测定 …… 43

实验十六　材料色度测定 …… 44

实验十七　热膨胀系数的测定 46
实验十八　石膏性能测定 49
实验十九　普通混凝土力学性能实验 54
实验二十　水泥水化产物微观形貌观察实验 56
实验二十一　聚合物球晶制备及形态观测 57
实验二十二　聚合物材料拉伸性能测试 58
实验二十三　聚合物温度-形变曲线的测定 59
实验二十四　聚合物熔体流动速率测定 61
实验二十五　简支梁法测定聚合物材料抗冲击性能 62
实验二十六　聚合物材料耐热性能测定：热变形、维卡软化温度测定 63
实验二十七　固体聚合物表面电阻系数测定 65
实验二十八　密度梯度管法测定聚合物的密度和结晶度 66
实验二十九　苯乙烯悬浮聚合 68
实验三十　乙酸乙烯酯乳液聚合 69
实验三十一　红外光谱测定与分析 70
实验三十二　紫外光谱测定与分析 72
实验三十三　荧光光谱测定与分析 73
实验三十四　X射线衍射技术及单物相定性分析 74
实验三十五　扫描电镜显微电子图像观察 75
实验三十六　差示扫描量热分析 79
实验三十七　差热-热重分析 80
实验三十八　多晶混合物相定性分析 82
实验三十九　单偏光和正交偏光晶体光学分析 84

第3章　综合设计性实验　/ 86

实验一　陶瓷坯料配方实验 86
实验二　陶瓷釉料配方实验 90
实验三　石膏模具制作及陶瓷注浆成型 92
实验四　泥浆的研制及性能测定 96
实验五　陶瓷材料成型实验 99
实验六　水泥基本性能实验 103
实验七　外加剂综合性能分析 111
实验八　普通混凝土配合比设计 115
实验九　普通混凝土拌和物性能测试 119
实验十　砂、石性能实验 122
实验十一　回弹法测试混凝土抗压强度 128
实验十二　超声-回弹综合法检测混凝土强度 129
实验十三　水泥基复合材料耐久性能实验 131
实验十四　超声法无损检测混凝土缺陷 136
实验十五　水泥的制备与性能分析 139
实验十六　有机玻璃制备及性能测定 143

实验十七　高分子材料注射成型实验 ………… 145
实验十八　聚氯乙烯模压成型实验 ………… 147
实验十九　苯乙烯-丙烯酸酯乳液聚合及性能测定 ………… 149
实验二十　离子交换树脂制备及交换当量测定 ………… 151
实验二十一　双酚A型环氧树脂的合成及环氧值测定 ………… 152
实验二十二　脲醛树脂制备及性能测定 ………… 155
实验二十三　低分子量聚丙烯酸（钠盐）的合成及性能 ………… 156
实验二十四　聚乙烯醇缩甲醛的制备及性能 ………… 157
实验二十五　高吸水树脂制备及性能测定 ………… 159

第4章　自主创新性实验　/ 161

实验一　Al_2O_3 陶瓷材料的制备 ………… 161
实验二　浸渗掺杂技术制备黑色氧化锆陶瓷 ………… 164
实验三　化学液相合成 ZrO_2 粉体与试样的制备 ………… 165
实验四　液相沉淀法制备 TiO_2 光催化剂 ………… 168
实验五　高性能混凝土制备与性能测试 ………… 169
实验六　固体废弃物性能测试及综合利用 ………… 171
实验七　功能高分子的制备 ………… 173
实验八　建筑乳胶涂料制备 ………… 174
实验九　建筑胶黏材料制备 ………… 176
实验十　化学建材成型 ………… 178
实验十一　建筑保温防火材料制备 ………… 180

第5章　工程实践类案例　/ 183

案例一　浅谈建筑卫生陶瓷色料调配技术 ………… 183
案例二　陶瓷色料在炻瓷无光釉中的应用 ………… 186
案例三　磷矿渣用于陶瓷坯料试验研究 ………… 189
案例四　油滴釉制作工艺的研究 ………… 191
案例五　快速烧成结晶釉关键技术的研究 ………… 195
案例六　混凝土轻骨料的制备 ………… 199
案例七　碳纤维布加固混凝土方法 ………… 200
案例八　助磨剂在水泥粉磨中的作用和应用 ………… 202
案例九　800密度等级的渣土陶粒制备 ………… 204

参考文献　/ 207

第1章 实验安全规程与基本技能训练

1.1 实验室安全教育

1.1.1 实验安全规程

进入实验室首先要考虑的是人身安全，其次是仪器设备安全，然后再开始进行实验。实验时，必须遵守如下实验安全规程。

① 禁止用湿手接触电器及开关；电器使用完毕立即关闭电源；水龙头应随手关闭。

② 一切涉及有毒、有害和刺激性气体的实验，应在通风橱内进行。

③ 使用易燃易爆试剂（如乙醇、丙酮等）应远离火源、热源，用毕应立即盖紧瓶塞，防止泄漏。

④ 使用强酸、强碱等腐蚀性试剂，切勿溅在人体、衣物上，特别注意保护眼睛；一旦发生意外，应立即用大量清水冲洗，必要时应及时到医务部门做进一步处理。

⑤ 使用有毒试剂（如汞、砷、铅等化合物，氰化物等），不得使其接触皮肤和伤口；实验后的废液应倒入指定的容器内集中处理。

⑥ 稀释浓硫酸时，应将浓硫酸慢慢注入水中，并不断搅拌。切勿将水倒入浓硫酸中，以免溅出，造成灼伤。

⑦ 严禁做未经教师允许的实验和任意混合各种药品，以免发生意外事故。

⑧ 切勿直接俯视容器中的化学反应或正在加热的液体。

⑨ 严禁在实验室内饮食、抽烟或把食物带入实验室。

⑩ 实验室所有药品、仪器不得带出实验室。

⑪ 离开实验室前应确保关闭电源、水龙头、门窗。

1.1.2 实验室工作习惯

良好的工作作风和习惯不仅是做好实验、搞好学习和工作所必需的，而且也反映一个人的修养和素质。通过培养和训练，要逐步养成以下几项实验室工作习惯。

① 初步养成认真、仔细、紧张、有序地进行实验的习惯。

② 养成节约药品、水、电和爱护仪器的习惯。进入实验室后首先要熟悉实验室环境、

布置和各种设施的位置，清点仪器。在每个实验告一段落时务必保证所有的仪器设备处于良好的状态，如有损坏及时报告。

③ 养成保持良好实验工作环境的习惯。保持实验室卫生、整洁，不得乱扔纸屑、瓶罐。实验结束后，应将台面清理干净，将仪器洗刷干净，放回原来位置，并将所有实验用品整理好，以免影响后续实验进行。手洗净后再离开实验室。

1.1.3 实验室安全应急预案

(1) 火灾

① 发现火情，现场工作人员立即采取措施处理，防止火势蔓延并迅速报告。

② 确定火灾发生的位置，判断出火灾发生的根源，如压缩气体、液化气体、易燃液体、易燃物品、自燃物品等。

③ 明确火灾周围环境，判断出是否有重大危险源分布及是否会导致次生灾难发生。

④ 明确救灾的基本方法，并采取相应措施，按照应急处置程序采用适当的消防器材进行扑救；木材、布料、纸张、橡胶以及塑料等的固体可燃材料的火灾，可采用水冷却法。但对资料、档案应使用二氧化碳、卤代烷、干粉灭火剂灭火。易燃可燃液体、易燃气体和油脂类化学药品火灾，使用大剂量泡沫灭火剂、干粉灭火剂灭火。带电电气设备火灾，应切断电源后再灭火，因现场情况及其他原因，不能断电，需要带电灭火时，应使用沙子或干粉灭火器，不能使用泡沫灭火器或水。可燃金属，如镁、钠、钾及其合金等火灾，应用特殊的灭火剂，如干砂或干粉灭火器等来灭火。

⑤ 依据可能发生的危险化学品事故类别、危害程度级别划定危险区，对事故现场周边区域进行隔离和疏导。如火势较大难以控制，及时拨打 119 报警求救，并到明显位置引导消防车。

(2) 爆炸

① 实验室发生爆炸时，实验室负责人或安全员在其认为安全的情况下必需及时切断电源和管道阀门。

② 所有人员应听从临时召集人的安排，有组织地通过安全出口或用其他方法迅速撤离爆炸现场。

(3) 中毒

实验中若出现咽喉灼痛、嘴唇脱色或发绀、胃部痉挛或恶心呕吐等症状时，则可能是中毒所致。视中毒原因施以下述急救后，立即送医院治疗，不得延误。

① 首先将中毒者转移到安全地带，解开领扣，使其呼吸通畅，让中毒者呼吸到新鲜空气。

② 误服毒物中毒者，须立即引吐、洗胃及导泻，患者清醒而又合作，宜饮大量清水引吐，亦可用药物引吐。对引吐效果不好或昏迷者，应立即送医院用胃管洗胃。孕妇应慎用催吐救援。

③ 重金属盐中毒者，喝一杯含有几克 $MgSO_4$ 的水溶液，立即就医。不要服催吐药，以免引起危险或使病情复杂化。砷化物和汞化物中毒者，必须紧急就医。

④ 吸入刺激性气体中毒者，应立即将患者转移，离开中毒现场，给予 2%～5%碳酸氢钠溶液雾化吸入、吸氧。气管痉挛者应酌情给解痉挛药物雾化吸入。应急人员一般应配戴过滤式防毒面罩、防毒服装、防毒手套、防毒靴等。

(4) 触电

① 触电急救的原则是在现场采取积极措施保护伤员生命。有人触电时他人要切断电路，

但不能直接接触。

② 触电急救时，要使触电者迅速脱离电源，越快越好，触电者未脱离电源前，救护人员不准用手直接触及伤员。使伤者脱离电源方法：切断电源开关；若电源开关较远，可用干燥的木棒、竹竿等挑开触电者身上的电线或带电设备；可用几层干燥的衣服将手包住，或者站在干燥的木板上，拉触电者的衣服，使其脱离电源。

③ 触电者脱离电源后，应观察其神志是否清醒。神志清醒者，应使其就地平躺，严密观察，暂时不要站立或走动；如神志不清，应就地仰面平躺，且确保气道通畅，并于5s时间间隔呼叫伤员或轻拍其肩膀，以判定伤员是否丧失意识。禁止摇动伤员头部呼叫伤员。

④ 抢救伤员时应立即就地坚持用人工肺复苏法正确抢救，并设法联系医院接替救治。

(5) 化学灼伤

① 强酸、强碱及其它一些化学物质，具有强烈的刺激性和腐蚀性，发生这些化学灼伤时，应用大量流动清水冲洗，再分别用低浓度的（2%～5%）弱碱（强酸引起的）、弱酸（强碱引起的）进行中和。处理后，再依据情况而定，作下一步处理。化学灼伤、碱灼伤：先用水洗，再用2%醋酸溶液洗；酸灼伤：先用大量水洗，再用碳酸氢钠溶液清洗。

② 溅入眼内时，在现场立即就近用大量清水或生理盐水彻底冲洗。冲洗时，眼睛置于水龙头上方，水向上冲洗眼睛，时间应不少于15min，切不可因疼痛而紧闭眼睛。处理后，再送眼科医院治疗。

(6) 创伤临时急救

① 烫伤：应涂上苦味酸和獾油。

② 割伤：应以消毒酒精洗擦伤口，撒上止血粉或缠上创可贴。若为玻璃割伤，应注意清除玻璃渣。

1.1.4 化学药品的使用与保管

① 危险品进入实验室的试剂贮存室时，应严格检查与验收，并做好账目登记工作，经常清点，每学期对账一次，做到账、物相符。必须做到“四无一保”，即无被盗、无事故、无丢失、无违章、保安全。落实“五双”，即“双人保管、双人领取、双人使用、双把锁、双本账”的管理制度。

② 试剂贮存室内应符合安全条件，并配备适用的消防器材和防护用品，严禁烟火，杜绝一切可能产生火花的因素。实验室内不要保存大量易燃溶剂，少量的易燃溶剂也须密塞，切不可存放在敞口容器内，同时需放在阴凉处，并远离火源，不能靠近电源及暖气等。

③ 对化学危险品的管理，应选派工作认真负责并有一定保管知识的（专职）人员严加管理。化学危险品应分类存放，试剂贮存室内存放的试剂不得过高过密，应设置最大储备定额，不应超储，互相有影响的药品不得混放，必须分库存储。

④ 在存储的过程中必须根据化学危险品的性质，采取必要的保护措施，如防湿、防热、防晒、防冻、防风化等。经常检查，防止因变质、分解造成自燃、爆炸，及时排除一切不安全因素。

⑤ 对剧毒物品必须严格执行专柜保管，实行两锁、两人保管、两人同时存取的管理制度，并做好详细记录，确保安全。对剧毒物品的容器、废液、残渣等应及时妥善处理，严禁随意抛洒，否则由此引起的严重后果应由当事人负完全责任。

⑥ 用过的溶剂不得倒入下水道，必须设法回收。含有有机溶剂的滤渣不能倒入敞口的废物缸内，特别是燃着的火柴头切不能丢入废物缸内。

1.2 基本技能训练

1.2.1 玻璃仪器洗涤和干燥

在实验过程中，洗涤和干燥仪器是一件十分重要且比较费时的工作，仪器洁净与否往往能影响实验的成败。实验用的玻璃仪器一般用钾玻璃制成，使用时应注意：①要轻拿轻放；②厚壁玻璃仪器（如抽滤瓶）不能加热；③用灯焰加热玻璃仪器（试管除外）至少要垫上石棉网；④平底仪器（如平底烧瓶、锥形瓶）不耐压，不能用于减压体系；⑤广口容器不能存放有机溶剂；⑥不能将温度计当玻璃棒使用。

盛放过聚合物或化学试剂的仪器往往比较难洗，搁置过久则更加难洗，因而一定要养成仪器用完后及时清洗的习惯。清洗仪器的原则是先尽量除尽聚合物，一般是每次只加少量溶剂，非磨口仪器可用毛刷和去污粉擦洗。对于那些用一般酸碱难除尽的残留物，或污染面不宜触及的玻璃仪器（如容量瓶、膨胀计），用热硝酸或热洗液来洗涤则效果更好，但必须注意安全操作。可将装有洗液的仪器放在搪瓷盘中或不锈钢盘中，并一起放入烘箱内加热，或在通风橱中于水浴上加热盛有硝酸的仪器，再用水反复冲洗干净。

洗净后的仪器可以晾干或烘干。烘干仪器除使用烘箱外，可以倒置玻璃仪器的气流干燥器的使用也很普遍。临时急用的仪器常用吹风机吹干，加入少量乙醇或丙酮荡涤仪器，可以加速吹干过程。对于某些要特别干燥的实验装置，可以在装置调装好后，于高真空下加热除去玻璃仪器内壁吸附的水汽。

在化学实验室中分液漏斗、恒压滴液漏斗、滴定管等的活塞有时打不开，用力拧就易碎，发生这种情况时可用下列方法进行处理：①发现油状物质吸住玻璃塞，一般可用微火或用电吹风慢慢加热（切勿用烈火加热，以免仪器炸裂），使油状物质熔化。油状物质熔化后，再用木棒轻轻地敲打塞子（即要胆大，又要细心），这样可以使活塞打开；②若是长时间未用，尘土凝结在磨口塞上，最好的方法是将磨口塞浸入水中几小时，切不可用力过猛，以免仪器破裂。

经上述几种方法仍无法打开玻璃塞时，可请玻璃师傅解决，而不要自己硬开，以免损坏仪器。玻璃塞的保养应注意：①接触油类物质的玻璃塞用后应立即擦洗干净，以免被吸住；②洗干净后在磨口塞内，衬垫一张小纸条，防止磨口塞被吸住；③磨口塞在擦洗时不能用去污粉，应该用清洁液冲洗，因为用去污粉擦洗对磨口的紧密度有损害；④注意轻开轻关，不要用力过猛；⑤在使用玻璃磨口时应涂上凡士林或真空脂，使仪器润滑、密封；⑥玻璃磨口内有灰尘和沙粒时，不要用力转动，以免损害磨口的紧密度，应先用水冲洗。

1.2.2 称量

实验室称量设备主要有电子天平、电子秤等。称量前，先要考虑称量的精度和选择合适的天平，最大量程要满足称量的要求。

(1) 电子天平的使用

① 检查：检查天平托盘上是否清洁，如有灰尘应用毛刷扫净；然后观察水平仪内的水泡是否位于圆环的中央。如有偏移，调节螺栓，左旋升高，右旋下降，使水泡居于水平仪中央。

② 预热：天平在初次接通电源或长时间断电后开机时，至少需要预热 30min。因此，实验室电子天平在通常情况下，不要经常切断电源。

③称量：按下 ON/OFF 键，接通显示器；等待仪器自检。当显示器显示零时，自检过程结束，天平可进行称量；放置称量纸，按显示屏上的 Tare 键去皮，然后进行物料或试剂的称量。称量完毕，按 ON/OFF 键，关断显示器。

(2) 使用注意事项

① 天平不能称量过热的物体，应晾至室温后再称量。有腐蚀性或吸湿性的物体必须放在密闭容器中称量。

② 同一化学试验中的所有称量，应自始至终使用同一架天平，使用不同天平会造成误差。

③ 每架天平都配有固定的砝码，用于天平校准。砝码要用镊子夹取，不能直接用手拿，用完应放回砝码盒内。

④ 严禁不使用称量纸直接在盘上称量！每次称量后，及时取出被称物，保持天平的清洁。必要时用软毛刷或绸布抹净或用无水乙醇擦净托盘，避免对天平造成污染而影响称量精度。

⑤ 天平内应放置干燥剂，称量物品的质量不得超过天平的最大载荷量。

1.2.3 粉磨

块状材料的粉磨通常采用球磨机，它既起粉磨作用，又起混合作用。球磨方式通常分为干磨和湿磨。干磨时球磨罐内只放磨球和粉料，或者添加少量助磨剂，使粉料分散，球磨以击碎为主，研磨为辅，故效果不是很好，特别是后期细磨时效果更差。因为在干磨后期，粉料间由于相互吸附作用而黏结成块，从而失去研磨作用。湿磨时球磨罐内除物料和磨球外，还须加入适当的液体，通常为水、乙醇、丙酮等。球磨过程中加入的液体会阻止细粉料团聚，同时也会通过毛细管作用及其它分子间力的作用，深入粉料的裂纹中使粉料胀大、变软，这是湿磨效率高的原因。

目前实验室最常用的是行星式球磨机和滚坛机（图 1-1），行星式球磨机是一种相对较为高效的粉磨设备，能干、湿两用。其结构是在一个大盘上装有四只小球磨罐，当大盘旋转

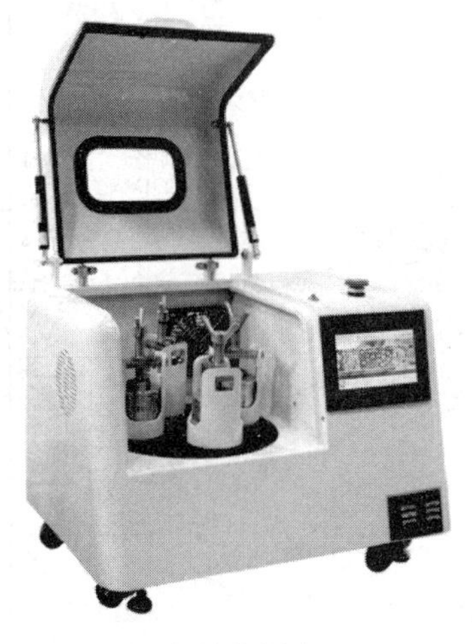

(a) 行星式球磨机

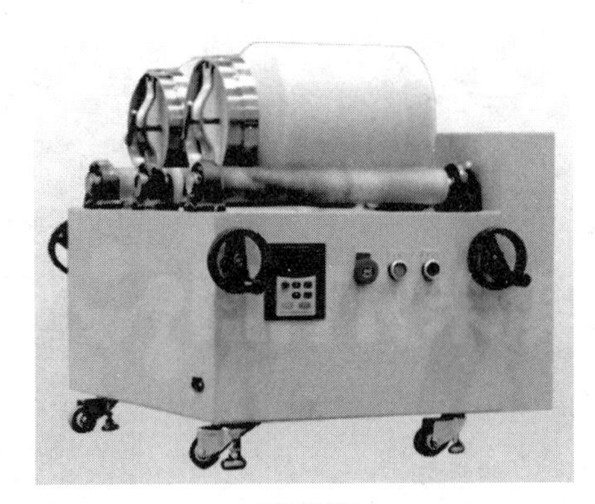

(b) 滚坛机

图 1-1　球磨机

时（公转）带动球磨罐绕自己的转轴旋转（自转），从而形成行星运动。公转与自转的传动比为1∶2。罐内磨球和磨料在公转与自转两个离心力的作用下互相碰撞，粉碎、研磨及混合粉料。

滚坛机是在球磨罐中装一定磨球（研磨体）的旋转筒体。机器运转时只有筒体绕圆心公转，筒体的旋转带动磨球旋转，靠离心力和摩擦作用，将磨球带至一定高度，当离心力小于其自身重量时，磨球下落，撞击下部磨球或筒壁，而介于其间的粉料，便受到撞击而破碎。滚坛机设备简单，混合均匀。缺点是工作周期长，耗电量大，工作效率不高。

使用时要注意：①球磨罐装料不超过罐容积的3/4；②行星球磨罐装入拉马套内必须对称安装，可同时装四个球磨罐，也可对称安装两个，不允许只装一个或三个；③安装完毕，罩上保护罩，安全开关被接通后行星球磨机才能正常运行；④安装行星球磨罐时先拧紧T形螺栓，然后拧紧锁紧螺母，拆卸时先松开锁紧螺母，再松开T形螺栓；⑤滚坛机瓷瓶要放正，以防滚落；⑥球磨完毕，待冷却后再拆卸，以免粉料被高压喷出。

1.2.4 固-液分离技术

固-液分离过程可以分为两大类：一是沉降分离，如倾析法、离心法；二是过滤分离，如常压过滤、减压过滤和压滤。

(1) 倾析法

倾析法（图1-2）是最常用的固-液分离方法之一。当沉淀的结晶颗粒较大或相对密度较大时，静置后颗粒能沉降到容器底部，可用此法分离。等溶液和沉淀分层后，倾斜器皿，把上部清液慢慢倾入另一容器中，即能达到分离的目的。如沉淀需要洗涤，则往沉淀中加入少量去离子水（或其他洗涤液）用玻璃棒充分搅拌，静置、沉降，倾去去离子水。重复洗涤几次，即可洗净沉淀。

(2) 离心法

离心法是借助于离心力，使密度不同的物质进行分离的方法。由于离心机等设备可产生相当高的角速度，使离心力远大于重力，于是溶液中的悬浮物便易于沉淀析出。将待分离的沉淀和溶液装在离心试管中，然后放在离心机中高速旋转（图1-3），使沉淀集中在试管底部，上层为清液，然后，用胶头滴管把清液和沉淀分开。先用手指捏紧橡皮头，排除空气后将滴管轻轻插入清液，缓缓松手清液则慢慢吸入滴管中，从而达到固-液分离的目的。

图1-2 倾析法

图1-3 离心法

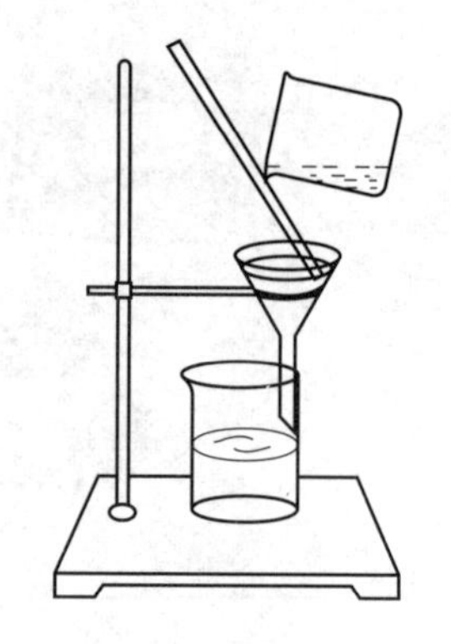

图1-4 常压过滤

(3) 常压过滤

将圆形滤纸对折两次，打开成圆锥形，放入玻璃漏斗中。滤纸边沿应略低于漏斗边沿

3～5mm。用手按住滤纸，以少量去离子水润湿，轻压四周，使其紧贴在漏斗上。将贴好滤纸的漏斗放在漏斗架上，并使漏斗管末端与容器内壁接触。将悬浊液沿着玻璃棒缓缓倒入漏斗中，漏斗中的液面应低于滤纸边沿约1cm。溶液过滤完后，以少量去离子水洗涤烧杯和玻璃棒，并将此洗涤液也过滤。最后用少量去离子水冲洗沉淀和滤纸，常压过滤操作示意图见图1-4所示。

(4) 抽滤

抽滤是利用真空泵使抽滤瓶中的压强降低，达到固-液分离的目的。抽滤法可加速过滤，抽滤装置如图1-5所示，由抽滤瓶、布氏漏斗、耐压橡皮管、缓冲瓶组成。布氏漏斗是瓷质的，中间有许多小孔，以便使滤液通过滤纸从小孔流出。过滤前，先剪一张比漏斗内径略小的圆形滤纸，用少量水润湿滤纸，打开真空泵，减压使滤纸与漏斗贴紧，然后将悬浊液缓缓倒入漏斗中，开始抽滤。停止抽滤时应先拔下连接滤瓶与真空泵的橡皮管，再关闭真空系统，以防倒吸。取下漏斗倒扣在表面皿上，用洗耳球吹漏斗下口，使滤饼脱离漏斗。

(5) 压滤

压滤是利用一种特殊的过滤介质（滤布），对对象施加一定的压力，使得液体渗析出来的一种固液分离技术。通常压滤（压滤机）适用于生产规模大，且介质相对容易分离的情况，在陶瓷行业中泥浆脱水时应用较多。压滤机（图1-6）由滤板、滤框、滤布、压榨隔膜组成，滤板两侧由滤布包覆，需配备压榨隔膜时，一组滤板由隔膜板和侧板组成。隔膜板的基板两侧包覆橡胶隔膜，隔膜外面包覆滤布，侧板即普通的滤板。物料从止推板上的料孔进入各滤室，固体颗粒因其粒径大于过滤介质（滤布）的孔径被截留在滤室里，滤液则从滤板下方的出液孔流出。滤饼需要榨干时，除用隔膜压榨外，还可用压缩空气或蒸气，从洗涤口通入，用气流冲去滤饼中的水分，以降低滤饼的含水率。

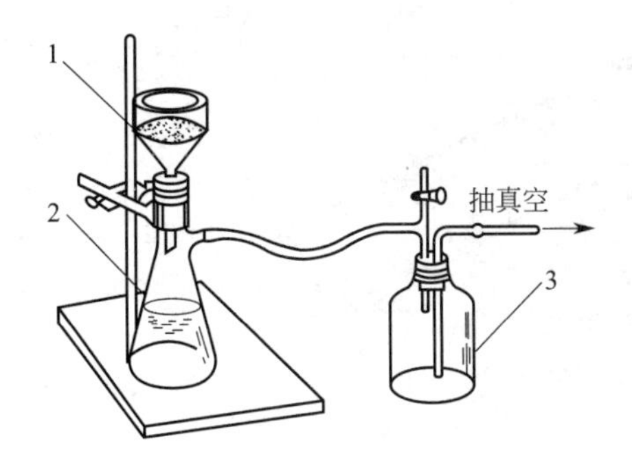

图1-5 抽滤装置示意图

1—布氏漏斗；2—抽滤瓶；3—缓冲瓶

图1-6 压滤机

1.2.5 烧成

(1) 电阻炉和发热元件种类

烧成过程中用到的主要设备是高温电阻炉（图1-7），它的优点是设备简单、使用方便、可以精确地控制温度。按照结构将其划分为箱式电阻炉和管式电阻炉两种。箱式电阻炉主要用于不需要控制气氛的高温烧成过程，设备配备温度控制器和热电偶进行程序控温。管式电阻炉通常用于在控制气氛的条件下进行烧成，它们往往没有自己的温度控制器，通常通过自耦变压器来控制输入电压，从而控制它的温度。

实验电阻炉的发热元件（图1-8）主要有镍铬丝（最高加热温度为1100℃）、硅碳棒

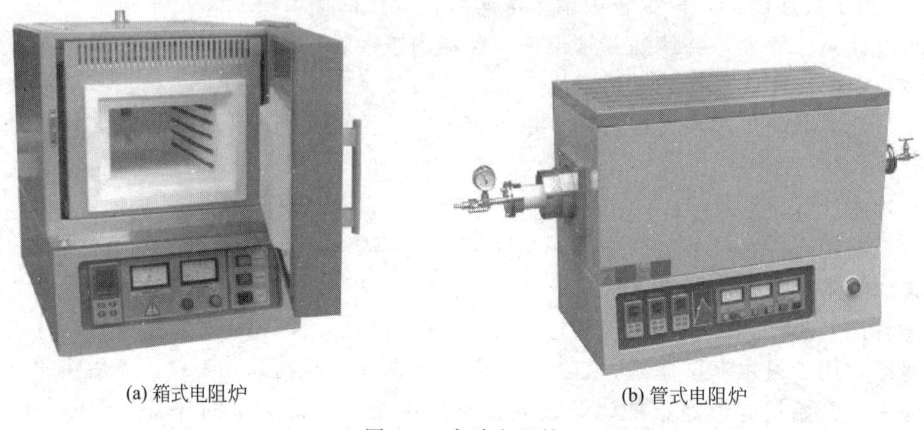

(a) 箱式电阻炉　　(b) 管式电阻炉

图 1-7　实验电阻炉

(最高加热温度为 1400℃）和硅钼棒（最高加热温度为 1700℃）。电炉的使用温度应该低于其最高工作温度。如果在 1100℃以下使用，通常可用的电阻线是 Ni-Cr 合金，它电阻率高，而且抗氧化能力很强，如果不过热的话，寿命很长。如果使用温度在 700～1400℃范围内，可以用硅碳棒作电阻材料，当炉膛温度超过 1400℃以后，硅碳棒氧化速度加快，寿命缩短，使用时应该注意尽量不要让硅碳棒表面温度过高。如果在 1400～1700℃范围内使用，可以选用硅钼棒作电阻材料，硅钼棒在高温氧化气氛下，表面会生成一层致密的石英（SiO_2）保护层以防止其继续氧化。当硅钼棒温度大于 1700℃时，由于硅钼棒表面张力的作用，硅钼棒表面被熔掉从而失去保护作用。

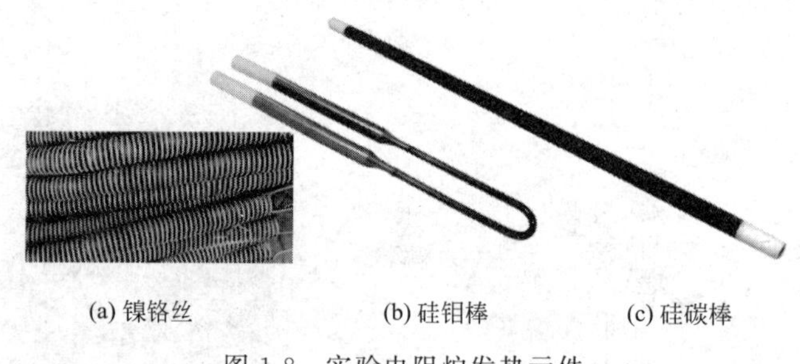

(a) 镍铬丝　　(b) 硅钼棒　　(c) 硅碳棒

图 1-8　实验电阻炉发热元件

(2) 电阻炉的使用与维护

硅碳棒电阻炉及硅钼棒电阻炉在正常情况下使用是比较方便和稳定的，但在使用过程中必须符合各自的规律，并在使用前参阅说明书及有关资料。使用中须注意以下几点。

① 气氛。硅碳棒炉及硅钼棒炉最适宜在空气介质中使用。硅钼棒发热元件在空气中使用时，不应长期处于 400～700℃低温范围，因其在该条件下将发生低温氧化致使元件损坏。硅碳棒及硅钼棒应避免与氯气及硫蒸气接触。硅碳棒还应防止与水蒸气作用，以免发生反应。如果物料在煅烧过程中有此介质产生，则应时常开启炉门，以使水蒸气逸出。氢气易使硅碳棒引起还原反应而使其发脆。

新硅钼棒电阻炉在使用前，应在空气中加热至 1500℃保温 1h 以生成保护层。元件适宜连续使用，当棒体表面产生白泡时，说明过负荷运行，应降压运行。硅钼棒电阻炉不能在氢气或真空中使用，在还原气氛条件下工作温度不宜超过 1350℃，否则会使其产生碱性介质的物料。

② 煅烧物料的性质。易爆裂的物料不能放在炉膛中煅烧，因为发热元件不能经受爆裂物料碎片的冲击。任何物料都不能和发热元件接触，能熔融的物料要防止其飞溅，粉料也要注意，避免其在高温下飞扬，停积于发热元件上。

③ 升温速率。在低温时，温度很容易上升，为避免温度急剧变化可能造成对炉子的损坏和对煅烧物料的性能影响，均应按有关技术条件规定的升温速率加以控制。一般情况下，当物料无一定要求的升温速率时，也应控制在 10℃/min 以内。

④ 电源合分顺序。要保证接通电源和切断电源均在无负荷的情况下进行。为此，使用炉子时要先合闸，后升压。使用完毕后，断电的顺序相反，即先降压，后关闸。

⑤ 线路检验。一般易发生的故障常在电线的连接处及发热元件与导线的连接处，对这些地方要经常检查，保证接触良好。

⑥ 测温仪表的校验。测温仪表要定期校验，使其处于正常状态。否则，往往由于仪表本身不正常而控制不好温度，造成实验失败或发热元件损坏。

第2章 基础验证性实验

实验一　晶体对称要素、紧密堆积及典型的晶体结构

一、实验目的

① 掌握晶体对称的概念及对称操作。

② 掌握在晶体模型上寻找对称要素的基本方法。

③ 根据对称特征划分晶族、晶系，掌握各晶系的对称特点。

二、实验原理

（1）用镜像反映的对称操作寻找对称面

下列平面可能是对称面。

① 垂直平分晶棱的平面。

② 通过晶棱的平面。

观察上述平面是否把晶体分为互成镜像反映的两个相等部分，如果是，则为对称面，否则不是，对称面用“P”表示，如有5个对称面则写为5P。

（2）用旋转的对称操作寻找对称轴

下列的直线可能是对称轴。

① 通过晶棱中点的直线，可能是L^2。

② 通过晶面中心的直线，可能是L^2、L^3、L^4、L^6。

③ 通过顶点的直线，可能是L^2、L^3、L^4、L^6。

将晶体围绕上述直线旋转，如相同的面、棱、角重复出现，则该直线为一对称轴。图形重复的次数，就是该对称轴的轴次。$n=360°/\alpha$，n为轴次，α为基转角，把相同轴次的对称轴合在一起，例如有4个二次对称轴，则记为$4L^2$。当某一对称轴可以是几种轴次时，应取最高轴次，例如同时为L^3、L^6，应取L^6。

（3）寻找对称中心

观察所有晶面是否为两两平行且同形等大，如果是，就有对称中心；否则无对称中心。对称中心用“C”表示。

(4) 用“旋转+反伸”的对称操作寻找旋转反伸轴

晶体上或模型上有 L_i^4 或 L_i^6 存在时，往往有 L^2（与 L_i^4 重合）和 L^3（与 L_i^6 重合）存在，同时在晶体上还会有晶棱、顶点上下交错分布的现象。

确定 L_i^4、L_i^6 的具体方法如下。

① 找出晶体上的 L^2 或 L^3，并放在直立位置。

② 旋转晶体，观察其面、棱、点有无上下交错现象，如有并垂直此直线，且没有对称面，则此直线可能是 L_i^4 或 L_i^6。

③ 通过晶体中心，垂直该直线做一假想平面。

④ 在晶体上半部，认定一个晶面（或晶棱），将晶体围绕该面（或直线）旋转 90°或 60°，并假想上述认定的晶面（或晶棱）仍留在原来的位置，则在其下部有一晶面（或晶棱）与之成镜像反映，则此直线为 L_i^4 或 L_i^6。

三、仪器设备

木制晶体模型，每晶系多个单形或聚形，四面体，三方柱。

四、实验操作

① 在模型上找出全部的对称要素。

② 确定晶体的对称型。按上述方法找出晶体的全部对称要素后，将它们依照从左到右先写对称轴（轴次由高到低），再写对称面，最后写对称中心的顺序书写下来，即为该晶体的对称型。然后，再将所确定的对称型与《晶体分类简表》中 32 种对称型对照，若有不符，则需检查所找的对称要素有无遗漏或重复，重新确定对称型，直至正确为止。

③ 划分晶族、晶系。在模型上找出全部对称要素后，根据对称特点，确定其晶族、晶系。

五、数据记录与处理

整理上述实验观察到的内容，并列表（表 2-1）加以分析。

表 2-1　晶体的对称

序号	模型示意图	全部对称要素	对称型	晶系	晶族
1					
2					

六、思考题

① 什么是晶体的对称性？

② 三方柱晶体为什么属于六方晶系？对称型 L^3P、L^33L^24P 属何晶系？为什么？

③ 如何在晶体模型上正确而迅速地找出全部对称要素？

实验二　最紧密堆积原理及典型化合物晶体的结构分析

一、实验目的

① 建立晶体结构的立体概念。

② 掌握晶体内部质点排列的基本方式。

③ 深化对配位数和配位多面体概念的理解。

二、实验原理

晶体是质点（离子、原子或分子）在三维空间周期性排列而构成的固体，质点之间靠化学键结合在一起，由于离子键、金属键和范德华键没有方向性和饱和性的限制，因而在由这些键结合而成的晶体中，质点总是尽可能互相靠近，形成最紧密堆积，以降低势能，使晶体处于最稳定状态。这种紧密堆积结构，可以用等径圆球的堆积来表示，在这些做最紧密堆积的球体之间，还存在许多空隙，其中一种空隙是由四个球围成的，将这四个球的中心连接起来可以构成一个四面体，因而称为四面体空隙；另一种空隙是由六个球围成的，将这六个球的中心连接起来可以构成一个八面体，故称为八面体空隙。在离子晶体结构中，常常是阴离子按最紧密堆积排列，阳离子填充其中的八面体空隙和（或）四面体空隙。

三、仪器设备

化合物晶体的结构模型。

四、实验操作

（1）六方最紧密堆积（hexagonal closest packing，缩写为 HCP）

① 取七个等径球体，放在一个平面上，使彼此尽量互相靠拢，做最紧密堆积排列，设这一层为 A 层，这时每个球周围有六个球围绕，并在球与球之间形成许多三角孔，其中一半三角孔的尖端指向上方，另一半指向下方。

② 继续堆积第二层（B 层）时，可以放在图 2-1 中尖端向上的空隙上，也可以放在尖端向下的空隙上，此时这两种放法的效果相同，都属于最紧密堆积。

③ 第三层球的放法与第一层球的中心相对应，即重复第一层球的排列方式，按照 AB-AB 的层序堆积，从中找出六方点阵（六方紧密堆积如图 2-2 所示）。

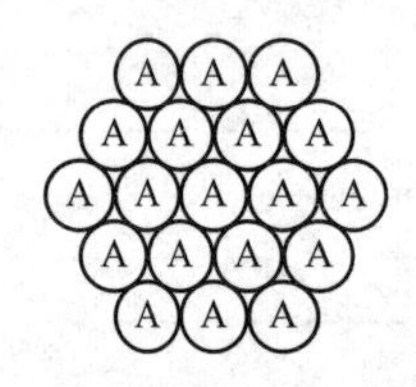

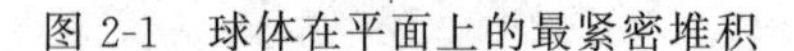
图 2-1　球体在平面上的最紧密堆积

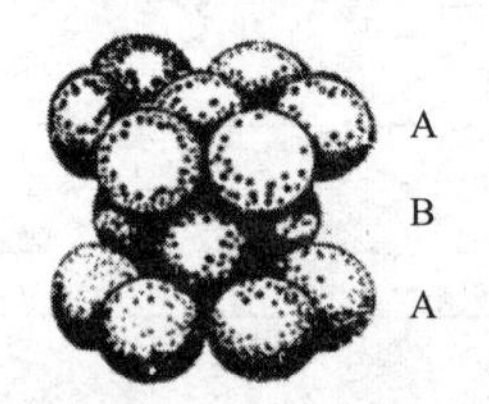

图 2-2　六方紧密堆积

④ 求出六方点阵中球体的个数，并计算出四面体空隙数、八面体空隙数。

⑤ 计算六方点阵的空间占有率。

（2）立方最紧密堆积（cubic closest packing，缩写为 CCP）

① 取七个等径球体，放在一个平面上，使彼此尽量互相靠拢，做最紧密堆积排列，设这一层为 A 层，这时每个球周围有六个球围绕，并在球与球之间形成许多三角孔，其中一半三角孔的尖端指向上方，另一半指向下方。

② 继续堆积第二层（B 层）时，可以放在图 2-1 中尖端向上的空隙上，也可以放在尖端向下的空隙上，此时这两种放法的效果相同，都属于最紧密堆积。

③ 将球体放在与第一层球中另外三个球相应孔位的上方（即如果第二层球放在第一层

球中尖端向上的三角孔的上方，则第三层就放在尖端向下的三角孔上)，使第三层球的放法既不同于第一层，也不同于第二层，而是处于交错位置，设其为C层。

④ 使第四层球的排列方式与第一层球相同，形成ABCABC的堆积方式，从中找出面心立方点阵阵胞，如图2-3所示。

⑤ 计算面心立方点阵阵胞中球体的个数，并计算出四面体空隙数、八面体空隙数。

⑥ 计算面心立方点阵的空间占有率。

图2-3 立方紧密堆积

(3) 观察下列典型化合物晶体的结构模型

食盐（NaCl）结构、氯化铯（CsCl）结构、闪锌矿（立方ZnS）结构、萤石（CaF_2）结构、纤锌矿（六方ZnS）结构、金红石（TiO_2）结构、钙钛矿（$CaTiO_3$）结构。

① 对照模型说明上述晶体的结构类型。

② 分别指出上述化合物晶体单位晶胞中的阴离子数、阳离子数及化合物的“分子个数”。

③ 分别指出晶体结构中每种质点（离子或原子）的配位数和配位多面体类型。

④ 绘出上述晶体中（100）、（010）、（001）、（110）及（111）面的质点排布。

五、数据记录与处理

分析HCP和CCP两种结构的晶胞中的球体个数、四面体空隙、八面体空隙以及空间占有率。分析典型化合物萤石、钙钛矿的晶体结构类型、分子数、配位数以及阴阳离子的配位多面体类型等。

六、思考题

① 为什么六方紧密堆积与立方紧密堆积的球体空间占有率相同？

② 食盐（NaCl）与氯化铯（CsCl）的结构不同之处在哪里？请解释原因。

实验三 泥浆性能测定

一、实验目的

① 了解泥浆的稀释原理以及如何选择稀释剂并确定其用量。

② 了解泥浆性能对陶瓷生产工艺的影响。

③ 掌握泥浆浓度、流动性和触变性等的测定方法。

二、实验原理

工艺上用一定体积的泥浆静置一定时间后从一定的流出孔流出的时间表征泥浆的流动度。流动度、相对黏度和绝对黏度都是用来表征泥浆流动性的。浆体在剪切速率不变的条件下，剪切应力随时间减小的性能称为触变性。陶瓷工艺学上以溶胶和凝胶的恒温可逆变化，或者震动使其获得流动性，而静置使其重新稠化的现象表征触变性或稠化性。触变性以稠化度或厚化度表示，即泥浆在黏度计中静置30min后的流出时间对静置30s后的流出时间之比值。注浆成型时单位时间内单位模型面积上所沉积的坯体重量称为吸浆速度。工艺上吸浆速度以石膏模坩埚法和石膏模圆柱体法测定。

流动性差的泥浆静置后，常会凝聚沉积稠化。泥浆的流动性与稠化性主要取决于坯釉料的配方组成，特别是黏土材料的矿物组成、工艺性质、粒度分布、水分含量、所用电解质种类与用量以及泥浆温度等。泥浆流动度与稠化度将影响球磨效率、泥浆输送、贮存、压滤和上釉等生产工艺，特别是注浆成型时，将影响浇注制品的品质。如何调节和控制泥浆的流动度、稠化度，对于满足生产需要、提高产品质量和生产效率均有重要意义。

调节和控制泥浆流动度、厚化度的常用方法是选择适当的电解质，并适量加入。在黏土-水系统中，黏土粒子带负电，在水中能吸附正离子形成胶团。一般天然黏土粒子上吸附着各种盐的正离子：Ca^{2+}、Mg^{2+}、Fe^{3+}、Al^{3+}等，其中Ca^{2+}最多。在黏土-水系统中黏土粒子还大量吸附H^{+}。在未加电解质时，由于H^{+}半径小，电荷密度大，与带负电的黏土粒子的作用力也大，易进入胶团吸附层，中和黏土粒子的大部分电荷，使相邻同号电荷粒子间的排斥力减小，致使黏土粒子易于吸附凝聚，降低流动性。Ca^{2+}、Al^{3+}等高价离子由于其电价高（与一价阳离子相比）及黏土粒子间的静电引力大，易进入胶团吸附层，同样可降低泥浆流动性。如果加入电解质，这种电解质的阳离子离解程度大，所带水膜厚，而与黏土粒子间的静电引力不是很大，大部分仅能进入胶团的扩散层，使扩散层加厚，电动电位增大，从而提高泥浆的流动性，即电解质起到了稀释作用。

泥浆的最大稀释度（最低黏度）与其电动电位的最大值相适应，若加入过量的电解质，泥浆中这种电解质的阳离子浓度过高，会有较多的阳离子进入胶团的吸附层，中和黏土胶团的负电荷，从而使扩散层变薄，电动电位下降，黏土胶团不易移动，使泥浆黏度增加，流动性下降，因此电解质的加入量应有一定的范围。

三、仪器设备与材料

仪器设备：①球磨机，涂-4黏度计，比重杯，瓷瓶球磨罐（5L），电子天平（精度0.001g和0.0001g），电动搅拌机；②量筒，玻璃棒，秒表，量杯，标准筛（80目、350目）；③石膏模，游标卡尺。

材料与试剂：①唐山紫木节，大同土，长石，抚宁瓷石，章村土，彰武土，碱矸，砂岩；②无水碳酸钠，水玻璃。

四、实验操作

（1）泥浆制备

坯料配方（%）：砂岩12、紫木节17、大同土12、长石11、抚宁瓷石18、章村土10、彰武土13、碱矸7，外加碳酸钠和水玻璃，含量0.5%，水40%。按照以上坯料配方称取3kg干料加入球磨罐中，加入球石，研磨一定时间，出磨过160目筛，倒入泥浆桶中备用。

（2）泥浆水分测定

称取泥浆10～20g，记为m_1，放入烘干至恒重的蒸发皿中，置于鼓风干燥箱中，烘干至恒重m_2。按下式计算泥浆含水率ω：

$$\omega=\frac{m_2-m_1}{m_2}\times 100\% \tag{2-1}$$

式中，ω为泥浆含水率；m_1为湿试样重，g；m_2为干试样重，g。

（3）泥浆浓度测定

将100mL比重杯洗净、控干、称重。再将搅拌均匀的泥浆倒满比重杯，盖上杯盖，多余的泥浆会从杯盖顶端的溢流孔流出，用湿布擦拭干净杯体，置于天平上称重，记录数据并换算，浓度的单位为g/200mL。

(4) 泥浆细度测定

利用水筛法测试泥浆细度，将100mL泥浆缓慢地倒入350目筛上，同时打开自来水，用水流冲击、清洗，直至水清为止。将残渣反冲洗至500mL蒸发皿中，静置后倾去上清液于烘箱中烘干至恒重，称取残渣质量m，计算筛余量。

$$\text{筛余量}\% = \frac{\text{残渣重}}{\text{干料总重}} \times 100\% = \frac{m}{M(1-\omega)} \times 100\% \tag{2-2}$$

式中，ω为泥浆含水率；m为筛上物干重，g；M为100mL泥浆的质量，g。

(5) 流动性测定

将搅拌均匀的泥浆注满涂-4黏度计，打开流出孔的同时按下秒表，记录秒表读数，即为泥浆的流动性τ_0。

(6) 触变性测定

泥浆的触变性用稠（厚）化度来表示。按上面流动性的测定方法，测定泥浆静置30s后流出的时间τ_{30s}，再测定静置30min后流出的时间τ_{30min}，则触变性为：

$$\text{厚化度} = \frac{\tau_{30min}}{\tau_{30s}} \tag{2-3}$$

式中，τ_{30s}为100mL泥浆在涂-4黏度计内静置30s后的流出时间，s；τ_{30min}为100mL泥浆在涂-4黏度计内静置30min后的流出时间，s；

(7) 吸浆速度测定

将石膏模型（ϕ80mm，厚35mm）用湿海绵轻轻擦去表面灰尘，用有机玻璃管蘸取少量泥浆迅速粘于模型上。将制得的泥浆倒入模型中放置60min后倒出多余泥浆。用游标卡尺量取中心厚度（mm）数据并记录，单位为mm/h。

五、实验要求

① 记录实验数据并与标准泥浆各参数进行比对。不符合要求时，根据具体情况，重新进行调制。

② 通常注浆成型用泥浆的参数。浓度：(356±2)g/200mL；流动性τ_0：(65±5)s；含水率：28%～35%；吃浆速度：5～8mm/h。

六、注意事项

① 注意电解质的存放与保管。水玻璃易吸收空气中的CO_2而降低稀释效果；Na_2CO_3必须保存在干燥的地方，以免在空气中变成$NaHCO_3$而使泥浆凝聚。

② 泥浆在测试和使用时温度要保持一致。

七、思考题

① 电解质稀释泥浆的机理是什么？

② 泥浆性能测定对陶瓷制品的生产有何指导作用？

③ 电解质应具备哪些条件？

④ 评价泥浆性能应该从哪几个方面考虑？

实验四　黏土或坯料可塑性测定

一、实验目的

① 了解黏土或坯料可塑性的测定原理。

② 掌握可塑性的测定方法。

二、实验原理

直接法以塑性泥料在压力、张力、剪力、扭力作用下的变形程度来表示。测量可塑性的直接法有可塑性指标法、可塑性指数法、圆柱体压缩法、张力和剪力比塑性测定法等。

① 可塑性指数表示泥料呈可塑性状态时含水量的变动范围。可塑性指数法包括了液限与塑限两个测定内容，所谓液限，就是使泥料具有可塑性时的最高含水率，塑限就是使泥料具有可塑性的最低含水率。可塑性指数值为液限与塑限之差。

液限含水率、塑限含水率分别按下式计算：

$$P_{液}=\frac{G_1-G_2}{G_2-G_0}\times 100\% \tag{2-4}$$

$$P_{塑}=\frac{G_1-G_2}{G_2-G_0}\times 100\% \tag{2-5}$$

式中，$P_{液}$，$P_{塑}$分别为液限和塑限含水率，%；G_0 为称量瓶重，g；G_1 为称量瓶重＋湿试样重，g；G_2 为称量瓶重＋干试样重，g。

湿试样重分别指液限试样和塑限试样的重量，即华氏平衡锥下沉 10mm 符合液限测定要求的湿试样和泥条搓成直径为 3mm 左右而自然断裂成长度为 10mm 左右时的湿试样重。

代表液限和塑限含水率的数据应精确到小数点后一位；平行测定五个试样的平均值，其误差液限不大于±0.5%，塑限不大于±1%。

$$P_i=P_{液}-P_{塑} \tag{2-6}$$

式中，P_i 为可塑性指数。

一般低可塑性泥料的可塑性指数为 1～7；中可塑性泥料的可塑性指数为 7～15；高可塑性泥料的可塑性指数＞15。

② 可塑性指标。利用一定大小的泥球在受力情况下所产生的变形大小与变形力的乘积来表示黏土或坯料的可塑性。

可塑性指标根据式(2-7)、式(2-8)计算：

$$S=(D-H)P \tag{2-7}$$

若试验泥球直径大于 45mm，计算式为

$$S=\frac{D-H}{D}P \tag{2-8}$$

式中，D 为实验前泥球的直径，cm；H 为受压后泥球高度（沿受压方向），cm；P 为泥球出现裂纹时的负荷重量，kg。

瘠性黏土的可塑性指标低于 2.4；中塑性黏土为 2.4～3.6；高可塑性黏土则大于 3.6。

③ 圆柱体压缩法是用一种近似恒定的速率从轴线方向压缩圆柱体试样，同时指示各压缩阶段的压缩应力。计算公式如式(2-9)：

$$\varepsilon=\frac{h_0-h}{h_0} \tag{2-9}$$

式中，ε 为试样高度的相对减小量，即压缩应变量或压缩率；h_0 为试样的开始高度；h 为在任何阶段的试样高度。

$$S=\frac{h_0 S_0}{h}=\frac{S_0}{1-\varepsilon} \tag{2-10}$$

式中，S 为试样在任何阶段的有效横截面积；S_0 为试样初始横截面积。

对于圆柱体试样，定义塑度 R 来衡量泥料的可塑性，即压缩试样 $\varepsilon=10\%$时的压应力与50%时压应力之比，计算公式为：

$$R=1.8\frac{R_{10}}{R_{50}} \tag{2-11}$$

式中，R_{10} 为压缩应变为10%时千分表的读数；R_{50} 为压缩应变为50%时千分表的读数；1.8为常数（圆柱体试样尺寸为：ϕ28mm×38mm）。

④ 张力和剪力比塑性测定法：使泥段通过挤压锥形口表示剪力，通过拉伸表示张力，再用张力和剪力的比值表示可塑性。

⑤ 间接法是用饱水率、风干收缩率、黏度、稀释水分间接表示可塑性。

通常采用直接法测定黏土或坯料的可塑性。

材料的种类、粉碎方法、粒径大小及颗粒分布、含水率等在不同程度上影响可塑性。可塑性与调和水量，即与颗粒周围形成的水膜厚度有一定关系。一定厚度的水膜会使颗粒相联系，形成连续结构，加大附着力，水膜又能降低颗粒间的内摩擦，使质点能相互沿着表面滑动而易于被塑造成各种形状，从而产生可塑性。但加入水量过多，又会产生流动而失去塑性；加入水量过少，则连续水膜破裂，内摩擦增加，塑性变坏，甚至在过大压力下形成散开状态。

三、仪器设备

华氏平衡锥（包括流变性限度仪附件），见图2-4；可塑性指标测定仪，见图2-5；KS-B型数显式可塑性仪，见图2-6；天平（感量0.01g），调泥皿，小瓷皿，干燥器，烘箱。

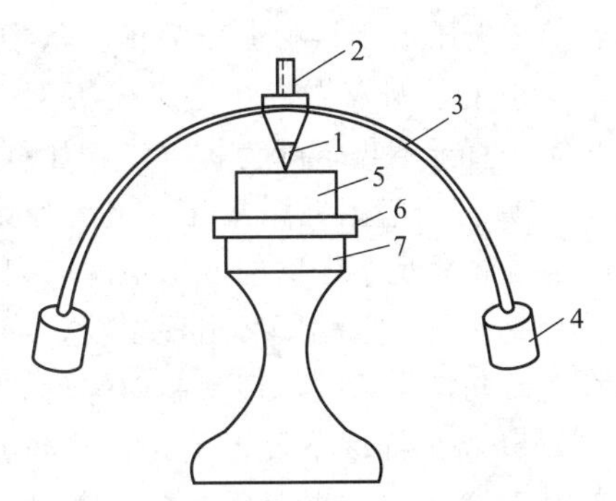

图2-4 华氏平衡锥（流限仪）

1—圆锥体（呈30°尖）；2—螺栓；3—半圆形钢丝；4—金属圆柱；5—土样杯；6—玻璃板；7—木质台

四、实验操作

1. 可塑性指标法

（1）可塑泥团准备

① 将500g通过0.5mm孔径筛的黏土（也可直接取用生产上使用的坯料），加入适量水，充分调和、捏炼使其达到具有正常工作稠度的致密泥团（这种泥团极易塑造成型而又不粘手）。

② 将泥团铺于玻璃板上，压延成厚约30mm的泥饼，用ϕ45mm的铁环切取五块，备用。

（2）利用可塑性指标法测定泥团可塑性

① 将泥块用手搓成圆球，球面要求光滑无裂纹，球为ϕ(45±1)mm，为了使手不致在

搓泥时消耗泥料水分和玷污泥球表面，搓泥球前，先用湿毛巾擦手或戴上塑料薄膜手套。

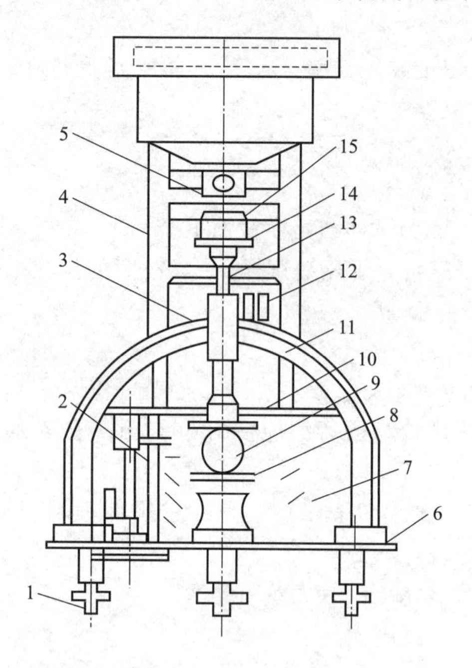

图 2-5 可塑性指标测定仪

1—水平调节螺钉；2—游块；3—电磁铁；4—支架；
5—滑板架；6—机座；7—镜子；8—座板；9—试样；
10—下压板；11—框架；12—止紧螺丝；
13—中心轴；14—上压板；15—盛砂杯

图 2-6 KS-B 型数显式可塑性仪

② 把圆球放在压球式塑性仪座板的中心，右手旋开框架上制动螺丝，让中心轴慢慢放下，至下压板刚接触泥球为止，从中心轴标尺上读取泥球直径。

③ 把盛砂杯放在中心轴压板上，用左手捏住压杆，右手旋开制动螺丝，让中心轴慢慢下降，直至不再下降为止（注：压杆质量为 800g）。

④ 打开盛铅丸漏斗开关（滑板架），让铅丸匀速落入盛铅丸容器中，逐渐向泥球加压。这时要注意观察泥球的变形情况，可以从正面和镜中观察。随着铅丸重量的不断增加，泥球逐渐变形至一定程度后出现裂纹，当一发现裂纹时，立即按动开关按钮，利用电磁铁迅速关闭盛铅丸料斗开关，锁紧制动螺丝，读取泥球的高度数值，称取铅丸重量。

⑤ 将试样取下置于预先称量恒重并编好号的称量瓶中，迅速称重，然后放入烘箱中，在 105～110℃下烘干至恒重，冷却后称重。

2. 可塑性指数法测定

(1) 液限的测定

① 将 100g 通过 0.5mm 孔径筛的天然黏土（也可直接取用生产用坯料）在调泥皿内逐渐加水调成较正常工作稠度稀一些的均匀泥料，不同黏土加水量一般在 30%～70%，陈腐 24h 备用。若直接取自真空练泥机的坯料，可不陈腐。

② 试验前，将制备好的泥料再仔细拌匀，用刮刀分层将其装入试样杯中，每装一层，轻轻敲击一次，以除去泥料中气泡，最后用刮刀刮去多余的泥料，使泥料与试样杯平，置于试样杯底座上。

③ 取出华氏平衡锥，用布擦净锥尖，并涂以少量凡士林，借电磁铁装置将平衡锥吸住，

使锥尖刚与泥料面接触，切断电磁装置电源，平衡锥垂直下沉，也可用手拿住平衡锥手柄轻轻地放在泥料面上，让其自由下沉（用手防止歪斜），待15s后读数。每个试样应检验五次（其中一次在中心，其余四次在离试样中心不小于5mm的四周），每次检验落入的深度应一致。

④ 若锥体下沉的深度均为10mm时，即表示达到了液限，则可测定其含水率，若下沉的深度小于10mm，则表示含水率低于液限，应将试样取出置于调泥皿中，加入少量水重新拌和（或用湿布捏炼），重新进行实验。若下沉大于10mm，则将试样取出置于调泥皿中，用刮刀多加搅拌或用干布捏炼，待水分合适后再进行测定。

⑤ 取测定水分的试样前，先刮去表面一层（2～3mm），再用刮刀挖取15g左右的试样，置于预先称重并编好号的器皿中，称量后在105～110℃下烘至恒重，冷却至室温称重（准确至0.01g）。

（2）塑限的测定

① 称100g通过0.5mm孔径筛的黏土或生产用坯泥，加入略低于正常工作稠度的水量拌和均匀，陈腐24h备用，或直接取用经真空练泥机练制的坯泥，用塑性指标法测定剩余的软泥。取小块泥料在毛玻璃板上，用手掌轻轻地滚搓成直径3mm的泥条，若泥条没有断裂现象，则用手将泥条搓成一团反复揉捏，以减少含水量，然后再依上法滚搓，直至将泥条搓成直径为3mm左右而自然断裂成长度为10mm左右的泥条，则表示达到塑限水分。

② 迅速将5～10g搓断的泥条装入预先称量恒重的称量瓶中，放入烘箱内于105～110℃下烘干至恒重，冷却至室温后称重（准确至0.01g）。

③ 为了检查滚搓至直径为3mm断裂成长度为10mm左右的泥条是否达到塑性限度，可将断裂的泥条进行捏炼，此时，不能再捏成泥团，而是呈松散状。

3. 圆柱体压缩法

① 按可塑性指标法制备可塑泥团。

② 将泥团铺于玻璃板上，压延成泥饼。试样成型前先在模型内壁薄薄地涂一层润滑油，利用模型在泥饼上切取试样，使之充满模型，多余的泥料用金属丝切去，将试样从模型中轻轻推出，避免高度发生改变，也要防止其它方向上的变形。制成直径为28mm、高度为38mm的圆柱体试样，成型6个相同的试样，用湿布盖好备用。

③ 将试样放在KS-B型数显式可塑性仪的工作台上进行测试，记录压缩刻度盘指示值（即应变值ε）为10%、20%、30%、40%、50%和60%所对应的千分表指示的读数R值，并测试对应试样的含水率。

五、数据记录与处理

① 由测得的可塑性指标和含水率数值，绘制可塑性指标-含水率曲线图，并简要分析含水率对黏土可塑性的影响。

② 根据测得的数据和前面公式计算液限和塑限，并计算可塑性指数值。

③ 按照公式计算可塑度R。以ε值为横坐标，σ为纵坐标作图，同可塑性指标一样，每一条σ-ε曲线都有相应的含水率。

六、注意事项

① 试样加水调和应均匀一致，水分必须是正常操作水分，搓球前必须经过充分捏炼。

② 球表面必须光滑，滚圆无疵，尺寸控制在$\phi(45\pm1)$mm范围内。

③ 滚搓泥条时只能用手掌不能用手指，应该是自然断裂，而不是扭断。

④ 泥料水分过高或过低，不得采用烘干、加入干粉、加水的办法调整，只能采用空气中捏炼风干的办法或重新调制。

七、思考题

① 什么是可塑性？测定黏土可塑性指标和可塑性指数的原理是什么？

② 测定黏土可塑性有哪几种方法？代表的意义如何？在生产中有何指导作用？

③ 影响黏土的可塑性因素主要有哪些？

④ 可塑性指数如何测定？其注意事项有哪些？

⑤ 可塑性对生产配方的选择，可塑泥料的制备，坯体的成型、干燥、烧成有何重要意义？

⑥ 可塑性指标如何测定？其计算方法如何？

实验五　坯料线收缩率与体积收缩率的测定

一、实验目的

① 了解黏土或坯料的干燥收缩率与制定陶瓷坯体干燥工艺的关系。

② 了解调节黏土或坯体干燥收缩率的各种措施。

③ 掌握测定黏土或坯体干燥收缩率的实验原理及方法。

二、基本原理

影响黏土或坯体干燥性能的因素很多，如颗粒大小、形状、可塑性、矿物组成、吸附离子的种类和数量、成型方式等。一般黏土细度越高，可塑性越大，收缩也大，干燥敏感性越大。

干燥收缩有线收缩和体积收缩两种表示法，前者测定较简单。对某些在干燥过程中易于发生变形、歪扭的试样，必须测定体积收缩率。

坯、泥料的干燥线收缩率是指陶瓷坯、泥料干燥前后标线长度产生的差值与干燥前标线原长度的百分比。

$$\text{线收缩率}\quad I=\frac{L_0-L_1}{L_0}\times100\% \tag{2-12}$$

式中，L_0 为试样干燥前（刚成型时）标线间的距离，cm；L_1 为试样干燥后标线间的距离，cm。

陶瓷坯、泥料干燥前后体积产生的差值与干燥前原体积的百分比称为该坯、泥料的干燥体积收缩率。

$$\text{体积收缩率}\quad S=\frac{V_0-V_1}{V_0}\times100\% \tag{2-13}$$

式中，V_0 为试样干燥前的体积，m^3；V_1 为试样干燥后的体积，m^3。

线收缩率和体积收缩率之间有如下关系：

$$I=\left(1-\sqrt[3]{1-\frac{S}{100}}\right)\times100 \tag{2-14}$$

试样的体积可根据阿基米德原理，测其在煤油中减轻的质量计算求得，计算式见式(2-15)：

$$V_0=\frac{m_0-m_0'}{\rho} \tag{2-15}$$

式中，m_0 为成型试样饱吸煤油后在空气中的质量，kg；m_0' 为成型试样饱吸煤油后在煤油中的质量，kg；ρ 为煤油的密度，kg/m^3。

同样

$$V_1=\frac{m_1-m_1'}{\rho} \tag{2-16}$$

式中，m_1 为干燥后试样吸饱煤油后在空气中的质量，kg；m_1' 为干燥后试样吸饱煤油后在煤油中的质量，kg；ρ 为煤油的密度，kg/m^3。

坯体在干燥过程中，经过表面汽化控制阶段以后进入内部迁移控制阶段，两个阶段的分界点称为临界点，相应的坯体平均含水量为坯体临界水分。在表面汽化控制阶段，自由水排出，体积收缩；达到临界点后，坯体只有微小收缩。实验中根据干燥收缩曲线找出收缩终止点，再根据失重曲线找出其相应的含水率即可求得坯体的临界水分。

干燥灵敏指数，表示干燥的安全程度。根据不同基准，定量地表示干燥灵敏指数的方式很多。本试验以干燥收缩体积与干燥后的真孔隙体积的比值表示，如式(2-17)：

$$K=\frac{\text{收缩体积}}{\text{孔隙体积}}=\frac{W_H-W_K}{W_K} \tag{2-17}$$

式中，K 为黏土的干燥灵敏指数；W_H 为试样干燥前的含水量，%；W_K 为试样的临界水分，%。

黏土的干燥灵敏指数可分为三类：$K\leqslant1$，干燥灵敏性小，是安全的；$1<K<2$，干燥灵敏性中等，较安全；$K\geqslant2$，干燥灵敏性大，不安全。

三、仪器设备

① 调温调湿箱及热天平装置，方试样形状尺寸如图 2-7 所示，天平左盘放上试样，伸入调温调湿箱内，天平另一盘中放砝码，以平衡其不断排出水的重量；②天平（感量 0.01g）；③测高仪（分度值 0.01mm）及支架，用来测定试样连续收缩；④计时钟；⑤抗折强度试验机；⑥物理天平（感量 0.1g）；⑦静力天平；⑧真空泵；⑨游标卡尺（准确度 0.02mm）；⑩收缩卡尺；⑪玻璃板（30mm×30mm）；⑫金属丝；⑬0.5mm 孔径筛；⑭骨刀；⑮铜切膜；⑯碾棒（铝质或木质的）；⑰衬布；⑱调泥皿。

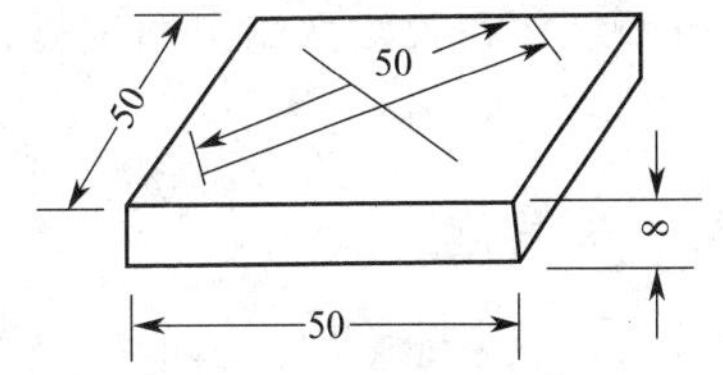

图 2-7　方试样形状尺寸（单位：mm）

四、实验操作

（1）试样的制备

① 黏土试样的制备。称取已通过 0.5 mm 孔径筛的材料，置于调泥皿中，逐渐加水拌和至正常工作水分，充分捏炼后，盖好陈腐 24h 备用。

② 坯料试样的制备。一般直接取用经真空练泥机练制的泥料，如用干坯料，其制备方法与黏土相同。

（2）线收缩的测定

① 取经充分捏炼（或真空练泥）后的泥料一团，放在铺有湿布的玻璃板上，上面再放一层湿布，用专用碾棒，有规律地进行碾滚。碾滚时注意换方向，使各面受力均匀，最后把泥块表面轻轻滚平，用铜切模切成 50mm×50mm×8mm 的试样 3 块，然后小心地脱出置于垫有薄纸的玻璃板上放平，随后用专用的卡尺在试样的对角线方向互相垂直地打上长 50mm 的两根线条，并编好号码。或者取经真空练泥机直接挤出的泥条，用钢丝刀切成 ϕ23mm×70mm 的圆柱体 3 个，用专用卡尺在圆柱体两相对应的面上打上长 50mm 的两根线条，并编好号。

② 制备好的试样在室温中阴干 1～2d。阴干过程中，注意翻动，待试样发白后放入烘箱中，在温度 105～110℃下烘干 4h，冷却后用细砂纸磨去标记处边缘的凸出部分，用游标卡尺或工具显微镜量取记号点之间的长度（准确至 0.02mm）。

③ 将测量过干燥收缩的试样装电炉（或试验窑，生产窑）中焙烧（装烧时应选择平整的垫板和垫上石英砂或氧化铝粉），烧成后取出，再用游标卡尺或显微镜量取其记号间的长度。

（3）体积收缩的测定

① 取经充分捏炼（或经真空练泥）后的泥料，碾滚成厚 10mm 的泥块（碾滚方法与线收缩试样同），然后切成 15mm×15mm×70mm 的试条 5 块，并且标上记号。或者取经小真空练泥机直接挤出的泥条，用钢丝刀切成 15mm×15mm×70mm 的试条 5 块，并标上记号。

② 将制备好的试样，当即用天平迅速称量（准确至 0.005g），然后放入煤油中称取其在煤油中的质量和饱吸煤油后在空气中的质量，然后置于垫有薄纸的玻璃板上阴干 1～2d，待试样发白后放入烘箱中，在 105～110℃下烘干至恒重（约 4h），冷却后称取在空气中的质量（准确至 0.005g）。

③ 把在空气中称重的试样放在抽真空的装置中，在相对真空度不小于 95%的条件下，抽真空 1h，然后放入煤油（至浸没试样），再抽真空 1h（至试样中没有气泡出现为止），取出后称其在煤油中的质量和饱吸煤油后在空气中的质量（0.005g），称量时应抹去多余的煤油。

（4）数据记录与处理

测定并记录有关数据，并计算收缩率。

（5）注意事项

① 线收缩率测定应避免试样变形，测量应准确。

② 体积收缩率测定的试样，应避免边棱角碰损，称量力求准确，抹干煤油（或水）的程度应力求一致。

五、思考题

① 黏土或陶瓷坯料的干燥性能对制坯工艺有何重要意义？

② 黏土的干燥收缩与其可塑性程度的相互关系是什么？

③ 影响黏土材料收缩的因素有哪些？试分析其原因。

实验六 烧结温度与烧结温度范围的测定

Ⅰ 高温透射投影法

一、实验目的

① 了解影像烧结点实验仪的操作方法。

② 掌握烧结温度与烧结温度范围的定义。

③ 了解试样在烧成时所发生的变化，为选择合理的工艺参数提供依据。

二、实验原理

高温透射投影法是用于测量无机非金属材料的材料、配合料和其它材料烧结温度、耐火度的一种方法。实验者可以在显示屏上清晰地看到待测试样在高温下的体积收缩、膨胀钝化及完全球化的情况，并测得相应的温度点。

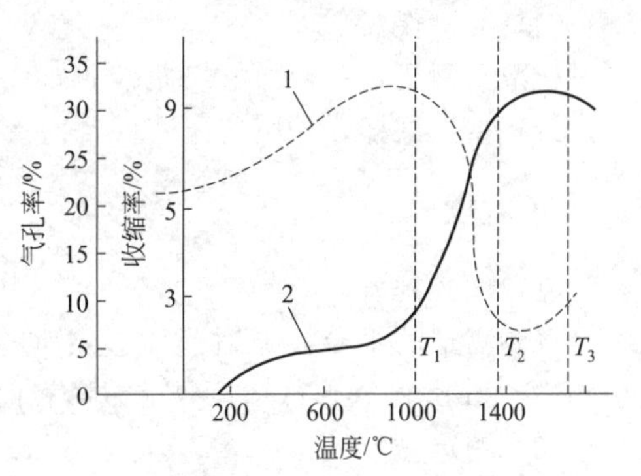

图 2-8 试样加热过程气孔率和收缩率变化

1—气孔率曲线；2—收缩率曲线

黏土或坯料是多种矿物共同组成的复杂体系，没有固定的熔点，而是在相当大的温度范围内逐渐软化。一般来说，当温度升至>800℃以上，黏土试样体积开始剧烈收缩，气孔率开始急剧降低，这种剧烈变化的温度称为开始烧结温度 T_1（图 2-8）。继续升温，开口气孔率下降至最低，此温度为完全烧结温度 T_2。当温度达到烧结温度 T_2 后继续升温，试样开始软化，甚至局部熔融，试样已不能保持原来的形状，其轮廓已发生很大变化，原来呈矩形投影截面的圆柱体，直角钝化。在显示屏上可以清楚地看到试样钝化及完全球化时的情况，此时的温度 T_3，称为“耐火度”（也称“软化温度”或“熔融温度”）。

三、仪器设备

（1）SJY 型-影像烧结点实验仪

测定仪的结构由光源、钼丝炉、投影装置、控温装置组成，如图 2-9 所示。

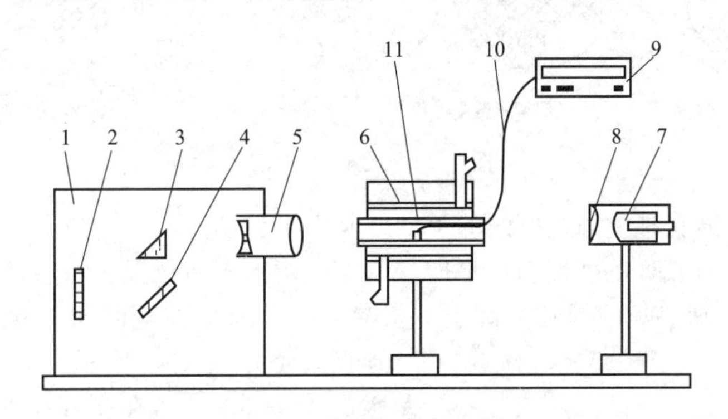

图 2-9 仪器结构示意图

1—投影装置；2—投影屏；3—棱镜；4—平面反射镜；5—投影物镜筒；6—钼丝炉；7—聚光镜片；8—光源灯泡；9—XCT-161 动圈仪表；10—热电偶；11—试样

① 光源：采用 12V、30W 光源灯泡，经聚光镜聚光，整个部分装在导轨上，可上下左右移动。

② 加热炉：加热炉采用钼丝加热体，氩气保护（钼丝怕氧化），最高温度可达 1700℃。升温时有自动和手动两种控温方式。炉内温度梯度±13℃。

③ 投影部分：来自聚光镜的平行光，通过炉膛投影在试样上，把试样的阴影经过镜头放大，再经棱镜折射到平面镜上，经反光镜到乳白玻璃镜屏。实验者可清晰看到样品发生物

理化学变化时产生的收缩、膨胀、钝化、球化的投影像及相应的温度。

④ 电气部分：由调节柜控制，可自动升温、恒温、降温，也可以手动控制温度变化及升温速率等。

⑤ 炉温测量与显示：炉温采用 LL-双铂铑热电偶，测得的温度可以通过 XCT-动圈温度指示仪显示出来。

(2) 实验仪器

小型压型机，一台；氩气瓶装置，一套；不锈钢镊子，一把；刚玉质托管、托板，一套；粉状黏土试样，一瓶。

四、实验操作

(1) 试样制备

将要测定的干粉料加适当水搅拌均匀，装入模具内，在小型压机上均匀加压，压成 Φ8mm×8mm 圆柱形试样，要求试样表面光洁，密实度一致。然后烘干备用。

(2) 测定

① 仪器调整。调整钼丝炉、聚光镜、投影装置位置，使投影装置前端镜面至电炉壳中心距离为 260mm。并使三个部件透光部分在同一光轴上，使光源在投影屏上清楚地反映出一亮圈。亮圈尺寸为 70mm×70mm。

② 试样的放置。用水玻璃将试样粘贴在耐火板上，缓慢推入炉膛中心。然后打开光源，此时在投影屏上应当有清晰的试样投影像，如图 2-10 所示。如果投影位置不正或不清晰，可按下述方法进行调整，以利观察读数。

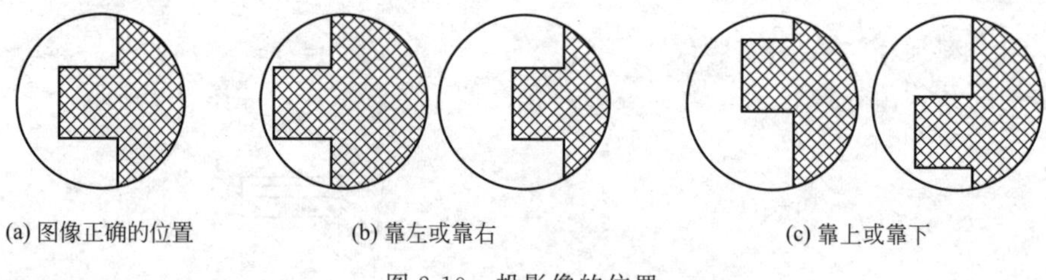

图 2-10　投影像的位置

当出现偏左或偏右时，调整电炉的手柄使其上下移动。

当出现偏上或偏下时，可转动小手柄，调整电炉的前后位置。

③ 通气通水。加热炉的钼丝在高温下极易氧化，所以在升温前，需采用氩气保护。氩气连接线路如图 2-11 所示。排除氩气的管口要求距水面 15～20mm。在刚开始升温的十几分钟里，应将氩气的气流量计调至 40 刻度处；以后，可减少氩气，将流量计调节至 20 刻度处，直到实验结束，将炉温降至室温为止。

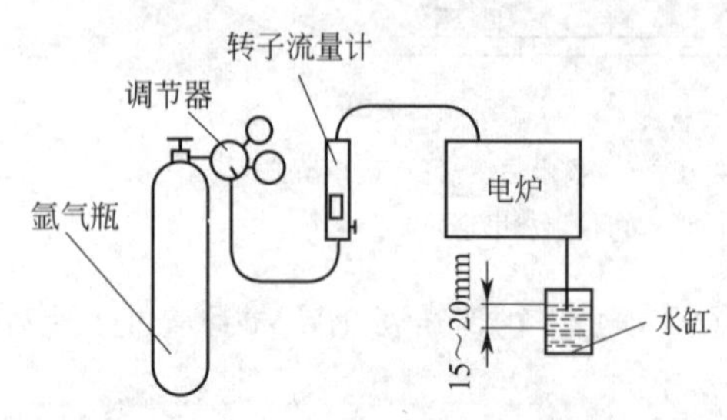

图 2-11　氩气连接线路图

④ 为保证炉内密封材料不受损坏，升温时要接通循环水，炉温达到 700℃前，冷却水流量要小一些；700～1700℃，冷却水流量要大些，使出水温度保持在 50℃左右。直到实验结束，将电炉温度降至室温为止。

⑤ 通电升温。以上准备工作完成后，用电气柜控制电炉升温速度。先将温度控制器的电源关闭，“手动-自动”开关拨到“手动”，并将“手动”旋钮旋至最小。合上电源，打开

仪器开关。顺时针方向慢慢旋转手动调节旋钮，使电炉电流在 10A 左右预热 5min。然后慢慢增大电流，可将电流调至 19A，保持稳定。温度较高时，需增加电压，加大电流，但最大不得超过 24A。

⑥ 观察现象。材料在开始烧结时表面及内部易熔成分熔融，颗粒间发生黏结现象，导致试样致密化。此时伴有体积的微小收缩。当图像出现收缩时，该温度为烧结起始温度。

当试样熔融时，已不能保持原来的形状，轮廓形状发生很大的变化，原来投影呈矩形的圆柱体直角钝化，由矩形变成半球形。此时的温度为熔融温度或耐火度。

五、数据记录与处理

① 记录升温制度，并绘图。

② 记录试样的起始烧结温度 T_1，完全烧结温度 T_2，耐火度 T_3 以及烧结温度范围。

Ⅱ 焙烧法

一、实验目的

① 了解焙烧法测定烧结温度范围的原理。

② 掌握烧结温度与烧结温度范围的含义。

二、实验原理

黏土或坯料的烧结温度范围是试样烧结成瓷，其开口气孔率或吸水率达到并保持为零，线收缩率和体积密度达到并保持在最大值或只有微小的变化时的最低温度和最高温度区间。

对于坯料，也常用制瓷材料中黏土类材料的烧成收缩曲线开始突然下降时的温度来表示最低烧成温度。

生产中常用吸水率来反映坯料的烧结程度，一般要求坯料烧后的吸水率＜5.0%。从生产控制来考虑，希望坯料或黏土的烧结温度范围宽些。这主要取决于坯料中所含熔剂矿物的种类和数量。优质高岭土的烧结温度可达到 200℃，不纯的黏土为 150℃，伊利石类黏土仅 50～80℃。烧结温度范围宽，有利于不同尺寸坯件的烧成，烧成停火温度易掌握，不易出现生烧或过烧。一般坯料的烧成温度范围＞30℃。

测定方法是将坯料置于电炉中进行焙烧，随着温度升高，在不同温度点下取样，冷却后测定吸水率、气孔率、体积密度，综合起来确定坯料的烧成温度范围。

三、实验仪器

SX_2-6-13 型箱式电阻炉，坩埚钳，匣钵以及石膏模具等。

四、实验步骤

① 将试样制成直径×长度为 12mm×30mm 或 15mm×23mm 的干试条，并在砂纸上磨去毛边棱角，并沿轴向磨出一平面，以便堆放。

② 将所制备的试样放入电炉中加热，按升温制度升温，并在特定的温度点取样。升温制度：室温到 1100℃为 100～150℃/h，1100℃到停火为 50～60℃/h。

③ 取样温度：300～900℃，每隔 100℃取样一次；900～1300℃，每隔 50℃取样一次。

④ 每到取样温度点时，应保温 10min，然后取出试样，迅速埋在预先加热好的石英粉或氧化铝粉内，不使试样因急冷而产生炸裂。待试样冷却至室温时，测定其体积密度、吸水率和气孔率。

五、数据记录与处理

① 记录数据，并根据公式计算测定结果。

② 绘图说明气孔率、吸水率和体积密度与温度间的关系，并确定烧结温度范围。

六、思考题

① 烧结温度范围与耐火度的含义？

② 烧结温度对产品性能的影响有哪些？

③ 影响烧结性能的因素有哪些？

实验七　釉料熔融温度范围测定

一、实验目的

① 了解釉料的熔融过程。

② 了解釉料熔融温度范围测定的意义。

③ 掌握高温物性测试仪的使用方法。

二、实验原理

陶瓷烧成工艺要求坯体瓷化、釉层玻化，即在坯体烧结成瓷的同时要求釉料熔融成玻璃均匀地敷于坯体上。故此坯釉的烧成温度或成熟温度必须密切吻合，否则不是坯体生烧釉层未熔好，就是坯体过烧釉层无光，因此了解釉的熔融温度范围关系到陶瓷烧成制度的确定，例如还原气氛的起始温度与终了温度的确定，以及烧成最高极限温度的确定。

釉如同玻璃，没有固定的熔点，只能在一个不太严格的温度范围内逐渐软化熔融，变为玻璃态物质。釉的熔融温度范围一般是指从开始出现液相到完全变成液相的温度范围。通常将釉锥加热至锥尖触及底盘时的温度称为该釉的始熔温度。该测定方法复杂，操作不便，且精度很差。有些资料将釉锥开始变形的温度至最终弯倒的温度作为釉的熔融温度范围，这是不确切的。近年来，人们大都采用高温显微镜法来研究釉的熔融温度。高温物性测试仪和影像烧结点测定仪类似，也属于高温显微镜的一种。

将待测釉料制成特定尺寸的圆柱体，该试样经设备投影在显示屏上呈现矩形。在升温过程中，圆柱体试样会发生连续的变化，矩形投影会随之改变。釉料在加热过程中一般要经历以下几个关键温度点。

软化变形点：釉料熔融前呈现塑性的最高温度，该温度低于始熔温度，也就是说软化发生在始熔温度之前。

始熔温度：圆柱体出现抹角，棱角变圆，该温度高于软化温度。

半球点温度：投影为半球状，试样与垫片间的接触线为高度的 2 倍，釉料完全熔融的温度即全熔温度。

流动温度：试样投影扁平 2 格，高度降为原来的 1/3 或接触角<30°。

由于釉的组成不同，釉的成熟温度应该在半球点和流动点之间选取，卫生瓷釉应该靠近半球点。釉的熔融温度与其化学组成和细度有关，也与釉料的粒度分布和烧成时间的长短有关。釉的熔融温度对陶瓷制品的烧成质量至关重要。熔融温度太低，则会在坯体未烧结前将开口气孔封闭，导致釉泡；熔融温度太高，则坯体浸润不良，造成釉面不光滑。因此，釉料的熔融温度测定有着非常重要的实际意义。

三、仪器设备

高温物性测试仪（图 2-12），成型模具与金属捣棒（图 2-13），黏合剂，酒精和镊子等。

图 2-12　高温物性测试仪照片

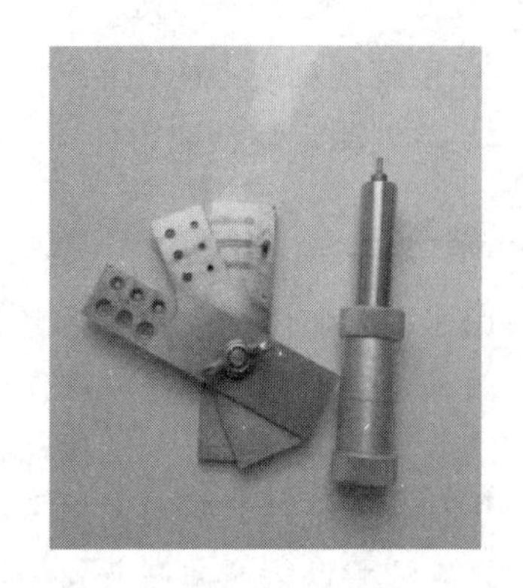

图 2-13　成型模具与金属捣棒

四、实验操作

① 打开计算机，在桌面上选择高温物性测试仪图标，进入操作界面，新建一个项目，录入样品信息，选择自动存储关键点数据。

② 制备试样。将待测试样和少许酒精分次装入模腔中，同时用捣棒压实，制成 Φ2mm×3mm 的圆柱体，用捣棒将试样顶出，将其放在氧化铝垫片上，用送样车送入炉腔中，卡紧卡扣。开启温控仪电源以及投影照明灯开关，顺时针旋转调节亮度。此时试样在显示屏上呈现矩形投影，调节电炉的位置与高度使投影居于显示屏正中。

③ 根据烧成制度在控制仪上设定烧成曲线，最大升温速率不宜超过 10℃/min。

④ 打开温控仪上的加热开关，随后启动仪表升温程序，使仪器按照给定程序升温。打开循环水。

⑤ 800℃以上观察并记录升温过程中试样的轮廓变化，记录关键点数据以及对应的试样形状。

⑥ 实验结束后，关闭加热开关，待温度下降到 200℃以下后，利用镊子将试样取出，可再次进行实验。

五、数据记录与处理

① 绘制升温制度曲线，即时间-温度（t-T）曲线。

② 记录始熔温度、半球点温度及流动点温度。

③ 记录实验过程中关键点的试样形状以及相应温度。

④ 由实验数据绘制时间-高度（t-H）曲线或温度-高度（T-H）曲线。

六、思考题

① 测定釉的熔融温度范围在陶瓷生产上有何重要意义？

② 影响釉料熔融温度的因素有哪些？

实验八　坯釉应力测定

一、实验目的

① 了解坯釉应力的测定对生产的指导作用。

② 掌握测定坯釉应力的原理及方法。

二、基本原理

由于釉与坯体是紧密联系着的，所以当釉的膨胀系数低于坯体时，在冷却过程中，釉比坯体收缩小，釉除受本身收缩作用自动变形外，还受到坯体收缩时所赋予它的压缩作用，而使它产生压缩弹性变形，从而在凝固的釉层中保留下永久性的压缩应力，一般称压缩釉，也称为正釉。正釉既能减轻表面裂纹的危害，又能抵消一部分加在制品上的张应力，提高制品的强度，起着改善表面性能和热性能的良好作用。然而，一旦釉中压应力超过釉层中的耐压极限值时，就会造成剥落性釉裂。釉层呈片状开裂，或从坯上崩落；反之，当釉的膨胀系数大于坯体时，则釉受到坯的拉伸作用，产生拉伸弹性变形，釉中就保留着永久的张应力。具有张应力的釉称为负釉，负釉易开裂。当坯釉膨胀系数相同时，釉层应无永久热应力存在，所以，尽管坯釉的熔融性能配合良好，如果热膨胀系数不相适应，仍然无用，只有配制出膨胀系数近于坯而略小于坯的膨胀系数（约 $0.75\times10^{-5}℃^{-1}$）的釉料，才能获得合格的釉层。

三、实验方法

定性地研究坯体和釉层之间的应力的方法很多，常用的有坩埚法、薄片法及高压釜法。其中坩埚法和薄片法较简单。分述如下。

1. 坩埚法

(1) 仪器设备

①硅碳棒电炉；②筛子（100 目）；③研钵；④釉粉；⑤石膏模（做坩埚用）；⑥泥浆。

(2) 试样的制备

① 把需要测定坯釉应力的坯料制成薄壁坩埚，坩埚高 2cm，内径 4cm，经过阴干，在 105～110℃的干燥箱内烘干 2h。

② 将釉粉烘干，磨成细粉，过 100 目筛。

(3) 测定步骤

① 将烘干后的坩埚在素烧温度 800～1000℃下焙烧，焙烧后仔细检查，有无肉眼能看见的裂纹出现，若没有裂纹时，则将磨细的釉粉撒入坩埚内至高度的一半处。

② 把盛有釉粉的坩埚放在电炉或生产用的窑炉中，在烧釉（本烧）的温度下焙烧。

③ 冷却后坩埚表面上没有发现破隙或裂纹，而且釉层上也看不出裂纹，这就说明坯体所选择的釉料是合适的，两者没有显著的应力存在。如果有裂纹或破隙，则所选择的釉料是

不适应于该坯体的。

(4) 测试结果

观察烧后坩埚内釉层的变化，并确定釉层与坯体的适应性。

(5) 注意事项

① 烧后的坩埚要仔细检查有无裂纹，选择好的做实验用。

② 釉粉要加到坩埚的一半，保证坩埚内的釉粉等厚，以便于分析。

2. 薄片法

测量施釉薄片的弯曲程度可以确定釉层与坯体间的应力。

(1) 仪器设备

① 坯釉应力测定仪（图 2-14）由电阻炉 1、试样 3、支撑架 2 构成，固定架 4 是固定试样用的，试样未固定的一端位于有目镜测微计的显微镜 5 的观察范围内。

② 试条规格为 300mm×15mm×6mm（中间厚 3mm），如图 2-15 所示。

③ 研钵，筛子（100 目），釉粉。

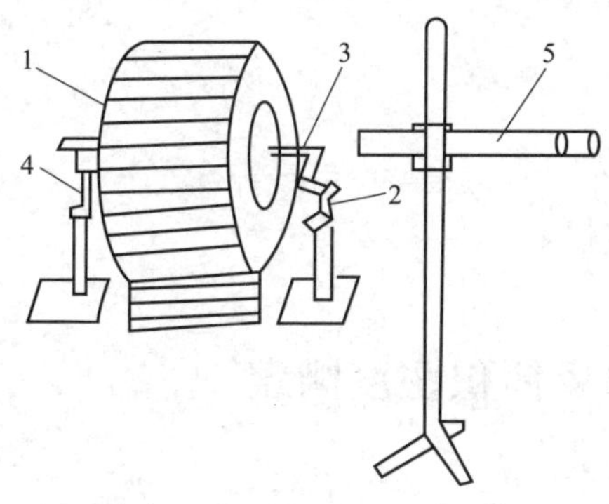

图 2-14 坯釉应力测定仪

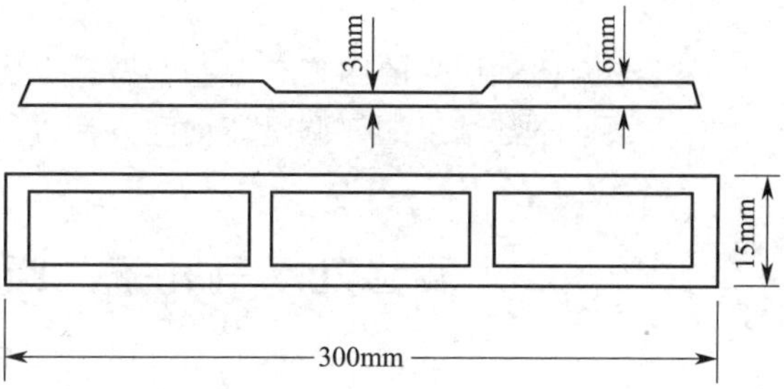

3mm
6mm
15mm
300mm

图 2-15 试条规格示意图

(2) 试样的制备

① 成型试条（用可塑法或注浆法成型均可）自然阴干变白后，放入烘箱内，在 105～110℃烘干 2h，然后放在素烧的温度下焙烧，烧后检查试条是否平直，备用。

② 干釉粉磨细，过 100 目筛。

(3) 测定步骤

① 在焙烧后试样中间薄的部分均匀施上一层釉。

② 将试条放在坯釉应力测定仪内，并用固定架 4 及支撑架 2 固定在炉内的位置，试样要在炉膛的中心，不可偏向任意一方。

③ 打开固定架 4 端的指示灯。

④ 用测高仪目镜测微计的显微镜，观察试条在炉内某一位置。按制定的升温曲线加热到本烧温度，然后冷却。在实验时用测高仪目镜测微计的显微镜来观察试条的变化。

⑤ 实验证明，薄片的弯曲程度正比于釉层与坯体之间的应力，弯曲的方向表示应力的性质。如果釉层在冷却时的收缩比坯体的收缩大（即有碎釉的倾向），则试样向釉所在的方向弯曲［图 2-16(a)］。如果釉层有剥落的倾向，则试样向坯体未施釉的一面弯曲［图 2-16(c)］，试条弯曲的大小与坯泥及釉层膨胀系数之差成比例。

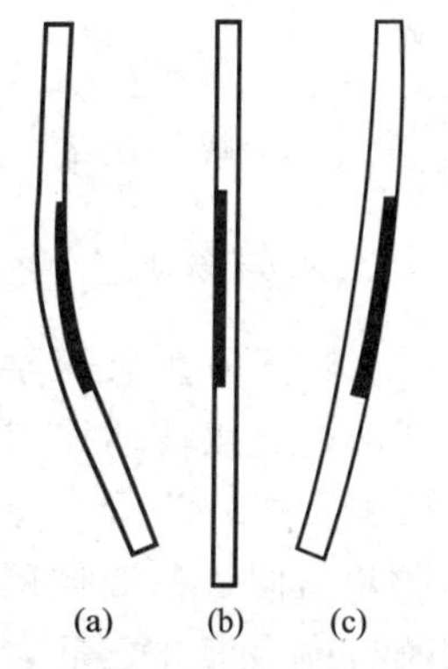

图 2-16 釉层应力测定后试样的形状

无应力产生时，试样并不变形［图 2-16(b)］。

(4) 测试结果与分析

记录试样的弯曲方向，并确定釉层受到的应力类型。

(5) 注意事项

① 坯体试样要求平直无损。

② 中间釉层要有一定的厚度。同时试条施釉部分放在电炉的中央，并均匀加热。

③ 测高仪的目镜测微计的显微镜观察到试样最初位置之后，就不要再移动，以免影响测定结果。

3. 高压釜法

高压釜法是目前在陶瓷工业生产中采用最广泛的一种坯釉适应性测定方法。把施有釉层的试样放在试验电炉或生产窑中焙烧成瓷。将经检查无缺陷的试样放入高压釜中，在3.55MPa 水蒸气压力下处理 1h 后，放入流动的水中冷却（水温 17～20℃）。蒸压和冷却试验一直进行到施用釉层的表面有了裂纹，或从坯体上剥落时为止，以没有出现裂纹或剥落现象的循环次数来表征釉层与坯体之间的应力及适应性。

四、思考题

① 影响坯釉应力的因素有哪些？做这个实验对生产有何指导作用？

② 根据测定结果如何调整坯釉配方和进行工艺控制？

实验九　气孔率、吸水率及体积密度测定

在无机非金属材料中，有的材料内部是有气孔的，这些气孔对材料的性能和质量有重要的影响。体积密度是材料最基本的属性之一，它是鉴定矿物的重要依据，也是进行其它许多物性测试（如颗粒粒径测试）的基础数据。材料的吸水率、气孔率是材料结构特征的标志。在材料研究中，吸水率、气孔率的测定是对制品质量进行鉴定最常用的方法之一。在陶瓷材料、耐火材料、塑料、复合材料等材料的科研和生产中，测定这三个指标对质量控制有重要意义。

一、实验目的

① 掌握气孔率、吸水率和体积密度的测定方法，练习对相关仪器的操作。

② 了解气孔率、吸水率和体积密度与陶瓷制品理化性能的关系。

二、实验原理

根据阿基米德原理，利用液体静力称重法测定。测定时先将试样开口气孔中的空气排出，充以液体，然后称量饱吸液体的试样在空气中的重量及悬吊在液体中的重量，根据公式计算得出上述各项。由于液体浮力的作用，使两次称量的差值等于被试样所排开的同体积液体的质量，此值除以液体密度即得试样的真实体积。试样饱吸液体之前与饱吸液体之后，在空气中的二次称量差值，除以液体密度即为试样开口孔隙所占的体积，在按公式计算显气孔率时，液体密度已经被约去。该方法称为“液体静力称重法”。

材料的密度，可以分为真密度、体积密度等。体积密度指干燥（不含游离水）材料的质量与材料的总体积（包括材料的实体积和全部孔隙所占的体积）之比。当材料的体积是实体积（材料内无气孔）时，则称真密度。

气孔率指材料中气孔体积与材料总体积之比。材料中的气孔有封闭气孔和开口气孔（与大气相通的气孔）两种，因此气孔率有闭口气孔率、开口气孔率和真气孔率之分。闭口气孔率指材料中的所有封闭气孔体积与材料总体积之比。开口气孔率（也称显气孔率）指材料中的所有开口气孔体积与材料总体积之比。真气孔率（也称总气孔率）则指材料中的闭口气孔体积和开口气孔体积与材料总体积之比。

吸水率指试样放在蒸馏水中，在规定的温度和时间内吸水质量和试样原质量之比。在科研和生产实际中往往采用吸水率来反映材料的显气孔率。

将试样浸入可润湿粉体的液体中，抽真空排除气泡，计算材料试样排除液体的体积，便可计算出材料的密度。当材料的闭气孔全部被破坏时，所测密度即为材料的真密度。

为此，对密度、吸水率和气孔率的测定所使用液体的要求是：密度要小于被测的物体，对物体或材料的润湿性好，不与试样发生反应，也不使试样溶解或溶胀。最常用的浸液有水、乙醇和煤油等。

三、仪器设备

液体静力天平（图 2-17），普通电子天平，烘箱，抽真空装置（图 2-18），带有溢流管的杯子，毛刷，镊子，小毛巾，吊篮等。

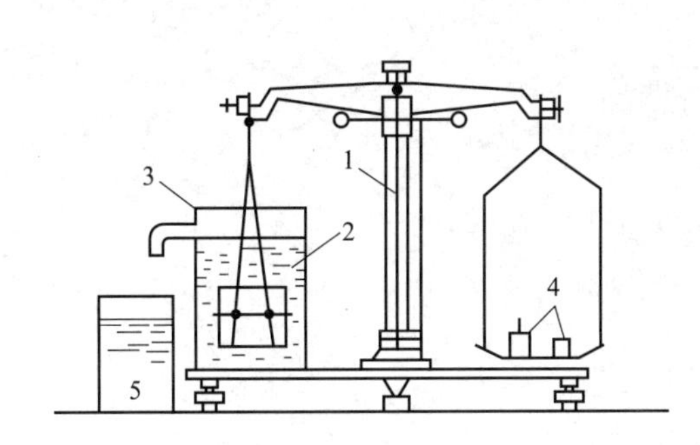

图 2-17　液体静力天平

1—天平；2—试样；3—溢流玻璃杯；4—砝码；5—烧杯

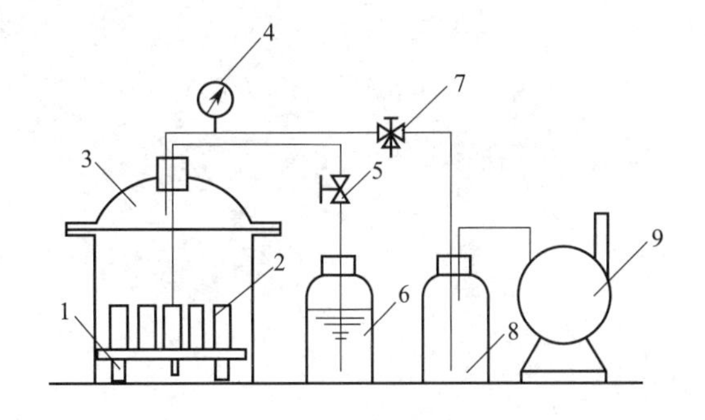

图 2-18　抽真空装置

1—载物架；2—试样；3—真空干燥器；4—真空计；5，7—旋塞阀；6—冲液瓶；8—缓冲瓶；9—真空泵

四、实验步骤

① 刷去试样表面的灰尘，放于电热烘箱中烘干至恒重，在干燥器中自然冷却至室温，称量试样的质量为 m_1，精确至 0.01g。

② 试样浸渍。把试样放在容器内，并置于抽真空装置中，抽真空至其剩余压力小于 20mmHg（1mmHg=133.3Pa）。试样在此真空度下保持 5min，然后缓慢地注水，直至试样完全被淹没。再保持抽真空 5min，停止抽气，将容器取出在空气中静置 30min，使试样充分饱和。

③ 饱和试样表观质量的测定：将饱和试样迅速移至带溢流管的容器（容器中盛满水）

中，当水完全淹没试样后，将试样吊在天平的挂钩上称量，得到饱和试样的表观质量 m_2，精确至0.01g。注：表观质量是指饱和试样的质量减去被排除的液体的质量。即相当于饱和试样悬挂在液体中的质量。

④ 饱和试样质量的测定：从液体中取出试样，用饱吸了液体的毛巾，小心擦去试样表面多余的液滴（但不能把气孔中的液体吸出），迅速称量饱和试样在空气中的质量 m_3，精确至0.01g。每个样品的擦水和称量操作应在1min内完成。

⑤ 浸渍液体密度测定：浸渍液体的密度可以采用定体积液体称重法、液体比重天平称重法或液体比重计法测定。精确至0.001g/cm^3。

五、数据记录与处理

记录测试数据，并根据公式计算试样的气孔率、吸水率和体积密度等。

① 吸水率按式(2-18) 计算：

$$W_a=\frac{m_3-m_1}{m_1}\times 100\% \tag{2-18}$$

② 开口气孔率按式(2-19) 计算：

$$P_a=\frac{m_3-m_1}{m_3-m_2}\times 100\% \tag{2-19}$$

③ 体积密度按式(2-20) 计算：

$$D_b=\frac{m_1\rho_L}{m_3-m_2} \tag{2-20}$$

④ 真气孔率按式(2-21) 计算：

$$P_t=\frac{D_t-D_b}{D_t}\times 100\% \tag{2-21}$$

⑤ 闭口气孔率按式(2-22) 计算：

$$P_c=P_t-P_a \tag{2-22}$$

式中，m_1 为干燥试样的质量，g；m_2 为饱和试样的表观质量，g；m_3 为饱和试样在空气中的质量，g；ρ_L 为实验温度下，浸渍液体的密度，g/cm^3；D_t 为试样的真密度，g/cm^3。

六、注意事项

① 制备试样时一定要检查试样有无裂纹等缺陷。

② 称取饱吸液体试样在空气中的重量时，用毛巾抹去表面液体操作必须前后一致。

七、思考题

① 影响陶瓷材料气孔率的因素有哪些？

② 如果测得材料的真密度，怎样由真密度数据来分析试样的质量？

实验十　真密度测定

一、实验目的

① 掌握真密度的测定方法。

② 了解真密度的研究意义。

二、实验原理

陶瓷材料的质量与其真体积之比称为真密度。带有气孔的陶瓷体中固体材料的体积称为真体积。或在110℃下烘干后试样的质量对于其真体积，即除去开口气孔、闭口气孔所占体积后的固体体积之比值，称为陶瓷的真密度。

真密度测定的方法有两种，即液体静力称重法和比重瓶法。前者是基于阿基米德原理，即用试样重量除以被试样（粉样）排开的液体体积，即试样真体积。后者是求出试样从已知容量的容器中排出已知密度的液体体积。测试所用的液体必需能浸润试样，且不与试样发生任何化学反应。对于陶瓷材料，如长石、石英和陶瓷制品一般可用蒸馏水作为液体介质，对于能与水起作用的材料，如水泥则可用煤油或二甲苯等有机液体介质。

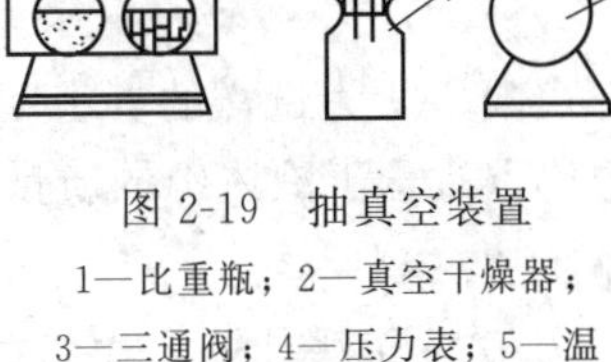

图 2-19　抽真空装置

1—比重瓶；2—真空干燥器；3—三通阀；4—压力表；5—温度计；6—真空泵；7—缓冲瓶

三、仪器设备

抽真空装置（图 2-19），分析天平（感量 0.001g），烘箱，25mL 或 50mL 比重瓶，带溢流管的烧杯，瓷质研钵，小牛角勺，水浴锅，标准筛（100 目、170 目）。

四、实验步骤

（1）液体静力称重法

① 试样选择。测定长石、石英等硬质块状材料的真密度时，应选取块状较小的，并用四分法选取 25～50g 作为试样。测定黏土等松散的材料的真密度时则用四分法取出 25～50g 作为试样。

② 从上述试样中取出 5～10g，用瓷质研钵研磨至全部通过孔径 0.2mm 的筛，放入烘箱中于110℃下烘干至恒重，存储于有 $CaCl_2$ 的干燥器中备用。

③ 称取 5g 试样（准确至 0.001 克）倒入 25mL 比重瓶中并注入液体（蒸馏水或煤油）至比重瓶的 1/4 处。

④ 用真空法或煮沸法排除试样中的空气，并用排除空气的蒸馏水或煤油，注入比重瓶至标志处。

⑤ 为使比重瓶的温度与室温平衡，需将比重瓶浸入室温下恒温的蒸馏水（或煤油）浴中 120min，再用分析天平称重。

⑥ 将比重瓶悬挂在液体静力天平的左臂钩上，并浸入烧杯内液体介质中，微微转动以免有气泡附在瓶底。在天平右臂挂盘中加砝码使天平平衡，测得重量 G_1。称好后将试样倒

出，洗净比重瓶，注满抽过真空的同种液体，浸入烧杯内液体中称得重量 G_2。

⑦ 测定真密度时应同时做两份。每个结果均计算至 0.001g，两个结果的差数不应大于 0.005，否则应重做。

(2) 比重瓶法

① 将 50mL 比重瓶（已盖好塞子）放入烘箱中于 110℃下烘干，用夹子小心地将比重瓶夹住快速地放入干燥器中冷却。

② 在室温（T）时将蒸馏水注入比重瓶中，盖好瓶塞（水可从其毛细管中溢出，揩净瓶塞上过量水分时，应注意不从毛细管中吸出任何水分），于天平中称得瓶和水的质量 G_2。

③ 称毕将水倾出，另称 8～10g 已配制好的干燥试样（G_1），小心地加到比重瓶中，注入蒸馏水至比重瓶体积的 1/3 左右，用纸片将塞子瓶口隔离以防黏着。

④ 将比重瓶放入沸水浴中煮 30min（沸水浴用饱和食盐溶液，可提高沸点到 102℃，可缩短煮沸时间)，取出拿掉纸片，待冷却至室温后立即注满蒸馏水，拭干，置天平称得质量 G_3。也可以放入抽真空装置中进行抽真空处理。

五、数据记录与处理

记录所测数据并根据式(2-23) 进行计算。

① 液体静力称重法计算公式：

$$D=\frac{G_0\gamma}{G_0+G_2-G_1} \tag{2-23}$$

式中，D 为试样的真密度，g/cm^3；G_0 为磨细后的试样质量，g；G_1 为盛有液体及试样的比重瓶悬于液体中的质量，g；G_2 为盛有液体的比重瓶悬于液体中的质量，g；γ 为液体介质的密度，g/cm^3。

② 比重瓶法计算公式如式(2-24) 所示：

$$D=\frac{G_1 d_{液}}{G_1+G_2-G_3} \tag{2-24}$$

式中，D 为试样的真密度，g/cm^3；G_1 为试样干料质量，g；G_2 为比重瓶＋水（液体）质量，g；G_3 为比重瓶＋液体＋干料质量，g；$d_{液}$ 为液体介质的真密度，g/cm^3。

真密度的数据应计算到小数点后 3 位。

计算平均值的数据，其绝对误差应不大于±0.008。

每个试样需平行测定 5 次，其中若有 2 个以上数据超过上述误差范围时应重新进行测定。

六、注意事项

① 试样必须绝对干燥，同时必须全部通过规定筛号的筛子。

② 整个测定称量必须在室温基本恒定的情况下进行。

③ 不允许用手直接拿比重瓶。

④ 在抽真空（或煮沸）过程中应注意气泡的排除情况，防止试样溅出。

⑤ 抽过真空（或煮沸过）的蒸馏水，至少放置 4h，待完全达到室温后再用。

七、思考题

① 测定真密度的意义是什么？

② 试说明静力称重法、比重瓶法测定真密度的原理是什么？

实验十一　显微硬度测定

一、实验目的

① 了解显微硬度的测定原理。

② 掌握显微硬度的测定方法。

二、实验原理

用显微硬度计测定显微硬度就是用一台立式反光显微镜测出在一定负荷下，由金刚石锥体压头压入被测物体后所残留压痕的对角线长度来求出被测物体的硬度。计算公式如式(2-25)：

$$H_V=\sin\frac{\alpha}{2}\times 2P/d^2=1854.4P/d^2 \tag{2-25}$$

式中，P 为施于金刚石角体上的荷重，kgf（1kgf＝9.8N）；d 为压痕对角线的长度，μm。

维氏硬度计中金刚石为正方形锥体，相对夹角为 $\alpha=136°$（$\pm 20'$）。

三、仪器设备

JMHV-1000AT 型精密显微硬度计，如图 2-20 所示。

图 2-20　显微硬度计

四、实验步骤

① 打开设备电源开关。转动试验力变换手轮，使试验力符合选择要求，负荷的力值应和当前主屏幕上显示的力值一致，如力值显示不一致会导致计算公式错误而影响结果。旋动变荷手轮时，应小心缓慢地进行，防止速度过快发生冲击。

② 硬度计显示区在显示 LOGO 后进入如图 2-21 显示界面，此时 40 倍物镜自动转至主体前方位置（光学系统总放大倍率为 400 倍）。

③ 打开电脑，点击桌面上硬度计软件图标，进入硬度测定界面。在操作界面上，如图 2-22 所示，点击摄像头图标，打开摄像头。

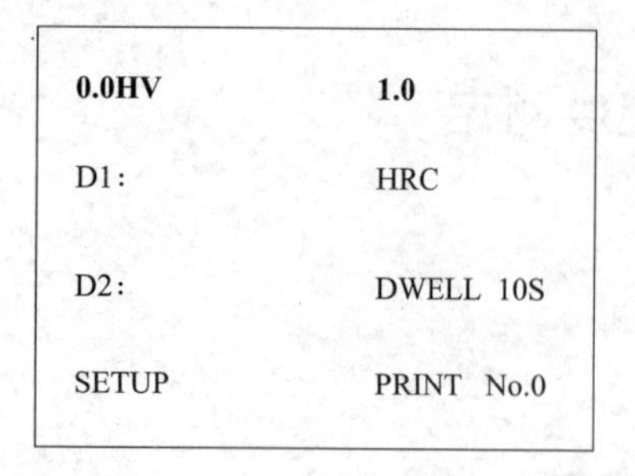

图 2-21 显示屏显示界面

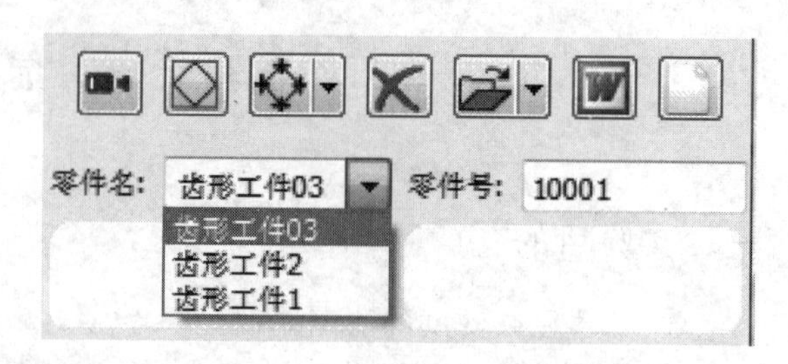

图 2-22 操作界面

④ 将待测试样放在载物台上，将试样测定部位对向物镜的中心位置。摇动升降丝杠手轮，使样品台上升，当物镜下端与试样相距 1～3mm 时，在电脑屏幕上或目镜中观察，随着样品台缓慢上升，可观察到亮度渐渐增强，说明聚焦面即将到来，此时应缓慢摇动手轮，直至电脑屏幕上或目镜中观察到试样表面清晰成像，表明焦距已调好。

⑤ 在测定界面上，点击"开始"按钮，开始测定。此时硬度计压头自动旋转至试样测定面上方，并压入试样。屏显区依次显示如下界面（图 2-23）。

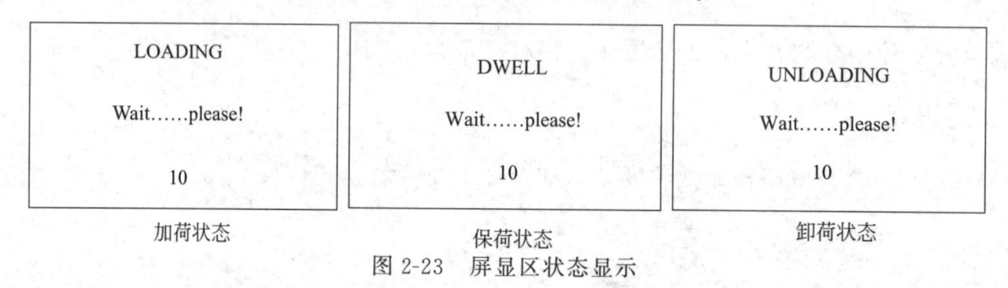

图 2-23 屏显区状态显示

⑥ 在试验力卸荷完成后，40 倍物镜会自动转到前方测量位置，蜂鸣器会发出"嘀"的提示声音。此时会在电脑屏幕或测微目镜中看到压痕，如图 2-24 所示。

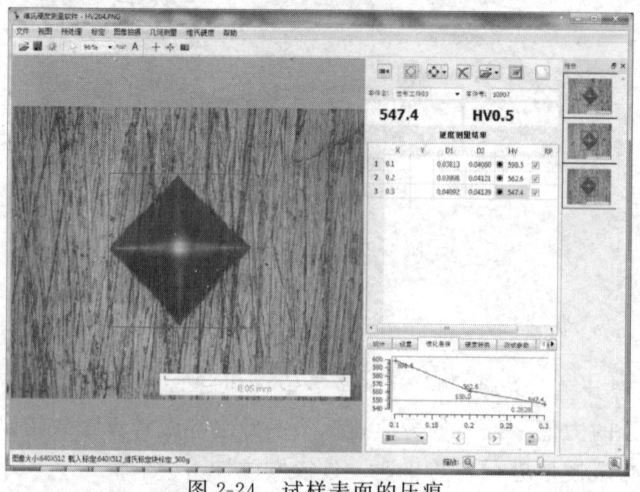

图 2-24 试样表面的压痕

⑦ 点击电脑屏幕的自动测量按钮，系统自动找到压痕并测定，且在电脑屏幕上显示压痕对角线长度和待测试样的维氏硬度值。

⑧ 点击产生报告按钮或。系统将自动生成 Word 或 Excel 格式报告。

⑨ 在数据表里如要删除测量值，可选中要删除的行，按删除被选测量按钮✗进行删除。如需要清除测量结果，重新开始下一个样品测量，点击新建样品按钮，进行下一个实验。

五、数据记录与处理

记录相关数据及硬度值。

六、注意事项

① 试样的被测面应安放水平。

② 工作台移动时必须缓慢平稳，不能有冲击，以免试样移动。

③ 若视域中看到压痕不是正方形，则必须求出两个不等长的对角线的平均值，即为等效正方形的对角线长。

七、思考题

① 测定硬度的方法有几种?

② 影响硬度的因素有哪些?

实验十二 陶瓷材料抗折强度的测定

一、实验目的

① 了解影响陶瓷材料抗折强度的各种因素。

② 掌握电子万能试验机的操作规程。

③ 掌握陶瓷抗折强度的测试原理与测试方法。

二、实验原理

材料机械强度指材料受外力作用时，其单位面积上所能承受的最大负荷。一般用抗弯(抗折)强度、抗拉(抗张)强度、抗压强度、抗冲击强度等指标来表示。抗弯(抗折)强度指试样受到弯曲力作用达到破坏时的最大应力，用试样破坏时所受弯曲力矩与折断处的端面模数之比表示。

材料的抗折强度一般采用简支梁法进行测定，主要有三点弯曲和四点弯曲两种测定方式，如图2-25所示。

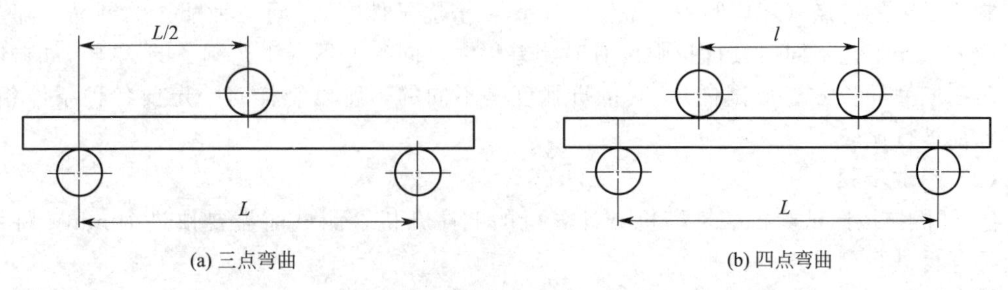

图2-25 抗折强度测定示意图

（1）三点弯曲法

如图 2-25（a），利用三点弯曲法测试，试样被定位在两个下辊棒和一个上辊棒之间。上辊棒位于跨中，上下辊棒相对运动使试样产生弯曲，三点弯曲法结构简单，容易在高温实验和断裂韧性测试中使用，并且对 Weibull 统计研究有帮助。但是三点弯曲实验只能测得试样的一小部分局部应力。因此，测得的强度经常比四点弯曲强度大得多。梁的各个部位受到的是横力弯曲，所以计算的结果是近似的。但是这种近似满足大多数工程要求，并且三点弯曲的夹具简单，测试方便，因而得到了广泛应用。

（2）四点弯曲法

如图 2-25（b），利用四点弯曲法测试时，试样被定位在两个下辊棒和两个上棍棒之间，上下辊棒相对运动使试样产生弯曲。辊棒可以是圆棒或者是圆柱形的轴承。试样中部受到的是纯弯曲应力，其计算公式就是在这种条件下建立起来的，因此四点弯曲得到的结果比较精确。但是四点弯曲测试需要两个加载力，比较复杂。

陶瓷材料的弯曲强度具有概率的随机性质，其强度除与材料有关外，还与其中不可避免存在的气孔的大小、数量、分布有关，而这些具有随机性的性质。四点弯曲由于陶瓷受到最大弯距的材料体积较三点的大，三点的为一个截面，四点的为一个体积区域，因此包含的气孔缺陷较多，潜在的可扩展裂纹也越多。因此，四点式的弯曲强度较三点的低，但结果更可靠。在大多数的材料性能表征工作中提倡用四点弯曲法测定。

三、仪器设备

CMT-6104 型电子万能试验机，游标卡尺 1 把，材料切割机，磨片机等。

四、实验操作

（1）试样制备

陶瓷材料试样的尺寸影响抗折强度的大小，对同一制品分别采用宽厚比为 1∶1、1∶1.5、1∶2 三种不同规格的试样进行试验时，宽厚比为 1∶1 的试样强度最大、分散性较小，因此宽厚比定为 1∶1 为宜。如从制品上切取试条时，则以制品厚度为基准，横截面宽厚比为 1∶1。对于有釉的试样，施釉面要作为受力面。

试样形状可以是长方柱形或圆柱形，通常使用长方柱形的试条。试样表面要经过切割、磨平、抛光处理，横截面为对垂直度有一定要求的矩形，边棱应做倒角，长度应保证试样均伸出两个支座之外不少于 3mm，跨距可根据试样的长度进行调节。试样可以从制品或其他部件上切取试条，经磨平、抛光、倒角等处理，供测试强度用。如果无法切取试样或者制品不能破坏，则需要按照同等条件制样，因为陶瓷制品的抗折强度还取决于坯料组成、生产方法、制造工艺的特点（坯体制备、成型、干燥、焙烧条件等）。同一种配方的制品，随着颗粒组成和生产工艺不同，其抗折强度有时相差很大。同配方不同工艺制备的试样（如挤制成型和压制成型的长方柱形试样），其抗折强度是不同的，所以制样时一定要各种条件相同，这样才能进行比较。

（2）测试步骤

① 开机：按照试验机→打印机→计算机的顺序开机，测试前需要预热 10min，待系统稳定后，再进行测试。

② 双击电脑桌面程序图标，打开软件，输入联机的用户名和密码。

③ 根据测试内容（如抗折、抗压或抗张）选择相应的夹具，本次实验选择三点抗弯夹

具。将夹具安装到试验机上，并对夹具进行检查，并根据试样的长度及夹具的间距设置好限位装置，以免操作失误，损坏设备。

序号	已运行	试样标识	试样标距(Lo)/mm	试样厚度 t/mm	试样宽度 W/mm	设定应力/MPa
1			25	2	6	10
2			25	2	6	10
3			25	2	6	10
4			25	2	6	10

图 2-26 测试时的操作界面

④ 点击工具栏中的 试验部分 ，在下拉菜单中选择“新试验”，在弹出的对话框中选择相应的实验方案，如三点弯曲实验。然后进行实验方案的设置，输入试样的原始用户参数，如长度、尺寸等，增加测试次数时直接按回车键新增一行记录，操作界面如图 2-26 所示。

⑤ 夹好试样，在夹好试样一端后，力值清零（点击窗口上的 清零 按钮），再夹另一端。

⑥ 点击 ，开始自动运行实验。实验结束后，窗口自动显示数据记录与处理。

⑦ 如有下一根试样，则重复上述⑤、⑥步骤。

⑧ 实验完成后，点击 生成报告 ，打印实验报告。

⑨ 实验完成后，关闭实验窗口及软件，按照如下顺序关机：试验软件→试验机→打印机→计算机。

五、数据记录与处理

三点弯曲法计算公式：

$$R_{b3}=\frac{3PL}{2bh^2} \tag{2-26}$$

四点弯曲法计算公式：

$$R_{b4}=\frac{3P(L-l)}{2bh^2} \tag{2-27}$$

式中，R 为抗折强度，MPa；P 为作用于试样上的破坏荷重，N；L 为抗折下夹具两支撑圆柱的中心距离（下跨距），mm；l 为抗折上夹具两支撑圆柱的中心距离（上跨距），mm；b 为试样的宽度，mm；h 为试样的高度，mm。

根据公式计算每根试样的强度值，并计算这批试样的弯曲强度的平均值和标准偏差。注意，如果标准偏差在平均值的 10%以内，则这批数据有效；如果标准偏差超过平均值的 10%，则数据无效。

六、注意事项

① 放置试样时应使试样两端露出部分的长度相等，并与支座垂直。

② 必须清除刀口表面的黏附物。

③ 如果测试结果的标准偏差超过平均值的 10%，则数据无效。

七、思考题

① 测定陶瓷抗折强度有何实际意义？

② 影响陶瓷抗折强度测定结果的因素（从结构和工艺方面分析）有哪些？

实验十三　陶瓷白度测定

一、实验目的

① 了解白度的概念。

② 了解造成白度测量误差的原因和影响白度的因素。

③ 掌握白度的测量原理及测定方法。

二、实验原理

白度是瓷器和乳浊釉基本的物理性能之一，胎体白度是反映瓷胎选择性吸收大小的参数。通过测量，可以估计白色瓷坯或乳浊釉的质量，有重要意义。

在瓷器白度测定方法规定的条件下，测定照射光逐一经过主波长为 620μm、520μm、420μm 三片滤光片滤光后，按规定的公式计算，试样对标准白板的相对漫反射率，所得的结果为瓷器的白度。

光束从 45°角投射到试样上，而在法线方向有硒光电池接收试样漫反射的光通量，试样越白，光电池接收的光通量越大，输出的光电流也越大，试样的白度与硒光电池输出的光电流呈线性关系。

陶瓷产品的釉层一般是厚度为 0.1mm、有一定的色彩并混有少许晶体和气孔的玻璃。釉与坯的反应层一般无清晰、平整的界面，往往是釉层与坯体交混在一起的模糊层，反应层之下则为气孔、晶体和多种玻璃互相组成的坯体，它通常也有一定的色彩。

设想釉上的表面是平整的，一束平行光投射到釉面上，接收器接收的光将由以下几部分组成：釉上表面反射的光；釉层散射的光；经釉层两次吸收在反应层漫反射的光；透入坯体引起的散射光。各部分光作用在接收器的相对强度，其数据为：上表面反射光约占 7%，反射层漫反射光约占 75%，其余为 18%。

不同型号的仪器，其光源（强度及其光谱分布）、滤色片、投射和接收方式、接收器以及数据记录与处理等在设计上是有差异的。因此，用不同型号的仪器来测定陶瓷产品的白度，即使对同一样品的同一部位进行测量，想获得相同结果（允许误差 1%），可能性也是很小的。例如假定两台白度测定仪其他所有条件完全相同，只是一台光线垂直入射，45°反射（接收），另一台光线 45°入射，垂直反射（接收）。这样单就釉的上表面反射这一因素来估算，就可能使两台机器的结果相差 0.5%以上。

可见陶瓷产品釉面光学性质复杂是使不同型号仪器测试结果相差较大的一个重要原因。

三、仪器设备

WSB-3A 型白度仪（图 2-27），标准板以及待测釉面砖试样。

四、实验操作

1. 开机、预热

打开仪器电源，对白度仪进行预热，显示屏显示生产厂家英文字样并闪烁。预热 15s

后，仪器自动进入待机状态。

注：预热中途可按确认键，系统自动退出预热状态。

(1) 辅菜单设置

在待机状态下按一下设定键，进入 LCK 设置栏，输入 001 代码，再按一下设定键，进入辅菜单设置栏，可以进行如下设置。

图 2-27　WSB-3A 型白度仪

注："□"位数为闪烁状态，表示该位可以修改（下同）。

① 通过按"←、↑、↓"键，调整年、月、日、时、分，应与当地时间一致。

② 按一下设定键，进入 PC（采样次数）设置栏，通过按"↑、↓"键进行选择（出厂设置为 5）。

③ 按一下设定键，进入 SL（采样速率）设置栏，通过按"↑、↓"键进行选择（出厂设置为 0.2）。

④ 按一下设定键，进入 PJ（平均采样时间）设置栏，通过按"←、↑、↓"键进行设置（出厂设置为 15）。

(2) 主菜单设置和校正

① 待机状态时按设定键一次，进入主菜单 LCK 设置栏，屏幕显示：

LCK　　000

② 再点击设定键，屏幕显示：

CS1　80.65
****mv　　**.**wb

注：80.65 为校正设定值（输入附件工作标准白板的白度值，可通过按"←、↑、↓"键进行修改）；＊＊＊＊ mv 为试样输入信号值，＊＊.＊＊ wb 为蓝光白度值。

2. 调零

按下试样座滑筒压板将黑筒放在试样座上，然后让滑筒升至测量孔处，稍等待显示值稳定后按下调零键，使显示值自动归零（允许误差±0.1）。

3. 校正

将黑筒取下，放上工作标准白板，待显示值稳定后，按校正键进行校正，使显示值与工作标准白板上的白板值一致（允许误差±0.1）。

4. 测量

通过按设定键或确认键退出设定状态，进入测量状态。将待测试样放置在样品座上进行测定。

5. 关机

实验结束后，取出被测试样，关闭电源。

6. 参比标准白板的标定与使用

为了保证测量值的标准有效，防止长期使用同一块标准白板时表面受污染而引起标准白度值的偏差可能带来的样品测量误差，所以仪器备用了一块参比标准白板。

具体使用如下：将黑筒和工作标准白板仪器校正好，放上参比标准白板，等显示值稳定后将白度值记在参比标准白板的背面。以后作为样品测量时的标准进行定标，然后将工作标准白板放入盛有硅胶的干燥器中保存。定期核对数值的准确度。

五、数据记录与处理

准确记录待测试样的白度值，同一个试样测定五个不同部位，取平均值。

六、注意事项

① 要求试样待测面必须清洁、平整、光滑、无彩饰和裂纹、无其它刮擦痕迹等。

② 标准板和黑筒必须保存在干燥器中，不得污染。

七、思考题

① 陶瓷白度测定的意义是什么?

② 白度仪的测定原理是什么?

实验十四　光泽度测定

一、实验目的

① 了解光泽度的概念。

② 了解影响光泽度的因素和提高釉面光泽度的措施。

③ 掌握光泽度的测定原理及测定方法。

二、实验原理

光泽度是物体表面的一种物理性能。在受光照射时，由于瓷器釉面状态不同，导致镜面反射的强弱不同，从而导致光泽度不同。测定瓷器表面的光泽度一般采用光电光泽度计，即用硒光电池测量照射在釉表面镜面反射方向的反光量，并规定折射率 $n_b=1.567$ 的黑色玻璃的反光量为100%，即把黑色玻璃镜面反射极小的反光量作为100%（实际上黑色玻璃的镜面反射的反光率小于1%）。将被测瓷片的反光能力与此黑色玻璃的反光能力相比较，得到的数据即为该瓷器的光泽度。由于瓷器釉表面的反光能力比黑色玻璃强，所以瓷器釉面的光泽度往往大于100%。

三、仪器设备

WGG60 型三角光泽度计（图 2-28），标准板以及待测釉面砖试样。

图 2-28　光泽度计

四、实验操作

① 开机，液晶显示屏有数字显示，仪器进入工作状态。

② 选择投射角度：通用角度一般选用 60°；测量超高光泽样品时，建议选用 20°；测量超低光泽样品时，建议选用 85°。

③ 打开标准板盒，将标准板（黑色）放在平整的实验台上，将仪器测量口放在黑标准板上，仪器下端标记▽对准标准板中心。

④ 定标：调节仪器上的定标旋钮，使显示屏的读数符合黑标准板上对应角度的标定值。

⑤ 校正：将定标后的仪器（注意不要再碰动定标旋钮）放在另一个标准板盒的白色陶瓷工作板上（仪器下端▽也应对准标准板的中心）。此时显示屏显示的值应与白色陶瓷工作板标定值之差不大于1.5Gs。

⑥ 测量：将仪器放在被测样品上，显示屏显示的读数即为该样品在该角度下的光泽度值。

五、数据记录与处理

准确记录待测试样的光泽度值，同一个试样测定五个不同部位取平均值。

六、注意事项

① 为保证测量准确度，必须保持标准板表面干净。

② 要求试样待测面必须清洁、平整、光滑、无彩饰和裂纹、无其它刮擦痕迹等。

七、思考题

① 陶瓷光泽度的测定意义是什么？

② 光泽度的测定原理是什么？

③ 镜面反射和漫反射有什么不同？

实验十五　陶瓷透光度测定

一、实验目的

① 了解透光度的概念。

② 了解影响透光度的因素。

③ 掌握透光度的测定原理及测定方法。

二、实验原理

测定瓷器的透光度一般采用光电透光度仪。由变压器和稳压电源供给灯泡（4V/3W），电流使灯泡发出定强度的光，通过透镜变为平行光，此平行光经光栅垂直照射到硒光电池上，产生光电流 I_0，由检流计检定。当此平行光垂直照射到试样上时，透过试样的光再射到硒电池上产生光电流 I，由检流计检定。透过试样的光产生的光电流 I 与入射光产生的光电流 I_0 之比的百分数即为瓷器的相对透光度。

三、仪器设备

77C-1型透光度仪（成套）。

四、实验操作

① 开机：把仪器后面的电源插头插入220V交流电源插座上，按右面按键开关，指示灯亮。

② 检流计校零：接通电源之后，先打开检流计电源开关，此时检流计光点发亮，光电应正对标尺零位，否则需旋动检流计下方旋钮调整。

③ 调满度100：选择量程开关为×10挡，把满度调整旋钮逆时针旋到头时，按下光源开关，然后旋动满度调整旋钮，调整仪器读数，使检流计光电指在标尺为100的地方。

④ 测定相对透光度：拉动仪器右侧按钮，抽出试样盒，将待测试样放入，关进试样盒，即可在检流计上读取相对透光度值。当检流计标尺读数小于10时，应把开关再按下，即调到×1挡，读数，×1挡的满度值等于×10挡满度值的1/10。

五、数据记录与处理

准确记录五个试样的厚度和相对透光度，取平均值。

六、注意事项

① 要求试样待测面必须清洁、平整、光滑、无彩饰、无裂纹及其它伤痕。

② 测透光度试样为长方形（20mm×25mm）或圆形（ϕ20mm），厚度为2.0mm、1.5mm、1.0mm、0.5mm。四种不同规格的薄片应从同一部位切取，要求平整、光洁，研磨到烘干，加工方法可参照反光显微镜磨光片方法进行，也可用同一试片边磨边测，由厚到薄，但一定要烘干，精确测量厚度。

七、思考题

① 测定陶瓷透光度的意义是什么？

② 如何准确地测定透光度？造成不准确的原因可能有哪些？

实验十六　材料色度测定

一、实验目的

① 了解物体颜色的基本概念及表示方法。

② 了解物体色度的测量方法。

③ 掌握用色彩色差计测量反射物体、透射物体色度值的测定技术。

二、实验原理

物质的颜色与光密切相关，通常物质的颜色是物质对可见光（白光）选择性反射或透过的物理现象，可见光被物体反射或透射后的颜色，称为物体色。不透明物体表面的颜色称为表面色。色度指用色调和色彩度来表示颜色的特征，用色品坐标来规定。

根据三原色学说，任何一种颜色的光，都可看成是由蓝、绿、红三种颜色的光按一定比例组合起来的。光进入眼睛后，三种颜色的光分别作用于视网膜上的三种细胞上产生激励，在视神经中这些分别产生的激励又混合起来，产生彩色光的感觉。

为了准确地描述和表示物体的颜色，色度学研究了人的颜色视觉规律，颜色测量的理论与技术。在色度学中，物体的颜色一般用色调、色彩度和明度这三种尺度来表示。色调表示红、黄、绿、蓝、紫等颜色特性；色彩度用等明度五彩点的视知觉特性来表示物体表面颜色的浓淡，并给予分度；明度表示物体表面相对明暗的特性，是在相同的照明条件下，以白板为基准，对物体表面的视知觉特性给予的分度。此外，还用色差来表示物体颜色知觉的定量差异。

国际照明委员会（Commission Internationaled Eclairage）创立了 CIE 色度系统。色度系统指使用规定的符号，按一系列规定和定义表示颜色的系统。当测得试样的三刺激值后即可计算所需的各种指标值。CIE $L^*a^*b^*$ 是常用来描述人眼可见的所有颜色的最完备的色彩模型，简写作 CIE。CIE $L^*a^*b^*$ 基于人类色彩的三度空间，它表示颜色的方式与人对颜色的感觉非常一致，其中 L^* 代表明暗，a^* 代表红-绿色，b^* 代表蓝-黄色。图 2-29 为 CIE $L^*a^*b^*$ 色彩空间。在色彩空间的中心点无饱和度，当颜色点远离中心向外移动，表明颜色饱和度增加。该方法可以方便地用两个颜色的 CIE $L^*a^*b^*$ 差值 ΔE 表示两点之间的差异。ΔE 表示两种色彩的 CIE $L^*a^*b^*$ 颜色空间之间的距离，用来表示总色差。ΔE 可以表示如式(2-28)：

$$\Delta E_{ab}^* = \sqrt{(L_1^* - L_2^*)^2 + (a_1^* - a_2^*)^2 + (b_1^* - b_2^*)^2} \tag{2-28}$$

式中，L_1^*、a_1^*、b_1^*、L_2^*、a_2^*、b_2^* 分别表示两个样品的坐标值。

ΔL^+ 表示偏白，ΔL^- 表示偏黑；Δa^+ 表示偏红，Δa^- 表示偏绿；Δb^+ 表示偏黄，Δb^- 表示偏蓝。

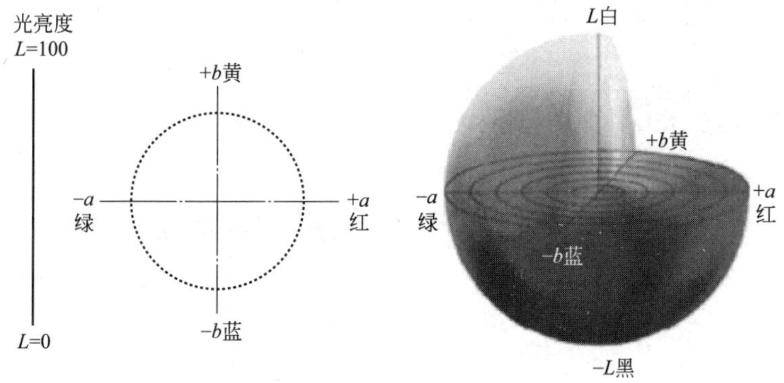

图 2-29　CIE $L^*a^*b^*$ 色彩空间

三、仪器设备

CR-410 色彩色差计（成套）。

四、实验操作

（1）试样要求与制备

待测试样可以是陶瓷墙体砖、平板玻璃等成型制品，也可以是水泥等粉末状试样。

① 块状样品：对于成型制品，每批取样一般不少于 3 块（件）。

ⅰ. 试样切割。对于陶瓷墙体砖，用切割机将其切成 65mm×65mm 的小块做试样。对于玻璃，用玻璃刀将其切成 65mm×65mm 的小块做试样。试样切割之后擦净备用。

ⅱ. 试样处理。在一般情况下不必烘干。如果试样受潮影响其测量结果时，应将其置于 105～110℃的干燥箱中烘干 1h，取出后置于干燥器中冷却到室温备用。

② 粉状样品：粉状样品放入仪器自带的粉状样品盒中，盖上玻璃板。

(2) 测试步骤

① 开机。按照要求连接测量探头和数据记录与处理器，接入电源后将电源开关滑向“I”侧。

② 校正。选择色空间，确认显示屏上的数值与校正板一致，否则进行修改。按下 Calibrate 键，将测量探头垂直放在白色校正板上，然后按下 Measure Enter 按钮。屏幕显示“NOW CALIBRATING”，灯闪三次后完成校正，自动切换到测量界面。

③ 标准色的测量。按下 Target 键，将测量探头垂直放在标准色样品上，然后按下 Measure Enter 按钮。灯闪后测量标准色样品。测量完毕后，按下 Measure Enter 按钮，完成音响起，切换到测量界面。

④ 色差的测量。将测量探头垂直放在待测样品上，然后按下 Measure Enter 按钮。灯闪后对样品进行测量，并显示色差结果。

⑤ 如要继续测量其它标准色及色差，则重复上述“标准色的测量”之后的步骤。如要更改显示页面，按下 Display 键。

五、数据记录与处理

测定结果可由数据记录与处理器打印，同一个试样测定五个不同部位，取平均值。

六、注意事项

为保证测量的准确度，必须保持标准校正板表面干净。

七、思考题

陶瓷色度的测定意义是什么？

实验十七　热膨胀系数的测定

一、实验目的

① 了解材料的热膨胀曲线对生产的指导意义。

② 学习测定热膨胀系数的原理和方法。

③ 对于玻璃材料，可在热膨胀曲线上确定玻璃的特征温度。

二、基本原理

一般的普通材料，通常所说的热膨胀系数是指线膨胀系数，其意义是温度升高1℃时单位长度上所增加的长度，单位为 K^{-1}。

假设物体原来的长度为 L_0，温度升高后长度增加量为 ΔL，实验指出它们之间存在如式(2-29)的关系：

$$\frac{\Delta L}{L_0}=\alpha_1 \Delta t \tag{2-29}$$

式中，α_1 为线膨胀系数，也就是温度每升高1℃时，物体的相对伸长量。

当物体的温度从 T_1 上升到 T_2 时，其体积也从 V_1 变化为 V_2，则该物体在 T_1-T_2 的温度范围内，温度每上升一个单位，单位体积物体的平均伸长量如式(2-30)：

$$\beta=(V_1-V)_2/[V_1(T_2-T_1)] \tag{2-30}$$

式中，β 为平均体膨胀系数。

从测试技术来说，测体膨胀系数比较复杂。因此，在讨论材料的热膨胀系数时，常常采用线膨胀系数，如式(2-31)

$$\alpha=(L_1-L_2)/[L_1(T_2-T_1)] \tag{2-31}$$

式中，α 为平均线膨胀系数，K^{-1}；L_1 是温度为 T_1 时试样的长度，m；L_2 是温度为 T_2 时试样的长度，m。

β 与 α 的关系如式(2-32)：

$$\beta=3\alpha+3\alpha^2\Delta T^2+\alpha^3\Delta T^3 \tag{2-32}$$

式(2-32) 中的第二项和第三项非常小，在实际中一般略去不计，而取 $\beta\approx3\alpha$。

必须指出，由于膨胀系数实际上并不是一个恒定的值，而是随温度变化而变化的，所以上述膨胀系数都是具有在一定温度范围 ΔT 内的平均值的概念，因此使用时要注意它适用的温度范围。一些材料的线膨胀系数见表 2-2。

表 2-2　一些材料的线膨胀系数

材料名称	线膨胀系数 (0～1000℃)/$\times10^6K^{-1}$	材料名称	线膨胀系数 (0～1000℃)/$\times10^6K^{-1}$	材料名称	线膨胀系数 (0～1000℃)/$\times10^6K^{-1}$
Al_2O_3	8.8	ZrO_2(稳定化)	10	硼硅玻璃	3.0
BeO	9.0	TiC	7.4	黏土耐火砖	5.5
MgO	13.5	B_4C	4.5	刚玉瓷	5.0～5.5
莫来石	5.3	SiC	4.7	硬质瓷	6.0
尖晶石	7.6	石英玻璃	0.5	滑石瓷	7.0～9.0
氧化锆	4.2	钠钙硅玻璃	9.0	钛酸钡瓷	10.0

目前，测定材料线膨胀系数的方法很多，有示差法（或称“石英膨胀计法”）、双线法、光干涉法、重量温度计法等。在所有这些测试方法中，以示差法具有广泛的实用意义。示差法是基于采用热稳定性良好的材料石英玻璃（棒和管），在较高温度下其线膨胀系数随温度而改变很小的性质，当温度升高时，石英玻璃与其中的待测试样和石英玻璃棒都会发生膨胀，但是待测试样的膨胀比石英玻璃管上同样长度部分的膨胀要大。因而使得与待测试样相接触的石英玻璃棒发生移动，这个移动是石英玻璃管、石英玻璃棒和待测试样三者的同时伸长和部分抵消后在千分表上所显示的 ΔL 值，它包括试样与石英玻璃管和石英玻璃棒的热膨胀差值，测定出这个系统伸长的差值及加热前后温度的差数，并根据已知石英玻璃的线膨胀系数，便可算出待测试样的线膨胀系数。

图 2-30 所示是石英膨胀仪的工作原理分析图，从图中可见，膨胀仪上千分表上的读数为：

$$\Delta L=\Delta L_1-\Delta L_2$$

由此得：

$$\Delta L_1=\Delta L+\Delta L_2$$

根据定义，待测试样的线膨胀系数为：

$$\alpha=\frac{\Delta L+\Delta L_2}{L}\times\Delta T=\frac{\Delta L}{L}\times\Delta T+\frac{\Delta L_2}{L}\times\Delta T \tag{2-33}$$

其中：

$$\frac{\Delta L_2}{L}\times\Delta T=\alpha_{石}$$

所以：

$$\alpha=\alpha_{石}+\frac{\Delta L}{L}\times\Delta T$$

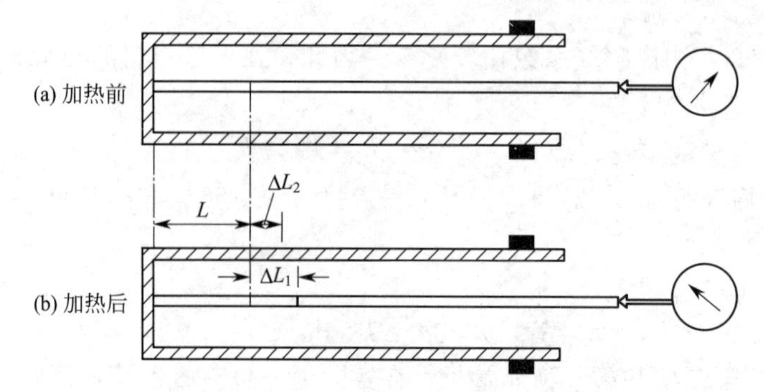

图 2-30　石英膨胀仪的工作原理分析图

若温度差为 T_2-T_1，则待测试样的平均线膨胀系数 α 可按式(2-34) 计算：

$$\alpha=\alpha_{石}+\frac{\Delta L}{L}\times(T_2-T_1) \tag{2-34}$$

式中，$\alpha_{石}$ 为石英玻璃的平均线膨胀系数（按下列温度范围取值），$5.7\times10^{-7}K^{-1}$（0～300℃），$5.9\times10^{-7}K^{-1}$（0～400℃），$5.8\times10^{-7}K^{-1}$（0～1000℃），$5.97\times10^{-7}K^{-1}$（200～700℃）；T_1 为开始测定时的温度,℃；T_2 为测定结束时的温度（一般定为 300℃，若需要，也可定为其它温度),℃；ΔL 为试样的伸长值，即对应于温度 T_2 与 T_1 时千分表读数之差值，mm；L 为试样的原始长度，mm。

这样，将实验数据在直角坐标系上作出热膨胀曲线（图 2-31)，就可确定试样的线膨胀系数，对于玻璃材料还可以得出其特征温度 T_g 与 T_f。

三、仪器设备

① 待测试样（玻璃、陶瓷等)；② 小砂轮片（磨平试样端面用)；③ 卡尺（量试样长度用)；④ 秒表（计时用)；⑤ 石英膨胀仪（包括管式电炉、特制石英玻璃棒、千分表、热电偶、温度控制器等)。

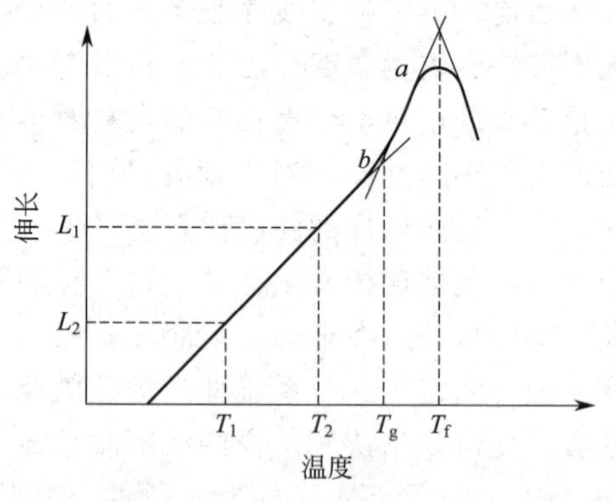

图 2-31　玻璃的热膨胀曲线

四、实验操作

(1) 试样准备

① 必须选取无缺陷（对于玻璃，应当无结石、波筋、条纹、气泡）材料作为待测试样。

② 试样尺寸依据不同仪器的要求而定。一般石英膨胀仪要求试样直径为 5～6mm，长为（60±0.1）mm；UBD 万能膨胀仪要求试样直径为 3mm、长为（50±0.1）mm；Weiss 立式膨胀仪要求试样直径为 12mm，长为（65±0.1）mm。

③ 把试样两端面磨平，用千分尺精确量取长度。

(2) 测试操作要点

① 被测试样和石英玻璃棒、千分表顶杆三者应先在炉外调整成平直相接，并保持在石英玻璃管的中心轴区，以消除摩擦与偏斜影响造成的误差。

② 试样与石英玻璃棒要紧紧接触，使试样的膨胀增量及时传递给千分表，在加热测定前要使千分表顶杆顶紧，直至指针转动 2～3 圈为止，确定一个初读数。

③ 升温速度不宜过快，以控制 2～3℃/min 为宜，并使整个测试过程均匀升温。

④ 热电偶的热端尽量靠近试样中部，但不应与试样接触。测试过程中不要触动仪器，也不要振动实验台桌。

(3) 测试步骤

① 接好并检查电路。

② 把石英玻璃管夹在支架上。

③ 先把准备好的待测试样小心地装入石英玻璃管内，然后装进石英玻璃棒，使石英玻璃棒紧贴试样，在支架的另一端装上千分表，使千分表的顶杆轻轻顶压在石英玻璃棒的末端，把千分表转到零位。

④ 将卧式电炉沿滑轨移动，将管式电炉的炉芯套上石英玻璃管，使试样位于电炉中心位置（即热电偶端位置）。

⑤ 合上电闸，接通电源，以 3℃/min 的升温速率升温，每隔 2min 记录一次千分表的读数和温度的读数，直到千分表上的读数向后退为止。将所测数据记入表 2-3 中。

表 2-3 测试数据记录与处理表

试样编号	试样长度 L/mm	试样温度 T/℃	千分表读数	试样伸长值 ΔL/mm	线膨胀系数 α/K^{-1}

五、数据记录与处理

① 根据测定数据绘制出材料的热膨胀曲线。

② 按公式计算被测材料的平均线膨胀系数。

③ 对于玻璃材料，从热膨胀曲线上确定其特征温度 T_g 与 T_f。

六、思考题

① 测定材料线膨胀系数的意义是什么？

② 石英膨胀仪测定热膨胀系数的原理是什么？

③ 影响测定线膨胀系数的因素是什么？如何防止？

实验十八 石膏性能测定

一、实验目的

① 掌握石膏的性质及测定方法。

② 掌握晶型对石膏和模具性能的影响。

二、性能测定

1. 细度测定

石膏粉细度直接关系到石膏模型的强度及初、终凝速度，石膏粉用途不同对细度的要求也不一样。石膏粉越细，在半水石膏的水化过程中，颗粒的比表面积就越大，与水接触面积增大，在水中的溶解速度也加快，形成二水石膏晶体的速度也增快，也就是说石膏浆的凝结速度加快。增加石膏粉的细度可以增加石膏的致密度和模型的强度（一般干燥强度和湿模强度都会增加）。但细度达到一定限度后，强度便会降低，因为在水化过程中会产生较大的结晶应力。目前国内卫生瓷模型用的石膏粉细度在 120～180 目范围内，国外也有达到 250 目的。

细度测定方法： 将 60g 石膏粉试样放入烘箱中在（40±4)℃下烘至恒重，并在干燥器中冷却备用。

精确称取(50±0.1)g 试样，倒入 0.2mm 的方孔筛中，盖上筛盖，套上筛底。一只手拿住筛子，略微倾斜，摇动筛子，并用另一只手连续拍打。撞击的频率约为 125 次/min。摆动幅度为 200mm，每摇动 25 次筛子旋转 90°继续拍打。试验中如发现筛孔被试样堵塞，可用毛刷轻刷筛网底面，使网孔疏通，继续进行筛分。直至筛分到 1min 内通过筛子的试样少于 0.1g 为止，称取筛余量，精确至 0.01g。细度以筛余量占过筛试样总量的百分数表示。

连续测定两次，如两次测定结果的差值小于 1%，则平均值作为试样细度；否则应再次测定，直至两次测定值之差小于 1%，再取两者的平均值。

2. 标准稠度用水量测定

标准稠度用水量是指 100 份半水石膏粉，使它获得标准流动性所需要的加水量，用百分数表示。它是表征半水石膏粉性能的一项很重要的指标，是对比石膏粉质量、研究半水石膏粉其他性能指标的基础。其含义是：在规定的实验条件和一定石膏量（300±1)g 以及预定稠度水量下，按一定的实验方法，石膏料浆自由扩展直径达（220±5)mm 时，加水量占石膏量的百分数。

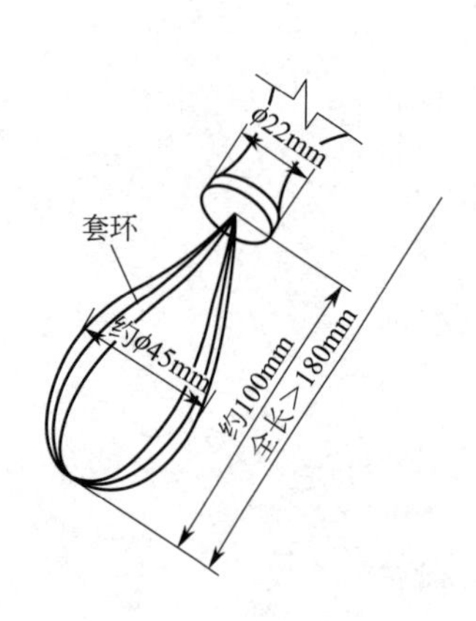

图 2-32　搅拌用具

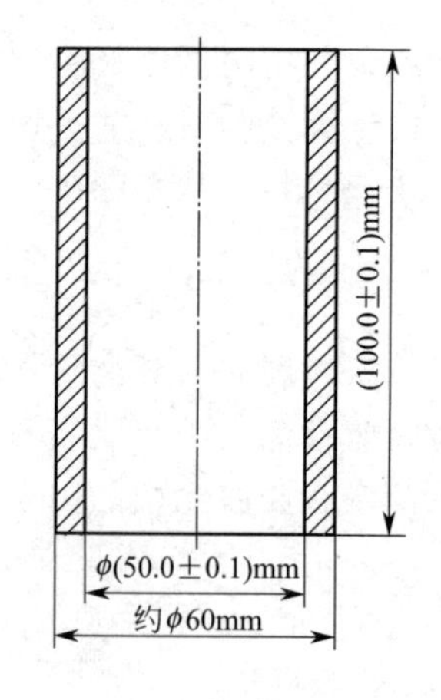

图 2-33　稠度仪筒体

（1）仪器设备

① 天平：称量 1000g，分度值 1g。

② 搅拌用具（图 2-32）及秒表。

③ 稠度仪：由内径（50.0±0.1）mm、高（100.0±0.1）mm 不锈钢筒体（图 2-33）和 300mm×300mm 玻璃板以及筒体提升机组成。筒体上升速度为 150mm/s，并能下降复位。

（2）测试步骤

试验前，将稠度仪的筒体内部及玻璃板擦净，并保持湿润。将筒体复位，垂直地放置于

300mm×300mm 玻璃板上。

预先称好（300±1）g 试样，在 30s 内将石膏粉均匀地撒入预先称量的水中，静置 30s，接着快速用拌和棒搅拌 1min，得到均匀的石膏浆体，迅速注入稠度仪筒体内，用刮刀刮平表面，然后垂直向上提起铜管（浆体注入至提起铜管的操作时间不应超过 20s，钢管提起的高度约 20cm）。待筒体提去后，测定料浆扩展成的试饼两垂直方向上的直径 ，计算其平均值。

（3）结果及评定

观察料浆的扩展直径，当料浆形成的饼径在两垂直线上的读数的平均值达（220±5）mm 时，为符合要求。若第一次测定没有达到要求时，可根据饼径大小适当增减水量，重新测定，直至符合要求为止，并再重复一次。此用水量与试样的质量比（以百分数表示，精确至 1%），即为标准稠度用水量。

3. 凝结时间的测定

初、终凝的检测方法比较常用的是划痕按压法，即在测试流动性形成（和标准稠度测定方法一样）的圆饼上，采用厚度约 0.5mm 的美工刀片划割试饼，刚开始时每隔 30s 划一次，临近初凝时每隔 10s 划一次。划痕不得重合及交叉，每次划后必须用湿布擦净划刀。整个操作过程中，试饼不得受振动或移动。当划痕两边的石膏浆刚好全部不再合拢时即为初凝，以试样投入水中开始至初凝的时间间隔表示初凝时间。

接着在测定初凝后的石膏试饼上用大拇指以约 50N 的力连续按压试饼，每隔 30s 按压一次，每次按压不同的点，当按压时印痕边缘没有水分出现时即为终凝，以试样投入水中开始至终凝的时间间隔表示终凝时间。

按国家标准要求，凝结时间以 min 计，当秒数超过 30s 时，可进为 1min。

4. 抗折强度的测定

（1）仪器设备

① 天平：称量 1000g，分度值 1g。

② 搅拌用具和秒表。

③ 水泥抗折试验机。

④ 试模：尺寸为 40mm×40mm×160mm。

（2）测试步骤

① 备模。将试模内涂上一层均匀的机油，试模接缝处涂黄油或凡士林以防漏浆。

② 试件制备。一次调和制备的石膏量，应能填满制作三个试件的试模，并将损耗计算在内，所需料浆的体积为 950mL，采用所测得的标准稠度用水量调制石膏浆。

成型时在试模内侧薄薄地涂上一层矿物油，并使连接缝封闭，以防料浆流失。先把所需加水量的水倒入搅拌容器中，再把已称量好的石膏粉均匀地倒入水中，静置 1min，然后用拌和棒在 30s 内搅拌 30 圈。接着，以 3r/min 的速度搅拌，使料浆保持悬浮状态，然后用勺子搅拌至料浆开始稠化（即当料浆从勺子上慢慢落到浆体表面刚能形成一个圆锥为止）。一边慢慢搅拌，一边把料浆舀入试模中。将试模的前端抬起约 10mm，再使之落下，如此重复五次以排除气泡。

当从溢出的料浆判断已经初凝时，用刮平刀刮去溢浆，但不必反复刮抹表面。终凝后，在试件表面作上标记，并拆模。脱模后存放在试验室环境中。加水后 2h 即做抗折和抗压强度试验。

需要在其他水化龄期后做强度试验的试件，脱模后立即存放于封闭处。在整个水化期间，封闭处空气的温度为（20±2）℃、相对湿度为（90±5）%。达到规定龄期后，用于测定湿强度的试件应立即进行强度测定，用于测定干强度的试件先在（40±4）℃的烘箱中干燥至恒重，然后迅速进行抗折强度测定。做完抗折强度测定后得到的不同试件上的六块半截试件用作抗压强变测定。

③ 结果计算及评定。记录3条试件的抗折强度，并计算其平均值。如果测得的3个值中有1个值与3个值的算术平均值的相对偏差不大于10%，则用另外两个值的算术平均值作为测试结果；如果所测得的3个值中有2个或2个以上值与3个值的算术平均值的相对偏差大于10%，则应重新取样进行测试。

5. 抗压强度的测定

（1）仪器设备

压力试验机，试样。

（2）测试步骤

用做完抗折试验后得到的6个半块试件进行抗压强度的测定。试验时将试件放在夹具内，试件的成型面应与受压面垂直，受压面积为40mm×62.5mm。将抗压夹具连同试件置于抗压试验机上、下夹板之间，下夹板球轴应通过试件受压中心。开动机器，使试件在加荷开始后20～40s内被破坏。记录每个试件的破坏荷载F，抗压强度P_c。按式(2-35)计算：

$$P_c=\frac{F}{A}=\frac{F}{1600} \tag{2-35}$$

式中，P_c为抗压强度，MPa；F为破坏荷载，N；A为受压面积，mm^2。

（3）结果计算及评定

计算6个试件抗压强度平均值。如果测得的6个值与它们平均值的差不大于10%，则用该平均值作为抗压强度。如果有某个值与平均值之差大于10%，应将此值舍去，以其余的值计算平均值；如果有两个及以上的值与平均值之差大于10%，应重做试验。

6. 吸水率的测定

吸水率对卫生陶瓷石膏模型来说至关重要，因为卫生陶瓷坯体厚，吸浆时间长，如果模型吸水率达不到要求则无法满足生产。通过对2h产品的吸水率的测试，可以真实反映石膏模的实际吸水效果。对于β-石膏来说，在膏水比为1.25的情况下，2h吸水率比24 h吸水率少1%。所以，在日常石膏粉进货检测中，为节约时间采用2h吸水率是可信的。

吸水率的测试方法为：将测试完抗折强度的干试条，用砂布轻轻打磨试条的6个表面，去除石膏模表面的脱模剂，擦干净后称取其重量为G_1；然后放于自来水中浸泡2h，用拧干的湿毛巾轻轻擦拭表面的水迹，称取重量为G_2，吸水率计算公式为：吸水率$=(G_2-G_1)/G_1\times100\%$，取3个试样的平均值作为测试结果。

7. 吸水速度的测定

将上述测试完抗折强度的干试条清理干净，以试条的一个顶端为零基准，分别在5mm、15mm、50mm高度处划线，并在5～15mm之间涂上黄油或虫胶片用来阻水。烧杯中装适量的自来水（为方便观察石膏模中水面上升高度，水里可放一些有机染色剂，如胭脂红色素），将试条涂黄油的一端垂直插入水中，使水面刚好没过样品5mm，用秒表开始计时。然后观察水面上升高度，记录水痕上升到50mm处的时间T_1，则石膏模吸水速度$V=50/T_1$。石膏模吸水速度一般在4～7mm/min范围内比较合适。在石膏模型吸水率满足标准的情况下，若吸水速度偏小，则模型吸浆速度偏慢；反之，若吸水速度偏大，则模型吸浆速度过快。

8. 凝结膨胀率的测定

石膏浆在凝固过程中一般都会产生微量的体积膨胀。石膏浆硬化膨胀的性能对于模型生产是有害的，它会造成脱模困难，损害母模，给操作带来麻烦。

膨胀率一般采用专门的膨胀仪来测定：将专用的膨胀测试仪准备好，涂上润滑油并调整零点，然后按规定流程制备石膏浆，将石膏浆快速浇注到仪器的“V”形槽中，刮去多余的石膏浆，使试样在仪器内凝结直至发热膨胀，记下百分表最大读数。按式(2-26) 计算：

$$a=n/(L-n)\times 100\% \tag{2-36}$$

式中，a 为凝结膨胀率；n 为膨胀的长度，mm；L 为膨胀后试样的总长度，mm。

一般从石膏与水开始接触时计时，在 30min 左右膨胀率会达到最大，然后会略有缩小。β-石膏的膨胀率一般控制在 0.3%以下较为合适。

9. 溶蚀率的测试

陶瓷泥浆一般都是呈碱性的，石膏模型长期在碱性环境中进行吸浆、干燥再吸浆过程，其耐泥浆腐蚀的强弱，直接影响石膏模型的使用寿命。

溶蚀率的测试方法为：取抗折强度测定后的试样，干燥后的重量为 G_0，在 0.3%的硅酸钠溶液（用自来水配制）中浸泡 48h 后取出，用软刷轻刷 6 个表面各 10 次，用水冲净后烘干，再称其干燥重量为 G_1，则溶蚀率 R 计算式如式（2-37）所示：

$$R=(G_0-G_1)/G_0\times 100\% \tag{2-37}$$

溶蚀率无固定参考数据，但该数据越小越好。

10. 耐磨性测试

耐磨性测试反映的是石膏模的硬度及耐磨损情况。取抗折强度测定后的干燥试样，称其重量为 G_0（必须保证每次重量基本相同，±0.1g），用 180 目细砂纸平均用力打磨试样的顶面 50 次，用干布把残留在顶面的粉末轻轻擦去，再称其重量为 G_1，则耐磨性计算式，如式（2-38）所示。

$$磨损率=(G_0-G_1)/G_0\times 100\% \tag{2-38}$$

三、性能指标

根据 QB/T 1639—2014 标准，陶瓷模用石膏粉的质量标准见表 2-4 所示。

表 2-4　陶瓷模用石膏粉的质量标准

物理性能		一等品	合格品	物理性能		一等品	合格品
筛余/%	0.15mm 孔径	0	0	终凝时间/min	α	<30	
	0.09mm 孔径	≤1.0	≤1.0		β	<30	
标准稠度/%	α	≤45	≤60	2h 湿抗折强度/MPa	α	≥4.5	≥4.0
	β	≤70	≤75		β	≥3.2	≥2.7
初凝时间/min	α	>8		45℃干抗折强度/MPa	α	≥8.0	≥7.0
	β	>7			β	≥7.0	≥6.0

四、数据记录与处理

记录所测指标的数据，并计算结果。

五、思考题

① 石膏的主要成分是什么？主要有哪些晶型及特点。

② 简述石膏性能对模具品质有何影响？

实验十九　普通混凝土力学性能实验

一、实验目的

① 掌握硬化混凝土强度实验方法。

② 确定混凝土强度等级。

二、实验原理

通过实验测定混凝土立方体抗压强度，以检验材料质量，确定、校核混凝土配合比，确定混凝土强度等级，作为评定混凝土质量的主要依据。

混凝土抗压强度试件是标准尺寸为150mm×150mm×150mm的立方体，抗折强度试件是标准尺寸为150mm×150mm×600mm（或550mm）的棱柱体。标准养护条件为温度(20±2)℃，相对湿度95%以上，标准龄期为28d。混凝土的强度等级应按立方体抗压强度标准值确定，混凝土立方体抗压强度标准值是指用标准方法制作养护的边长为150mm的立方体试件，在28d龄期用标准方法测得的具有95%保证率的抗压强度。钢筋混凝土结构用混凝土分为C15、C20、C25、C30、C35、C40、C45、C50、C55、C60、C65、C70、C75、C80共14个等级。如C30表示立方体抗压强度标准值为30MPa，亦即混凝土立方体抗压强度≥30MPa的概率要求达95%以上。

采用试件的尺寸不同，会影响混凝土标号的正确确定，必须进行换算。建筑工程中可根据集料的最大粒径来选择不同的试体。采用非标准尺寸试体，混凝土标号之间的换算系数可参见表2-5。

表2-5　不同尺寸试件抗压强度的换算系数　　单位：mm

试体尺寸/mm	100×100×100	150×150×150	200×200×200
换算系数	0.95	1.00	1.05

三、仪器设备

压力试验机，上下承压板，振动台，试模，镘刀，捣棒，小铁铲，钢尺等。

四、实验操作

(1) 试件制作

在制作试件前，首先要检查试模，拧紧螺栓，并清刷干净，同时在其内壁涂上一薄层矿物油脂。试件的成型方法应根据混凝土的坍落度来确定。

① 坍落度不大于70mm的混凝土拌和物应采用振动台成型。其方法为：将拌好的混凝土拌和物一次性装入试模，装料时应用抹刀沿试模内壁略加插捣并使混凝土拌和物稍有富余，然后将试模放到振动台上，用固定装置予以固定，开动振动台并计时，振动时试模不能有任何跳动，当拌和物表面呈现水泥浆时，停止振动并记录振动时间，用抹刀沿试模边缘刮去多余拌和物，并抹平。

② 坍落度大于70mm的混凝土拌和物采用人工捣实成型。其方法为：将混凝土拌和物分二层装入试模，每层装料厚度大致相同，插捣时用垂直的捣棒按螺旋方向由边缘向中心进

行，插捣底层时捣棒应达到试模底面，插捣上层时，捣棒应贯穿下层深度 20～30mm，并用抹刀沿试模内侧插入数次，以防止麻面，每层插捣次数随试件尺寸而定。捣实后，刮除多余混凝土，并用抹刀抹平。

③ 插捣后应用橡皮锤轻轻敲击试模四周，直至插捣棒留下的空洞消失为止。

(2) 试件养护

① 采用标准养护的试件成型后应覆盖表面，防止水分蒸发，并在 (20±5)℃的室内静置 1 昼夜至 2 昼夜，然后编号拆模。

② 拆模后的试件应立即放入标准养护室（温度为 20℃±2℃，相对湿度为 95%以上）养护，在标准养护室中试件应放在架上，彼此相隔 10～20mm，并应避免用水直接冲淋试件。

③ 标准养护龄期为 28d（从搅拌加水开始计时）。

(3) 立方体抗压强度测定

① 试件从养护地点取出，随即擦干并量出其尺寸（精确到 1mm），并以此计算试件的受压面积 A (mm^2)。

② 将试件安放在压力试验机的下压板上，试件的承压面应与成型时的顶面垂直。试件的轴心应与压力机下压板中心对准，开动试验机，当上压板与试件接近时，调整球座，使接触均衡。

③ 加压时，应连续而均匀地加荷。当混凝土强度等级低于 C30 时，加荷速度取每秒钟 0.3～0.5MPa；当混凝土强度等级大于等于 C30 时，加荷速度取每秒钟 0.5～0.8MPa；当混凝土强度等级大于等于 C60 时，取每秒钟 0.8～1.0MPa。

④ 当试件接近破坏而开始迅速变形时，应停止调整试验机油门，直至试件被破坏，然后记录破坏荷载 F (N)。

(4) 抗折强度测定

① 试件从养护地点取出后应及时进行实验，将试件表面擦干净。

② 按图 2-34 装置试件，安装尺寸偏差不得大于 1mm。试件的承压面应为试件成型时的侧面。支座及承压面与圆柱的接触面应平稳、均匀，否则应垫平。

③ 加压时，应连续而均匀地加荷。当混凝土强度等级低于 C30 时，加荷速度取每秒钟 0.02～0.05MPa；当混凝土强度等级大于等于 C30 且小于 C60 时，加荷速度取每秒钟 0.05～0.08MPa；当混凝土强度等级大于等于 C60 时，加荷速度取每秒钟 0.082～0.10MPa。当试件接近破坏而开始迅速变形时，应停止调整试验机油门，直至试件被破坏，然后记录破坏荷载 F (N)。

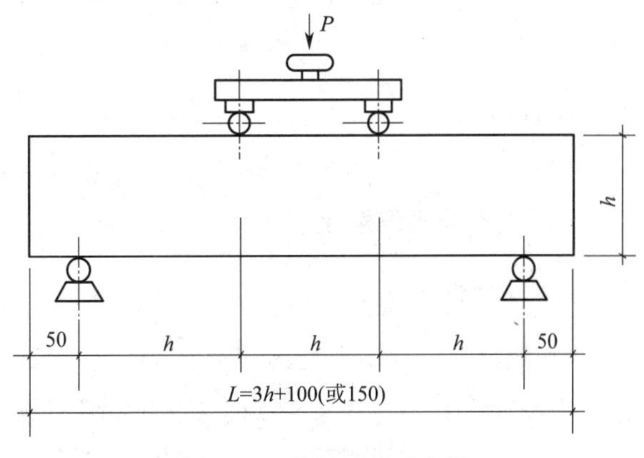

图 2-34 抗折试验示意图

④ 记录试件破坏荷载的试验机示值及试件下边缘断裂位置。

五、数据记录及处理

① 试件的抗压强度 f_{cc} 按式(2-39) 计算：

$$f_{cc}=\frac{F}{A} \tag{2-39}$$

式中，f_{cc} 为抗压强度，MPa；F 为试件破坏荷载，N；A 为试件受压面积，mm^2。

② 以三个试件抗压强度的算术平均值作为该组试件的抗压强度值，精确至0.1MPa。如果三个测定值中的最大或最小值中有一个与中间值的差超过中间值的15%，则把最大及最小值舍去，取中间值作为该组试件的抗压强度值；如果最大、最小值均与中间值相差15%，则此组试验作废。

③ 混凝土抗压强度是以150mm×150mm×150mm的立方体试件作为抗压强度的标准试件，其他尺寸试件的测定结果均应换算成150mm立方体试件的标准抗压强度值。

④ 试件的抗折强度按式（2-40）计算：

$$f_f=Fl/(bh^2) \tag{2-40}$$

式中，f_f 为混凝土抗折强度，MPa；F 为试件破坏荷载，N；l 为支座间跨度，mm；h 为试件截面高度，mm；b 为试件截面宽度，mm。

⑤ 三个试件中若有一个折断面位于两个集中荷载之处，则混凝土抗折强度按另两个试件的数据记录与处理计算。若这两个测值的差值不大于这两个测值的较小值的15%，则该组试件的抗折强度按这两个测值的平均值计算，否则该组试件的实验无效。若有一个折断面位于两个集中荷载之处，则该组试件的实验无效。

⑥ 当试件尺寸为100mm×100mm×400mm的非标准试件时，应乘以尺寸换算系数0.85；当混凝土强度等级≥C60时，宜采用标准试件；使用非标准试件时，尺寸换算应由实验确定。

六、思考题

影响混凝土力学性能的因素有哪些？

实验二十　水泥水化产物微观形貌观察实验

一、实验目的

① 了解通过超景深三维立体显微镜设备观察水泥水化产物微观形貌的方法。

② 掌握不同水泥水化产物的微观结构。

二、实验原理

水泥熟料是一种不平衡的多组分固溶体，其主要矿物组成为硅酸三钙 C_3S、硅酸二钙 C_2S、铝酸三钙 C_3A、铁铝酸四钙 C_4AF，这些矿物具有不同的水化活性，因此，水泥与水混合后，发生一系列的物理、化学变化，产生不同性状的水化产物。水泥加水拌和后，最初形成具有可塑性的浆体（称为水泥净浆），随着水泥水化反应的进行逐渐变稠失去塑性，这就是水泥的凝结。此后，随着水化反应的继续，浆体逐渐变为具有一定强度的、坚硬的固体——水泥石，这就是水泥的硬化。

当水泥加水后，C_3A、C_3S 和 C_4AF 很快与水反应，同时石膏迅速溶解，C_3S 水化时析出 $Ca(OH)_2$，逐渐形成 $Ca(OH)_2$ 和 $CaSO_4$ 的饱和溶液，水化产物首先出现六方板状的 $Ca(OH)_2$ 与针状的三硫型水化硫铝酸钙AFt相，以及无定形的水化硅酸钙C-S-H。之后，由于不断生成 AFt 相，$Ca(OH)_2$ 不断减少，继而形成单硫型水化硫铝酸钙 AFm 相、C-A-H 晶体。

观察水泥水化产物的微观形貌，可看到不同的成分常常具有不同的形貌特征，如 C-S-H 凝胶常表现为云状、颗粒状、网状等形状，氢氧化钙晶体为六角板状、层板状，钙矾石晶体为棒针状等。

三、仪器设备

JSM-7800F 扫描电镜。

四、实验操作

① 放置样品并固定。

② 确认高压处于关闭状态。点 SEM 应用程序软件。

③ 打开样品交换室，按箭头方向将样品置于样品座夹具内。

④ 抽真空。

⑤ 把样品放入交换室中。

⑥ 观察样品，获取图像。

五、数据记录与处理

观察、记录水泥水化产物的微观形貌。

六、思考题

简述水泥水化产物的微观形貌特点。

实验二十一　聚合物球晶制备及形态观测

一、实验目的

① 了解偏光显微镜的原理和使用方法。

② 掌握聚合物球晶的熔融法制备技术。

二、实验原理

随着结晶条件的不同，聚合物的结晶可以具有不同的形态，如单晶、树枝晶、球晶、纤维晶及伸直链晶体等。在从浓溶液中析出或熔体冷却结晶时，聚合物倾向于生成比单晶复杂的多晶聚集体，通常呈球形，故称为“球晶”。球晶的基本结构单元是具有折叠链结构的片晶（晶片厚度在 10nm 左右)。许多这样的晶片从一个中心（晶核）向四面八方生长，发展成为一个球状聚集体。球晶可以长得很大。对于几微米以上的球晶，用偏光显微镜研究聚合物的结晶形态是目前实验室中较为简便且实用的方法。

在正交偏光镜下观察：非晶体（无定形）的聚合物薄片是光均匀体，没有双折射现象，光线被两正交的偏振片所阻拦，因此视场是暗的，如 PMMA，无规 PS。聚合物晶体根据对于偏光镜的相对位置不同，可呈现出不同程度的明或暗图形，其边界和棱角明晰。当把工作台旋转一周时，会出现四明四暗。球晶呈现出特有的黑十字消光图像，称为 Maltase 十字，黑十字的两臂分别平行于起偏镜和检偏镜的振动方向。转动工作台，这种消光图像不改变，其原因在于球晶是由沿半径排列的微晶所组成，这些微晶均是光的不均匀体，具有双折射现象，对整个球晶来说，是中心对称的。

三、仪器设备与材料

仪器设备：聚合物小型压片机，偏光显微镜，载玻片，盖玻片若干，镊子 1 个。

材料：几种结晶高聚物（如 PP、PE 等）。

四、实验操作

(1) 熔融法制备聚合物球晶

将聚合物小型压片机设定到所需温度（一般比 T_m 高 30℃），待达到所设温度后，把一干净盖玻片用镊子置于加热柱加热面上，然后把少许聚合物（几毫克）放在盖玻片上，并盖上另一片盖玻片，恒温 5min 使聚合物充分熔融后，用镊子轻压试样至薄并排去气泡，盖上另一个加热柱，在上下加热柱叠加下，恒温 10min。将玻片取下，用锡箔纸包好后放入沙浴中，利用沙浴的升温和降温比较缓慢的特点使试样成长为较完善的球晶。

注：本实验制备聚丙烯（PP）和低压聚乙烯（PE）球晶时，分别在 250℃ 和 230℃ 熔融 10min。

(2) 聚合物聚集态结构的观察

聚合物晶体薄片，放在正交偏光显微镜下观察，调节所用偏光显微镜，直至看到清晰的结晶图案，旋转载物台，观察，并记录下观察到的现象。

五、注意事项

① 在使用显微镜时，任何情况下都不得用手或硬物触及镜头，更不允许对显微镜的任何部分进行拆卸。用显微镜观察时，物镜与样片间的距离，可先后用粗调/细调旋钮调节，直至聚焦清晰为止。谨防镜头触碰盖玻片。

② 试样在加热台上加热时，要随时仔细观察温度和试样形貌变化，避免温度过高引起试样分解。

六、思考题

聚合物常见的晶体类型有哪些？

实验二十二　聚合物材料拉伸性能测试

一、实验目的

① 了解高聚物材料拉伸性能的测试方法。

② 掌握电子拉力机的操作和应力-应变曲线的分析。

二、实验原理

聚合物材料应用广泛，其力学性能被使用者所重视。拉伸强度是聚合物材料作为结构材料使用的重要指标之一，通常以材料断裂前所承受的最大应力来衡量。聚合物在拉力下的应力-应变测试是一种基础的力学试验，是在一定的实验温度、湿度和拉伸速率下，在试样的两端施以拉力将试样拉至断裂为止，曲线的横坐标是应变，纵坐标是外加的应力。影响拉伸强度的因素，除材料的结构和试样的形状外，测试时所用温度和拉伸速率也是十分重要的因素。

试样按如图 2-35 制备。

三、仪器设备和试验条件

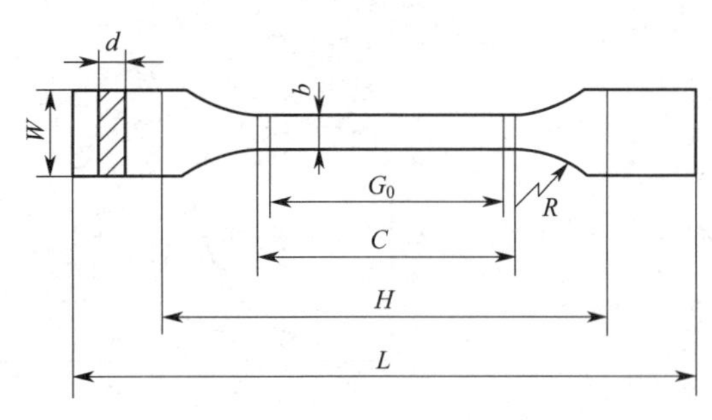

图 2-35　哑铃型拉伸试样

仪器设备：电子拉力机 CMT6104，样品切具一套，拉伸试样若干。

实验环境：热塑性塑料 25℃±2℃，热固性塑料 25℃±5℃，相对湿度 65%±5%。

试验速度：①热固性塑料、硬质热塑性塑料为（10±5）mm/min；②伸长率较大的硬质和半硬质热塑性塑料（如尼龙、聚乙烯、聚丙烯等）为（50±5）mm/min；③软质热塑性塑料，相对伸长率≤100 时，用（100±10）mm/min；相对伸长率＞100 时，用（250±50 ）mm/min。

四、实验操作

① 试样预处理：在规定的实验条件下，厚度 $d<0.25$mm 时处理时间不少于 4h；$0.25\text{mm}\leqslant d\leqslant 2\text{mm}$ 时处理时间不少于 8h；$d>2$mm 时处理不少于 16h。

② 装好试样，试样纵轴应与上、下夹具中心线重合。

③ 设定好参数和拉伸速度；启动电子拉力机，对试样施加拉力，电子拉力机记录试样的应力-应变曲线。

五、数据记录与处理

依据得到的曲线分析不同制品的拉伸力学性能。

六、思考题

塑料脆性断裂与韧性断裂的区别。

实验二十三　聚合物温度-形变曲线的测定

一、实验目的

① 了解线型非结晶性聚合物不同的力学状态。

② 掌握温度-形变曲线的测定方法。

二、实验原理

当线型非结晶聚合物在等速升温的条件下，受到恒定的外力作用时，在不同的温度范围内表现出不同的力学行为，如图 2-36 所示。这是高分子链在运动单元上的宏观表现，处于不同力学行为的聚合物因为提供的形变单元不同，其形变行为也不同。

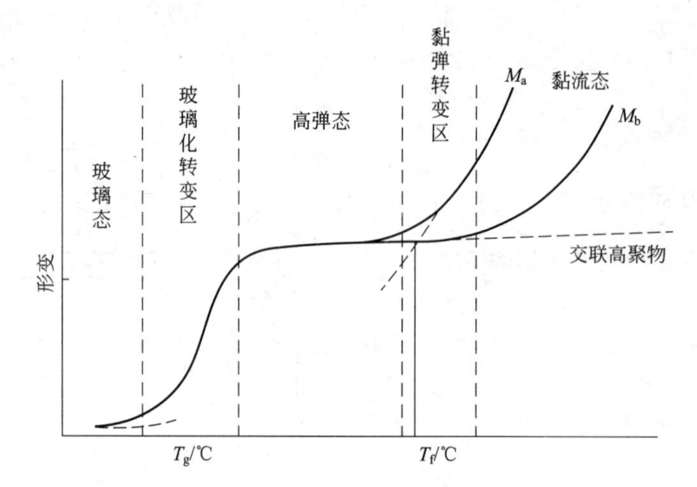

图 2-36　非晶态聚合物的温度-形变曲线

① 玻璃态区。在此区域内，聚合物类似玻璃，通常是脆性的。这是因为在玻璃化转变温度以下，链段运动均被“冻结”，外力作用只能引起比链段小的运动单元——侧基、链节、短支链局部振动以及高分子链键长、键角的微小改变。因此聚合物的弹性模量大（杨氏模量近似为 3×10^9Pa），宏观上表现为普弹形变，形变量很小（一般为 0.1%～1%）。外力消除后，形变绝大部分可恢复，但硬而脆。在此区域内聚合物的力学性质变化不大，因而在温度-形变曲线上表现为斜率很小的一段直线。

② 玻璃-橡胶转变区：在此区域内随着温度的升高，分子热运动能量逐渐增加，链段运动开始“解冻”。远程、协同分子运动开始，不断改变分子构象，使聚合物弹性模量骤降为原来的 1/1000，使形变量大增。此时外力去除后，形变仍可恢复。温度-形变曲线上表现为急剧向上弯曲。随后进入一平台区。

③ 橡胶-弹性平台区：在此区域内，在外力作用下，聚合物分子链可以通过主链单键的内旋转，使链段运动适应外力的作用。同时，模量很低且几乎恒定（约 2×10^6Pa）。在外力去除后，分子链又可以通过原来的运动方式恢复到卷曲状态，宏观上表现为弹性回缩，也称为高弹性。它是聚合物特有的力学性质，在温度-形变曲线上表现为一平台。

④ 末端流动区：在此区域内，随着实验时间的增加，温度升高，分子链解缠开始，使整个分子产生滑移运动，即出现流动。随着温度的升高，热运动的能量足以使分子链的解缠加速，这种流动是链段运动导致的整链运动。此时形变量大，宏观上表现出黏性流动。外力去除后，形变仍继续存在，具有不可逆性。

玻璃态区和玻璃化转变区的分界温度称为玻璃化转变温度，用 T_g 表示。它是热塑性塑料使用温度的上限，也是橡胶类材料使用温度的下限。T_g 可由温度-形变曲线按直线外推法得到。温度-形变曲线的形态及各区的大小，与聚合物的结构及实验条件有密切关系，测定聚合物温度-形变曲线，对估计聚合物使用温度的范围、制定成型工艺条件、估计相对分子质量的大小、配合高分子材料结构研究有很重要的意义。

三、仪器设备

XWJ-500B 热分析仪，游标卡尺。

四、实验操作

① 取一块长度约 5mm 的有机玻璃棒（或其他聚合物棒材及块体），两端磨平，用游标卡尺测量其外形尺寸。

② 将样品平放在热分析仪底座的样品台中央，套上均热块，放入加热炉中，小心地将装有砝码的支架顶部紧实地压在样品上方。

③ 从计算机上进入热分析仪操作界面，输入样品的尺寸，设定好升温速率、温度范围等参数。调节形变传感器的微调旋钮，调至零点附近。

④ 从操作界面上点击“开始”，进入实验，热分析仪开始升温，仪器自动检测并记录试样的形变和温度，绘出 ε（形变百分数,%）-T（温度）曲线。

五、数据记录与处理

根据温度-形变曲线求出试样的玻璃化转变温度 T_g。

六、思考题

分析影响 T_g 的主要因素。

实验二十四　聚合物熔体流动速率测定

一、实验目的

① 了解聚合物熔体流动速率的概念。

② 掌握聚合物熔体流动速率的测定方法。

二、实验原理

熔体流动速率是热塑性塑料在一定温度和压力下，熔体在 10min 内通过毛细管的质量值，其单位为 g/10min，习惯上用“MI”表示。熔体流动速率可以用来区别各种热塑性聚合物材料在熔融状态的流动性，对同一种聚合物可以用来比较聚合物分子质量的大小。同一类型的聚合物（化学结构一定），其熔体流动速率越小，分子质量就越高，随着分子质量的提高，聚合物的断裂强度、硬度、韧性、耐老化稳定性、缺口冲击强度等性能都有提高。

由于熔体流动速率测定仪及测试方法的简易性，国内生产的热塑性树脂（尤其是聚烯烃类）常附有熔体流动速率的指标。聚合物熔体流动速率大，分子质量就小，加工性能也就好一些。但由于熔体流动速率是在低剪切速率条件下测定的，一般为 $2\sim50s^{-1}$，而实际加工成型是在高剪切速率下进行的，一般为 $5\times10^4\sim7\times10^4s^{-1}$，两者相差很大，从熔体流动速率仪中得到的流动性数据不足以满足成型加工过程中所需要的数据要求，对某一种热塑性塑料来说，只有把熔体流动速率与加工条件、产品性能、经验联系起来才有意义。

三、仪器设备与材料

仪器设备：XNR400D 熔体流动速率测试仪。

材料：待测聚合物试样（PP，PE 等）。

四、实验操作

① 首先检查仪器底座的水平仪，调整仪器使之水平；从料筒上端装入口模，将活塞杆从料筒上端口放入料筒中；打开机器的电源开关，仪器上的指示灯亮。

② 根据待测试样性质，设定控制面板的温度、取样间隔、取样个数、负荷、取样方式等参数，如聚乙烯 190℃，聚丙烯 230℃。

③ 按“启动”键，加热指示灯亮，仪器开始升温，当达到设定值时，恒温至少 15min。取出活塞杆，将事先准备好的试样用装料斗和装料杆逐次装入并压实在料筒中，全过程在 1min 内完成。然后将活塞杆重新放入料筒中，4min 后即可把标准规定的试验负荷加到活塞上。

④ 将取样盘放在出料口下方，当活塞杆下降到其环形标记与导套上表面相平时，按“开始”键，刮刀按所设定次数及取样间隔自动刮料。

⑤ 选取 3～5 个无气泡样条，分别称其质量，取其平均值。按照式（2-41）计算聚合物的熔体流动速率（MI）：

$$\mathrm{MI}=\frac{600m}{t} \tag{2-41}$$

式中，MI 为熔体流动速率，g/10min；m 为试样质量，g；t 为取样间隔，s。

⑥ 测定完后将余料全部挤出，取出活塞杆和口模，将口模、料筒、活塞杆趁热用纱布擦拭干净，停机结束实验。

五、数据记录与处理

计算所测聚合物的熔体流动速率（MI）。

六、思考题

为什么口模毛细管流出物的直径大于毛细管内经？

实验二十五　简支梁法测定聚合物材料抗冲击性能

一、实验目的

掌握测定试样冲击强度的方法。

二、实验原理

冲击强度是衡量材料韧性的一种强度指标，表征材料抵抗冲击载荷破坏的能力，通常定义为试样受冲击载荷折断时单位截面积所吸收的能量，如式(2-42) 所示：

$$\sigma_i=\frac{W}{bd}\times 10^3 \tag{2-42}$$

式中，σ_i 为冲击强度，$\mathrm{kJ/m^2}$；W 为冲断试样所消耗的功，J；b、d 为试样宽度、厚度，mm。

冲击强度的测试方法很多，应用较广的有摆锤式冲击实验、落锤式冲击实验和高速拉伸实验等三类。摆锤式冲击实验是让摆锤以一定仰角挂于试验机扬臂上，摆锤便获得了一定的势能，如其自由落下，则摆锤势能转化为动能冲击试样，将试样冲断后摆锤以剩余能量升到一定高度，测量摆锤冲断试样所消耗的功。试样的安装方式有简支梁式和悬臂梁式。前者（Charpy 实验）试样两端支撑着，摆锤冲击试样的中部；后者（Izod 实验）试样一端固定，摆锤冲击自由端。

三、仪器设备与材料

仪器设备：摆锤冲击实验机。

材料：聚合物冲击试样若干（试样应平整、无气泡、无裂纹、无分层和无明显杂质）。

四、实验操作

① 测量聚合物冲击试样的尺寸；缺口试样应测量缺口处的剩余厚度，测量时应在缺口两端各测一次，取其算数平均值。

② 根据试样破坏时所需要的能量选择摆锤，使消耗的能量在摆锤总能量的 10%～85% 范围内；抬起并将摆锤悬挂锁住。

③ 把试样按规定放在试验机支架上，试样支撑面紧贴在支架上，使冲击刀刃对准试样中部；缺口试样使刀刃对准缺口背向的中心位置。

④ 轻轻松开摆锤，使其自由落下冲击试样，记录下材料的冲击强度和冲击功。

⑤ 实验完毕，整理仪器。

五、思考题

材料的冲击性能主要有哪些影响因素。

实验二十六　聚合物材料耐热性能测定：热变形、维卡软化温度测定

一、实验目的

① 了解热变形、维卡温度测定仪的构造。

② 掌握热塑性塑料热变形、维卡软化温度的测试方法。

二、实验原理

高分子材料的耐热性是指材料在使用过程中，耐受一定温度并保持其外形和固有物理力学性能的能力。由于制品在使用过程中，常常会受到外力的作用，因此常规定某一外力作用下，测试试样达到一定形变值时的温度为耐热温度。塑料弯曲负载热变形温度：当匀速升温时，测定标准规定的负荷条件下标准压头压下热塑性塑料试样使试样上表面弯曲变形达到规定挠度时的温度。热塑性塑料维卡软化点温度：当匀速升温时，在标准规定的负荷条件下标准压针刺入热塑性塑料试样上表面达到 1mm 深度时的温度。测定高分子材料耐热性的方法有马丁法、维卡软化法和热变形温度法等。由于这些方法的测试条件不同，所测数据不代表该试样的实际使用温度，通常作为控制材料质量和鉴定新品种热性能的一个指标。现行热变形、维卡软化温度的测定标准是 GB/T 1633—2000《热塑性塑料维卡软化温度（VST）的测定》、GB/T 1634.1—2004《塑料　负荷变形温度的测定　第 1 部分：通用试验方法》。

三、仪器设备和试验条件

仪器设备：XWB-300F热变形、维卡软化温度测定仪（测量范围：室温—300℃；升温速率120℃/h和50℃/h；变形范围0～3mm；试验架跨距：64～100mm连续可调；负荷范围0.736～49.05N；加热介质：甲基硅油或变压器油）。

试验介质起始温度：热变形实验时介质起始温度低于27℃，维卡软心温度实验时介质起始温度应为20～23℃。

测试材料：各种热塑性塑料试样。试样形状：①热变形选择条形试样，长度约120mm，宽度3～5mm，高度10～20mm；②维卡软化温度试样选择片状，厚度3～6.5mm，边长10mm的正方形或直径10mm的圆形。试样的上下两面应平整光滑，无气泡，无锯齿痕迹、凹痕或裂痕等缺陷。

四、实验操作

① 压头的选择：根据试验类型选择试验压头，热变形温度实验为长形圆角（R3）压头，维卡软化温度实验为针形（细圆柱）压头；将压头安装在试样架负载杆下端，将顶丝拧紧。

② 试样安装：按操作面板上的“升”键，使试样架自动升起；将试样放在两圆形支柱上，试样放正；维卡试验将试样直接放在压针下，压实即可；落下负载杆，将试样压住，将试样架推到原位置，按住“降”键，试样架下降。

③ 位移传感器的调整：将选好的砝码平稳地放在相应的试样架托盘上，松开手扭，上下移动固定座，使传感器芯的下端露出3～5mm，把位移传感器芯压到砝码上。

④ 打开计算机，桌面上点击“fm组态软件”，点击画面上方绿色三角形，进入试验选择页面，根据试验要求选择热变形温度或维卡软化温度测定系统。

⑤ 热变形温度测定。

ⅰ. 进入热变形测试系统主页面，设置参数；输入位移设定、目标温度、试样尺寸、支座跨距、负载杆质量（初级负荷加传感器芯质量）、弹簧力（设定为零）、弯曲应变增量（固定值0.2）；点击选择升温速率及试样放置方式（平放、侧放），选择试样架，参数设置完成。

ⅱ. 调零：在热变形测试系统界面，微调传感器位置，使位移方框内数值在±1000μm之间；点击清零键，将位移量清零。

ⅲ. 点击“试验开始”，油箱开始升温，同时主界面开始绘制温度-变形曲线，随温度升高，试样变形量不断增加，达到所设定的位移量时，实验完成，升温随即停止。

ⅳ. 点击“试验报告”，进入到测试试验报告界面，本次试验三个试样温度平均值就会出现在页面，单击“保存曲线”，存档。若同组试样测定结果之差大于2℃，应取样重做。

⑥ 维卡软化温度测定：几个参数是固定值，试样报告页面的各项功能与操作方法和热变形温度测定系统基本一致。

⑦ 试验完成后，退出主页面，关闭全部试验系统；关闭主机电源（包括加热电源线和控制电源线）。

五、数据记录与处理

记录下材料的热变形温度和维卡软化温度。

六、注意事项

① 试样掉入池内应取出后再进行试验。

② 定期检查加热介质液面位置，保证油面到规定位置；一定要在有加热介质的情况下加热，否则会干烧过热。

③ 仪器限定升温最高到 300℃，应注意所用油的闪点温度，不要使用闪点过低的油。

七、思考题

影响维卡软化温度测试的因素有哪些？

实验二十七　固体聚合物表面电阻系数测定

一、实验目的

① 了解 ZC46A 型高阻计工作原理。

② 掌握聚合物表面电阻系数的测定方法。

二、实验原理

一般高聚物的分子是由原子通过共价键连接而成，没有自由电子和可移动的离子，作为理想的电绝缘材料，在恒定的外电压作用下，不应有电流通过。但实际上作为绝缘材料的高聚物，总有微弱的导电性，这种导电性主要是在聚合物的单体生产过程中、聚合过程以及加工过程引进各种杂质离子引起的。

在工程上，把施加在试样上两个电极的直流电压与电流的比值称为绝缘电阻，它包括体积电阻和表面电阻两部分，为了便于比较，引入了体积电阻系数 ρ_V 和表面电阻系数 ρ_S。表面电阻系数 ρ_S 表示沿材料表面电流方向上的电位梯度与该处单位长度上的电流之比，计算如式（2-43）所示：

$$\rho_s=\frac{\dfrac{U_s}{D_1-d_2}}{\dfrac{I_s}{\left[\dfrac{\pi(D_1+d_2)}{2}\right]}}=\frac{R_s[\pi(D_1+d_2)]}{2(D_1-d_2)} \tag{2-43}$$

式中，ρ_s 为表面电阻系数，Ω·cm；U_s、I_s 为表面电压、表面电流；R_s 为表面电阻，Ω；D_1 为测量电极直径，cm；d_2 为保护电极的内径，cm。

三、仪器设备与材料

仪器设备：ZC46A 型高阻计。

材料：试样形状应是圆盘形（常用直径为 ϕ100mm）或正方形（边长 100mm×100mm），厚度一般为 1～2mm。

四、实验操作

① 待测试样平放，把测量电极和保护电极按测量要求放在待测试样上，接通电源，用 ZC46A 型高阻计测量其电阻。

② 改变电极的测量位置，重复测量 3 次，记录下电阻数值，取其平均值。

五、数据记录与处理

根据公式，对实验数据进行计算和分析，得到表面电阻系数。

实验二十八 密度梯度管法测定聚合物的密度和结晶度

一、实验目的

① 理解用密度梯度法测定聚合物密度、结晶度的基本原理和方法。

② 利用文献上某些结晶性聚合物（如PE和PP等）晶区和非晶区的密度数据，计算结晶度。

二、实验原理

由于高分子结构的不均一性、大分子内摩擦的阻碍等原因，聚合物的结晶总是不完善的，而是晶相与非晶相共存的两相结构，可用结晶度（f_w）来表示，即表征聚合物样品中晶区部分质量占全部质量的百分数。

在结晶聚合物（如PP、PE等）中，晶相结构排列规则、堆砌紧密，因而密度大；而非晶结构排列无序、堆砌松散，密度小。所以，对于晶区与非晶区以不同比例两相共存的聚合物，结晶度的差别反映了密度的差别。测定聚合物样品的密度，便可求出聚合物的结晶度，利用聚合物比容的线性加和关系，即聚合物的比容V是晶区部分比容V_w与无定形部分比容V_a之和，聚合物的比容和结晶度有如式（2-44）关系：

$$V=V_w f_w+V_a(1-f_w) \tag{2-44}$$

根据上式，比容为密度的倒数，因此样品的结晶度可按式（2-45）计算：

$$\frac{1}{\rho}=\frac{f_w}{\rho_w}+\frac{(1-f_w)}{\rho_a} \tag{2-45}$$

这里ρ_w为被测聚合物完全结晶（即100%结晶）时的密度，ρ_a为无定形时的密度，从测得聚合物试样的密度ρ可算出结晶度f_w。

密度梯度管法是测定聚合物密度的方法之一。聚合物的结晶度的测定方法虽有X射线衍射法、红外吸收光谱法、核磁共振法、差热分析法、反相色谱法等，但都要使用复杂的仪器设备，而用密度梯度管法从测得的密度换算出结晶度，既简单易行又较为准确，而且它能同时测定一定范围内多个不同密度的样品，尤其对很小的样品或是密度改变极小的一组样品，需要高灵敏的测定方法来观察其密度改变，此法既方便又灵敏。

将两种密度不同、又能互相混溶的液体置于管筒状玻璃容器中，高密度液体在下，低密度液体轻轻沿壁倒入，由于液体分子的扩散作用，使两种液体界面被适当地混合，达到扩散平衡，形成密度从上至下逐渐增大，并呈现连续的线性分布的液柱，俗称密度梯度管。将已知准确密度的玻璃小球投入管中，标定液柱密度的分布，以小球密度对其在液柱中的高度作图，得到玻璃管高度-密度标准曲线，其中间一段呈直线，两端略弯曲。向管中投入被测试样后，试样下沉至与其密度相等的位置就悬浮着，测试试样在管中的高度后，由高度-密度曲线关系求出试样的密度。

三、仪器设备与材料

仪器设备：带磨口塞玻璃密度梯度管，恒温装置，标准玻璃小球一组。

材料：蒸馏水，无水乙醇，聚乙烯，聚丙烯等塑料样品。

四、实验操作

（1）密度梯度管的制备

根据欲测试样密度的大小和范围，确定梯度管测量范围的上限和下限，然后选择两种合适的液体，使轻液的密度等于上限，重液的密度等于下限。应该注意，如选用的两种液体密度值相差大，所配制成的梯度管的密度梯度范围就大，密度随高度的变化率较大，因而在同样高度管中其精确度就低，因此选择好液体体系是很重要的。选择密度梯度管的液体，除满足所需密度范围外还必须满足：①不被试样吸收，不与试样起任何物理、化学反应；②两种液体能以任何比例相互混合；③两种液体混合时不发生化学作用；④具有低的黏度和挥发性。

本实验测定聚乙烯和聚丙烯的密度时，选用水-乙醇体系。

密度梯度管的配制方法简单，一般有三种方法。

① 两段扩散法。先把重液倒入梯度管的下半段（为总液体量的一半），再把轻液非常缓慢地沿管壁倒入管内的上半段，两段液体间应有清晰的界面，切勿使液体冲流造成过度混合，导致非自行扩散而影响密度梯度的形成，然后用一根长的搅拌棒轻轻插至两段液体的界面作旋转搅动约 10s，至界面消失，梯度管盖上磨口塞后平稳移入恒温槽中，梯度管内液面应低于槽内水的液面，恒温放置约 24h 后，梯度即能稳定，可以使用。这种方法形成梯度的扩散过程较长，而且密度梯度的分布呈反“S”形曲线，两端略弯曲，只有中间的一段直线才是有效的梯度范围。

② 分段添加法。选用两种能达到所需密度范围的液体配成密度有一定差数的四种或更多种混合液，然后依次由重而轻取等体积的各种混合液小心缓慢地加入管中，按上述搅动方式使每层液体间的界面消失，亦可不加搅拌，恒温放置数小时后梯度管即可稳定。显然，管中液体的层次越多，液体分子的扩散过程就越短，得到的密度梯度也就越接近线性分布。但是，要配成一系列等差密度的混合液较为烦琐。

③ 连续注入法。如图 2-37 所示，A、B 是两个同样大小的玻璃烧杯，A 盛轻液，B 盛重液，它们的体积之和为密度梯度管的体积。B 杯下部有搅拌子在搅拌，初始流入梯度管的是重液，开始流动后 B 管的密度就慢慢变化，显然梯度管中液体密度变化与 B 管的变化是一致的。

（2）密度梯度管的校验

配制成的密度梯度管在使用前一定要进行校验，观察是否得到较好的线性梯度和精确度。校验方法是将已知密度的一组玻璃小球（直径为 3mm 左右），由密度大至小依次投入管内，平衡后（一般要 2h 左右）用测高仪测定小球悬浮在管内的重心高度，然后做出小球密度对小球高度的曲线，如果得到的是一条不规则曲线，必须重新制备梯度管。校验后梯度管中任何一点的密度可以从标定曲线上查得，密度梯度是非平衡体系，因为温度和使用的操作等会使标定曲线发生改变。

（3）聚合物密度测定

① 把待测样品用容器分别盛好，放入 60℃的真空烘箱中，干燥 24h，取出放于干燥器中待测。

② 取准备好的样品（如聚乙烯、聚丙烯），先用轻液浸润试样，避免附着气泡，然后轻轻放入管中，平衡后，测定试样在管中的高度，重复测定 3 次。

③ 测试完毕，用金属丝网勺按由上至下的次序轻轻地逐个捞起小球，并且事先将标号袋由小到大严格排好次序，使每取出一个小球即装入相应的袋中，待全部玻璃小球及试样依次被捞起后，盖上密度梯度管盖子。

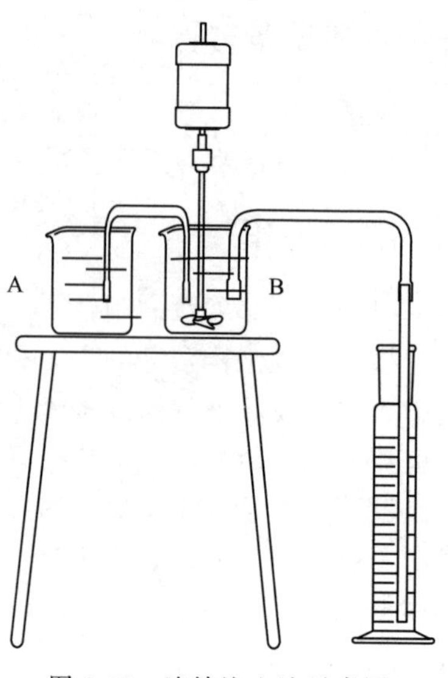

图 2-37　连续注入法示意图

五、数据记录与处理

① 绘制标定曲线。

② 试样密度的计算。

③ 从文献上查得试样晶区和非晶区的密度，计算试样的结晶度。

六、思考题

影响密度梯度管精确度的因素是什么？

实验二十九　苯乙烯悬浮聚合

一、实验目的

① 了解悬浮聚合的工艺特点。

② 掌握悬浮聚合的操作方法。

二、实验原理

悬浮聚合是制备高分子合成树脂的重要方法之一，它是在较强烈的机械搅拌力作用下，借分散剂的帮助，将溶有引发剂的单体分散在与单体不相溶的介质中（通常为水）所进行的聚合，又叫珠状聚合。悬浮聚合实际上是单体小液滴内的本体聚合，聚合机理和本体聚合相似，是一种极有实用价值的高分子聚合方法。单体液层在搅拌的剪切力作用下分散成微小液滴，粒径的大小主要由搅拌的速度决定，悬浮聚合物一般粒径在 0.01～5mm 之间。由于油水两相间的表面张力可使液滴粘结，必须加入分散剂降低表面张力，保护液滴，使形成的小珠有一定的稳定性。悬浮聚合体系一般由单体、引发剂、水、分散剂四个基本组分组成。一般控制油水比为 1∶1～1∶3，实验室中可更大一些。

苯乙烯是一种比较活泼的单体，容易进行各种聚合反应。在引发剂或热的引发下，可通过自由基型连锁反应生成聚合物，悬浮聚合是实验室常用的制备聚苯乙烯的方法。

三、仪器设备与材料

仪器设备：电动搅拌装置一套，标准磨口三口瓶，球形冷凝器，烧杯，恒温水浴槽。

材料：苯乙烯（精制），化学纯；聚乙烯醇（PVA），工业级；明胶，工业级；过氧化二苯甲酰（BPO），精制，化学纯。

四、实验操作

① 称量0.5g的PVA和0.5g明胶到三口瓶中，量取100mL蒸馏水于三口瓶中，开动搅拌，升温至80～90℃，待PVA和明胶溶解后，体系变透明。降温至60～70℃。

② 准确称取0.2g BPO放于烧杯中，用移液管取20mL苯乙烯，加入到烧杯中，轻轻摇动，待BPO完全溶解于苯乙烯后，将溶液倒入三口瓶。

③ 通冷凝水，开动搅拌器并控制转速恒定，在20～30min内将温度升至80～90℃，开始聚合反应。

④ 反应1.5～2h后，如过这时珠子已下沉，可升温至95℃，待颗粒变硬能够沉底，表明大部分单体已聚合，可结束反应。

⑤ 停止加热，撤出加热器，在搅拌状态下将反应体系冷却至室温。停止搅拌，取下三口瓶，产品倒入烧杯中用水洗涤数次，洗去颗粒表面的分散剂。

⑥ 将产物放入干燥箱内干燥后，称量质量，计算其产率。

五、注意事项

① 开始时，搅拌速度不宜太快，避免颗粒分散得太细。整个过程中，既要控制好反应温度，又要控制好搅拌速度。

② 保温反应至1h后，体系中分散的颗粒由于聚合进程的深入而变得发黏，这时搅拌速度忽快忽慢或停止搅拌都会导致颗粒粘在一起，或粘在搅拌器上形成结块，致使反应失败。

六、思考题

悬浮聚合所用的分散剂有哪两大类？各自的作用机理如何？

实验三十　乙酸乙烯酯乳液聚合

一、实验目的

① 了解乳液聚合的基本原理和特点。

② 掌握白乳胶的制备工艺。

二、实验原理

聚乙酸乙烯酯如果作为涂料或黏合剂，则采用乳液聚合方法。聚乙酸乙烯酯乳胶漆具有水性涂料的优点，即黏度较小，而分子量较大，不用易燃的有机溶剂。作为黏合剂时（俗称白胶），无论木材、纸张和织物，均可使用。如果要进一步醇解制备聚乙烯醇，则采用溶液聚合。

乙酸乙烯酯乳液聚合的机理与一般乳液聚合相同。采用过硫酸盐为引发剂，为使反应平稳进行，单体和引发剂均需分批加入。聚合中最常用的乳化剂是聚乙烯醇，实践中还常把两种乳化剂合并使用。本实验采用聚乙烯醇和OP-10两种乳化剂并用。

三、仪器设备与材料

仪器设备：电动搅拌装置一套，标准磨口三口瓶，球形冷凝器，烧杯，恒温水浴槽，滴液漏斗。

材料：乙酸乙烯酯（预先蒸馏过），过硫酸铵，8%聚乙烯醇水溶液，OP-10，5% $NaHCO_3$ 水溶液，邻苯二甲酸二丁酯（DBP）。

四、实验操作

① 反应在装有搅拌器、回流冷凝管、滴液漏斗（可插装在冷凝管上口）和温度计的250mL三口烧瓶中进行。先加入80g 8%聚乙烯醇水溶液和1g OP-10及20g乙酸乙烯酯，称0.6g过硫酸铵，用6mL蒸馏水溶解在小烧杯内，先加一半到三口烧瓶中，开始搅拌，测pH值。加热，逐渐升温，控制反应瓶内温度在70～75℃。

② 用滴液漏斗滴加40g乙酸乙烯酯，注意滴加速度不要太快，控制在1.5～2h滴完。加完后，把余下的过硫酸铵溶液加入三口烧瓶中。投料完毕后，继续加热回流，缓慢地逐步升温，以不产生泡沫为准，最后升温到90～95℃，无回流为止。

③ 冷却到50℃，测pH值，加入5% $NaHCO_3$ 水溶液7mL，使乳液的为pH＝4～6，再加入10g增塑剂邻苯二甲酸二丁酯，搅拌冷却半小时，即得白色乳液（俗称白胶）。

五、数据记录与处理

测定乳液的固体含量（2g样品105℃烘1h），并计算聚合物的得量及转化率。

六、注意事项

① 滴加乙酸乙烯酯时要注意速度不要快，可控制在每滴7～10s。

② 乳液体系是热力学不稳定体系，所以操作时要小心，搅拌要适当，太快容易破乳，太慢则易凝聚。

③ 用5% $NaHCO_3$ 水溶液调节pH值，先加5 mL，再慢慢补加，以免过量。

七、思考题

以过硫酸盐作为引发剂进行乳液聚合时，为什么要控制乳液聚合的pH值？如何控制？

实验三十一　红外光谱测定与分析

一、实验目的

① 了解红外光谱仪的工作原理和基本结构。

② 了解红外光谱仪的不同样品的制样方法。

③ 掌握红外光谱特征峰的分析和识别。

二、实验原理

红外光谱是由于分子振动能级的跃迁（同时伴随转动能级跃迁）而产生的，记录跃迁过程而获得该分子的红外吸收光谱，因此红外光谱又称为分子振动转动光谱。

红外光谱最广泛的应用是对物质的化学组成进行分析，红外光谱法可以根据光谱中吸收峰的位置和形状来推断未知物结构，依照特征吸收峰的强度来测定混合物中各组分的含量，加上此法快速、高灵敏度、试样用量少、能分析各种状态的试样等特点，因此它已成为现代结构化学、分析化学最常用和不可缺少的工具。

无机非金属材料多数是固体物质，固体样品制备采用 KBr 压片法。通常是将固体样品研成细粉，用不同的分散介质将其制成糊状物、薄膜或薄片。本实验采用压片法，把固体粉末分散在 KBr 粉末中，在压片机上压成透明薄片，然后放到光路中进行测试。

三、仪器设备

NICOLET 380 傅里叶变换红外光谱仪。

四、实验操作

① 打开主机电源，主机进行自检（约 1min），打开 PC 机，进入 Windows 操作系统，若气温较低，则机器需预热较长时间（约 1h）。

② 压片：将溴化钾研磨成 2μm 左右的细粉末，取适量装入压片模具，然后在小型压片机上压成薄片；用酒精棉清洁玛瑙研钵和不锈钢取样勺，并用红外灯干燥，然后用不锈钢取样勺分别取 2mg 样品和 100mg 光谱纯溴化钾（样品与溴化钾的比例为 1/100～2/100），充分研磨成细粉后压片，将片装入支架，放入红外光谱仪器样品室内。薄膜类样品可直接放入支架测试。

③ 由开始菜单中 Thermo Nicolet 或桌面 Omnic 快捷方式进入 Omnic 红外光谱仪测试操作窗口，在实验 Experiment 选项中选择样品测试方式。

④ 绘制试样红外光谱图的过程

ⅰ. 设定收集参数。

ⅱ. 收集背景。

ⅲ. 收集样品图。

ⅳ. 对所得试样谱图进行基线校正、标峰等处理。

ⅴ. 标准谱库检索。

ⅵ. 打印谱图。对一些已知化合物进行标准谱库检索。

⑤ 收集样品图完成后，即可从样品室中取出样品架。并用浸有无水乙醇的脱脂棉将用过的研钵、镊子、刮刀、压模等清洗干净，置于红外干燥灯下烘干，以备制下一个试样使用。

⑥ 关机：退出 Omnic 操作系统，关闭计算机，关闭主机电源。

五、数据记录与处理

根据实验所得的红外光谱图分析谱图所显示的各个特征峰。

六、思考题

① 影响红外光谱峰的因素有哪些？

② 在解析红外光谱图时应排除的可能的假谱带有哪些？

实验三十二　紫外光谱测定与分析

一、实验目的

① 了解紫外可见分光光度计原理和构造。

② 掌握紫外可见分光光度计的使用方法。

二、实验原理

通常所说的紫外光谱的波长范围是200～400nm，常用的紫外光谱仪的测试范围可扩展到可见光区，包括400～800nm的波长区域。紫外光谱是电子吸收光谱。当样品分子或原子吸收光子后，外层电子由基态跃迁到激发态，不同结构的样品分子，其电子的跃迁方式是不同的，而且吸收光的波长范围不同，吸光的概率也不同，从而可根据波长范围、吸光度鉴别不同物质结构方面的差异。

紫外光谱可以进行定性和定量分析，同时由于测试的仪器设备相对比较简单，操作也不复杂，因此在材料分析中应用很广泛。

三、仪器设备

紫外可见分光光度计。

四、实验操作

① 配制溶液：配制不同浓度的待测物质溶液。

② 清空比色池，打开紫外可见分光光度计，开电脑，打开软件，仪器初始化。

③ 参数设置：在光谱扫描页面下，点击上方“测量”，输入“光度方式、吸光度 y 轴范围、扫描参数、速度、间隔、扫描方式”。

④ 放置样品。

$1^{\#}$ 光路：空白样，比色皿光面对光路，用纸擦干净。

$2^{\#}$ 光路：装已知浓度溶液至4/5处，擦净。

⑤ 基线扫描：试样室在空白（如蒸馏水）状态下进行基线扫描，校准。

⑥ 扫描待测试样，点左下黑色箭头，使红色点移至 $2^{\#}$ 样品处⟶点上方“开始”（绿色），开始全波段扫描，由900到200nm。测定溶液的最大吸收峰所在波长，检出峰值。

⑦ 光度测量：设定所需波长，测定不同浓度溶液的吸光度，绘制标准曲线，测定未知浓度溶液的吸光度，由吸光度与溶液浓度关系得出其浓度。

⑧ 实验完成后，点击“文件”⟶退出。关紫外光度计，清理比色池，关电脑。

五、数据记录与处理

记录下物质的吸收峰的位置和强度。

六、思考题

简述紫外光谱测定的优缺点。

实验三十三　荧光光谱测定与分析

一、实验目的

① 了解荧光分光光度计的原理和构造。

② 理解荧光分光光度计的使用方法。

二、实验原理

物质在吸收入射光的过程中，光子的能量传递给了物质分子，分子被激发后，发生了电子从较低能级到较高能级的跃迁，分子处于激发态。如果电子在跃迁过程中不发生自旋方向的变化，这时分子处于激发的单重态；如果电子在跃迁过程中还伴随着自旋方向的改变，这时分子便具有两个自旋不配对的电子，分子处于激发的三重态。处于激发态的分子不稳定，它可能通过辐射跃迁和非辐射跃迁的衰变过程而返回基态。辐射跃迁的衰变过程伴随着光子的发射，即产生荧光或磷光；由第一电子激发单重态所产生的辐射跃迁所伴随的发光现象称为荧光，由最低的电子激发三重态发生的辐射跃迁所伴随的发光现象则称为磷光。

激发光谱是指发光的某一谱线或谱带的强度随激发光波长（或频率）变化的曲线，横坐标为激发光波长，纵坐标为发光相对强度。激发光谱反映不同波长的光激发材料产生发光的效果，即表示发光的某一谱线或谱带可以被什么波长的光激发、激发的本领是高还是低；也表示用不同波长的光激发材料时，使材料发出某一波长光的效率。荧光为光致发光，合适的激发光波长需根据激发光谱确定。激发光谱是在固定荧光波长下，测量荧光体的荧光强度随激发波长变化的光谱。

发射光谱是指发光的能量按波长或频率的分布。通常实验测量的是发光的相对能量。发射光谱中，横坐标为波长，纵坐标为发光相对强度。

荧光强度与荧光物质浓度的关系用强度为 I_0 的入射光照射到液池内的荧光物质时，产生荧光，荧光强度 I_f 用仪器测得，在荧光浓度很稀（$A<0.05$）时，荧光物质发射的荧光强度 I_f 与浓度有下面的关系：$I_f=KC$。C 为荧光物质浓度，K 为与测定体系有关的常数。

荧光光谱可以进行定性和定量分析，同时由于测试的仪器设备相对比较简单，操作也不复杂，因此在材料分析中应用很广泛。

三、仪器设备

CARY Eclipse 荧光分光光度计。

四、实验步骤

① 配制溶液：配制不同浓度的待测物质溶液。

② 开机：检查试样室，确保室内没有任何物品。打开荧光分光光度计，仪器自检。开电脑，打开软件。

③ 调零：将空白样倒入荧光比色皿后，放入试样槽中，点“调零”，排除干扰，设置基准点。

④ 预扫描：将待测溶液倒入荧光比色皿后，放入试样槽中。点“预扫描”，通过软件，

设定某一吸收波数，测定物质的激发谱。找出激发λ_{max}，发射λ_{max}。

⑤ 设置：设定激发波数，测定物质的发射谱。

⑥ 测定：点“开始”，测出荧光强度。

⑦ 测定完毕，取出比色皿，关闭仪器。

五、数据记录与处理

记录下物质的激发峰和发射峰的位置和强度。

六、思考题

简述荧光光谱测定的优缺点。

实验三十四　X 射线衍射技术及单物相定性分析

一、实验目的

① 了解 X 射线衍射的基本原理及仪器装置。

② 理解粉末衍射的 XRD 分析测试方法，并应用 XRD 数据进行物相分析。

二、实验原理

X 射线衍射分析（X-ray diffraction，简称 XRD），是利用晶体形成的 X 射线衍射，对物质进行内部原子在空间分布状况的结构分析的方法。将具有一定波长的 X 射线照射到结晶性物质上时，X 射线因在结晶内遇到规则排列的原子或离子而发生散射，散射的 X 射线在某些方向上相位得到加强，从而显示与结晶结构相对应的特有的衍射现象。X 射线衍射方法具有不损伤样品、无污染、快捷、测量精度高、能得到有关晶体完整性的大量信息等。

晶体对 X 射线的衍射，是晶体中原子的电子对 X 射线的相干散射。当 X 射线电磁波作用于电子后，电子在其电场力作用下，将随着 X 射线的电场一起振动，成为一个发射电磁波的波源，其振动频率与 X 射线频率相同。一个单原子能使一束 X 射线向空间所有方向散射。但数目很大的原子在三维空间里呈点阵形式排列成晶体时，由于散射波之间的互相干涉，所以只有在某些方向上才产生衍射。衍射方向取决于晶体内部结构周期重复的方式和晶体安置的方位。测定晶体的衍射方向，可以求得晶胞的大小和形状。联系衍射方向和晶胞大小形状间关系的方程有两个：Laue（劳厄）方程和 Bragg（布拉格）方程。前者以直线点阵为出发点，后者以平面点阵为出发点，这两个方程是等效的，可以互推。

晶体的 X 射线衍射图像实质上是晶体微观结构的一种精细复杂的变换，每种晶体的结构与其 X 射线衍射图之间都有着一一对应的关系，其特征 X 射线衍射图谱不会因为它种物质混聚在一起而产生变化，这就是 X 射线衍射物相分析方法的依据。制备各种标准单相物质的衍射花样并使之规范化，将待分析物质的衍射花样与之对照，从而确定物质的组成相，就成为物相定性分析的基本方法。

三、仪器设备

本实验使用的仪器是 Rigaku Ultima Ⅳ X 射线衍射仪，主要由冷却循环水系统、X 射线衍射仪和计算机控制处理系统三部分组成。X射线衍射仪主要由X射线发生器，即X射线管、测角仪、X射线探测器等构成。

四、实验操作

（1）开机准备及操作

打开循环水冷却系统电源，打开XRD仪器主机电源。计算机与仪器联机通信。电脑开机，Measurement Server自动运行；打开X射线。点击XG Operation，在X-ray control中点击第三种手动模式X-ray on，约20s后电压、电流升至20kV、2mA，然后右键点击Execute aging选择X-ray老化程序，左键点击该按钮执行老化程序。

（2）样品准备

粉末样品要求磨成320目的粒度，约40μm。粒度粗大衍射强度低，峰形不好，分辨率低。要了解样品的物理化学性质，如是否易燃、易潮解、易腐蚀、有毒、易挥发。粉末样品要求在3g左右。样品可以是金属、非金属、有机、无机材料粉末。

（3）样品测试

打开测试软件，设定测试条件。双击Standard Measurement，设定文件名称和样品名称、保存路径；然后设定测试条件，在Condition栏双击，设定起始角度、终止角度、扫描步长和速度、衍射狭缝参数等；将制备好的样品安装在标准样品台上，关好仪器门；在Standard Measurement软件上点击Execute Measurement，开始测量；待测量完毕后打开仪器门，取出样品；测量结束后，关闭X射线。在XG Operation面板中，将电压、电流设定为20kV、2mA，点击Set，待电压电流达到设定值后点击X-ray off关掉X射线。待X射线关掉5min之后，关闭XRD主机电源、循环水冷却系统电源。

五、数据记录与处理

将测得物质的XRD数据用做图软件做成XRD图谱。根据衍射图谱，选出衍射峰，测量出对应的2θ和波峰净高度。由布拉格衍射公式换算出晶面间距d；选最高峰I_1为100，换算出其它峰相应的I/I_1，数据列表。

六、思考题

① 物相定性分析的原理是什么？

② 非晶态物质的X射线图谱与晶态物质有何不同？

实验三十五　扫描电镜显微电子图像观察

一、实验目的

① 了解扫描电镜的基本结构和原理。

② 了解扫描电镜的操作方法。

③ 了解扫描电镜样品的制备方法。

④ 选用合适的样品，通过对表面形貌衬度和原子序数衬度的观察，了解扫描电镜图像衬度原理及其应用。

二、实验原理

扫描电子显微镜利用细聚焦电子束在样品表面逐点扫描，与样品相互作用产生各种物理信号，这些信号经检测器接收、放大并转换成调制信号，最后在荧光屏上显示，反映样品表面各种特征的图像。扫描电镜具有景深大、图像立体感强、放大倍数范围大、连续可调、分辨率高、样品室空间大且样品制备简单等特点，是进行样品表面研究的有效分析工具。

(1) 样品制备

扫描电镜的优点之一是样品制备简单，对于新鲜的金属断口样品不需要做任何处理，可以直接进行观察。但在有些情况下需对样品进行必要的处理。

① 样品表面附着有灰尘和油污，可用有机溶剂（乙醇或丙酮）在超声波清洗器中清洗。

② 样品表面锈蚀或严重氧化，采用化学清洗或电解的方法处理。清洗时可能会失去一些表面形貌特征的细节，操作过程中应该注意。

③ 对于不导电的无机非金属材料和有机材料样品，观察前需在表面喷镀一层导电金属或碳，镀膜厚度控制在 5～10nm 为宜。

(2) 表面形貌衬度观察

二次电子信号来自于样品表面层 5～10nm，信号的强度对样品微区表面相对于入射束的取向非常敏感，随着样品表面相对于入射束的倾角增大，二次电子的产额增多。因此，二次电子像适合于显示表面形貌衬度。

二次电子像的分辨率较高，一般在 3～6nm。其分辨率的高低主要取决于束斑直径，而实际上真正达到的分辨率与样品本身的性质、制备方法以及电镜的操作条件（如高匝、扫描速度、光强度、工作距离、样品的倾斜角等因素）有关，在最理想的状态下，目前可达的最佳分辨率为 1nm。

由于背散射电子是被样品原子反射回来的入射电子，其能量较高，离开样品表面后沿直线轨迹运动，因此信号探测器只能检测到直接射向探头的背散射电子，有效收集立体角小，信号强度较低，尤其是样品中背向探测器的那些区域产生的背散射电子，因无法到达探测器而不能被接收。所以利用闪烁体计数器接收背散射电子信号时，只适合于表面平整的样品，实验前样品表面必须抛光而不需腐蚀。

三、仪器设备

JSM-7800F 型扫描电子显微镜。

四、实验操作

(1) 陶瓷基非导电样品制备，如图 2-38～图 2-45 所示。

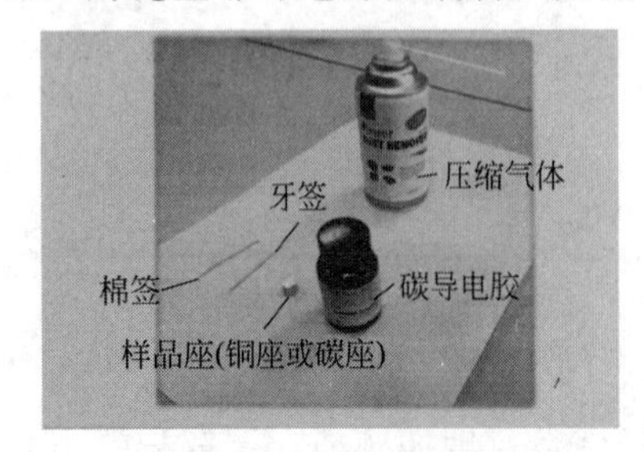

图 2-38　准备的工具

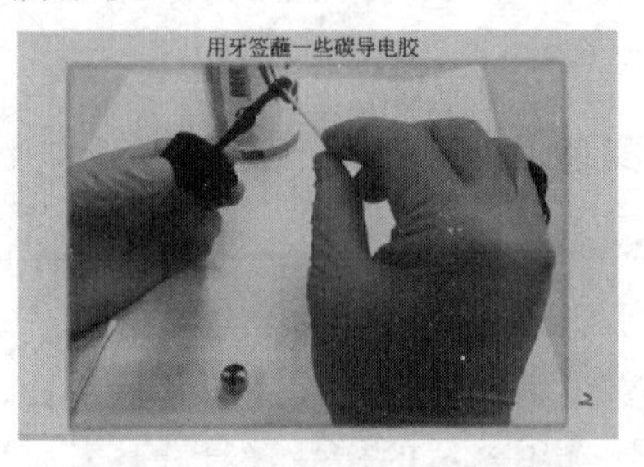

图 2-39　用牙签蘸一些导电胶

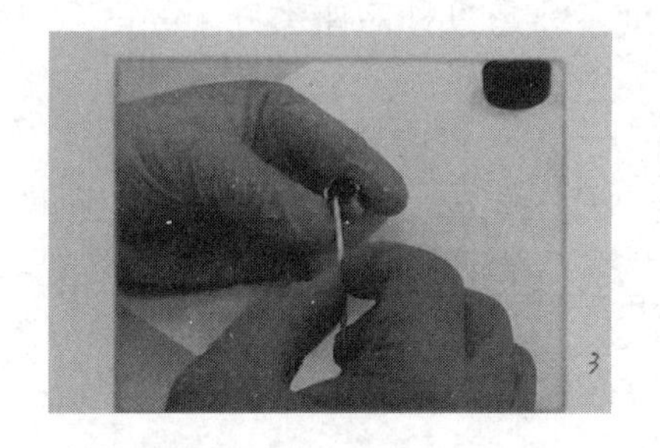

图 2-40　将导电胶涂在样品座上

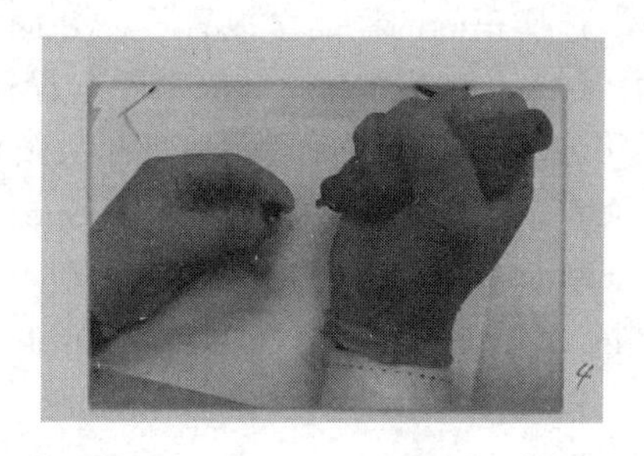

图 2-41　用吸耳球干燥导电胶

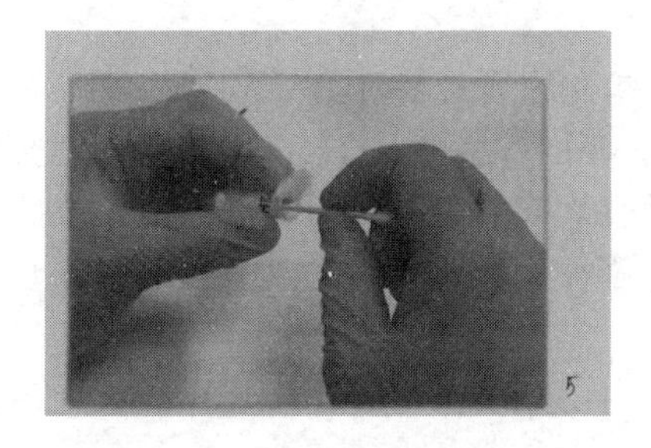

图 2-42　用棉签蘸取粉末

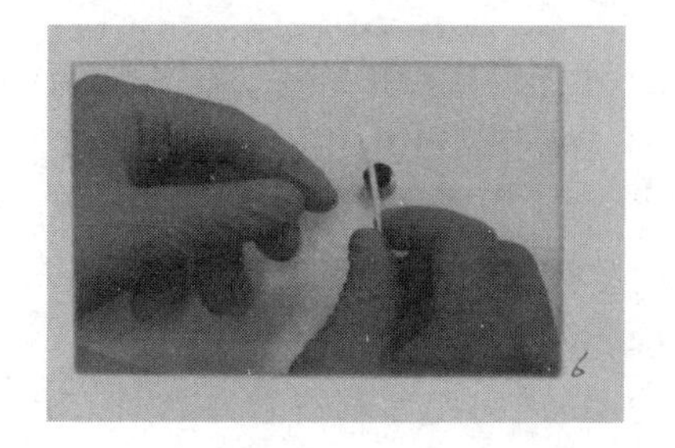

图 2-43　弹棉签，将样品洒在样品座上

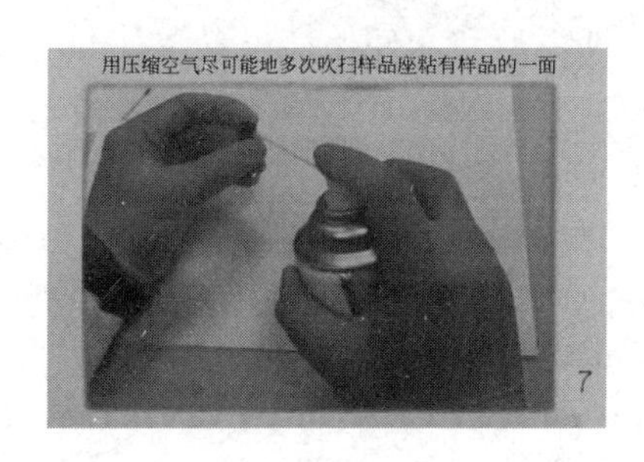

图 2-44　吹扫样品

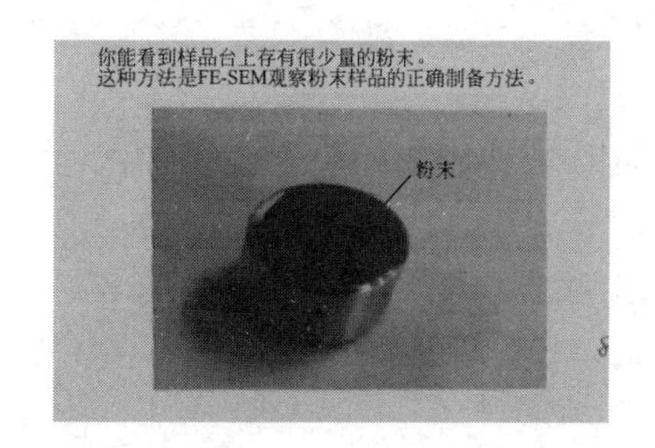

图 2-45　制样结束

（2）喷金操作步骤

① 打开上盖，将样品放在圆盘中央，盖好盖；打开电源开关，抽真空。

② 当压力显示由“H”变为具体数值时，按“Pa”按钮，此时显示为喷金时间，单位为 s。

③ 按“上升/下降”按钮，调整喷金时间到你所希望的值；选择电流值，一般选 30mA 或 40mA。

④ 选择“手动/自动”，一般选自动，“AUTO”灯亮。

⑤ 按“START/STOP”按钮，程序开始；当压力下降到设定值时，喷金开始，开始倒计时。

⑥ 当倒计时时间为“0”时，喷金结束，立即关闭电源开关。

⑦ 等待一段时间，开盖取出样品，盖好盖。

（3）JSM-7800F 扫描电镜操作

① 确认 Maintenance 界面内的 GUN/AC 内 GUN 参数（电流值稳定）和 SIP1 和 SIP2 的真空度正常，方可运行！

② 选择正确的样品座放置样品并固定，样品高度不要超过样品座上方10mm。（注意：接触样品座，取放样品时务必戴手套操作!）

③ 装样品前必须确认高压处于关闭状态。

④ 点击SEM应用程序软件中Specimen窗口的“Exchange Position”按钮，使样品交换室控制面板“EXCH POSN”灯点亮，并确认样品台处于样品交换的位置（X：0.000mm，Y：0.000mm，Z：40.0mm，R：0.00，T：0.00）。

⑤ 按下“VENT”按钮对Exchange chamber放气，直至“VENT”常亮，表示样品交换室处于大气状态。

⑥ 松开交换室锁扣，打开样品交换室，将已固定好样品的样品座，按箭头方向置于样品座夹具内。完全关闭样品交换室门，扣好锁扣。

⑦ 按下按钮，开始抽真空，“EVAC”闪烁，待真空达到要求时，“EVAC”常亮。

⑧ 手持样品交换杆，将样品杆放下至水平并向前轻推，将样品Holder完全送进交换室中。当“HLDR”灯亮起后，再完全拉出样品杆，垂直立起放置，此时样品已正常放置于样品室内。在拉动样品杆时，若有警报声，应立即停止操作，将样品杆归位，检查操作步骤是否正确。

⑨ 在SEM应用程序软件界面正确选择所使用的Holder的类型，输入样品高度值，点击“OK”确认。输入Z值10mm。

⑩ 查看样品室真空度，确认真空度小于5.0×10^{-4}Pa时才可开始进行图像操作。

⑪ 观察样品，获取图像。输入样品名称，选择文件类型和文件保存位置，点击“Save”进行保存。

如果聚焦时图像是模糊的，需要进行电子束对中调整。如果图像已经调整好，进行全屏显示。

⑫ 背散射（BEI detector）观察，获取最终图像，选择“Save”模式进行保存。观察完成后，先关闭高压，再将BEI打勾取消（即表示BEI detector退回）。

⑬ 结束观察

ⅰ. 将放大倍率调至最低倍，点击“OFF”，关闭高压，确认高压处于关闭状态。

ⅱ. 点击窗口下的“Spec. Exchange”按钮，“EXCH POSN”灯同步亮，样品台复位，处于样品交换的初始位置，利用样品交换杆将样品Holder拉出样品交换室。

ⅲ. 按下“VENT”键放气，直至“VENT”常亮。

ⅳ. 打开样品交换室，按箭头方向取出样品Holder及样品，并检查样品交换室是否正常。关闭样品交换室并按“EVAC”抽真空，待“EVAC”灯不再闪动后，观察结束。

五、实验注意事项

① 真空室的真空度。

② 样品制备过程中，主要样品的选择。

③ 样品要用导电胶进行黏合。

④ 根据观察所需，选择合适的信号源。

六、思考题

① 原子序数衬度和形貌衬度主要由哪些信号产生?

② 通过断口形貌观察可以研究材料的哪些性质?

③ 形貌观察镀膜是否会产生假象？

实验三十六　差示扫描量热分析

一、实验目的

① 了解差示扫描量热仪（DSC）的基本原理、仪器结构和使用方法。

② 掌握 DSC 曲线的分析和应用。

二、基本原理

当物质的物理状态发生变化（例如结晶、熔融或晶型转变等）或者起化学反应时，往往伴随着热学性能如热焓、比热容、热导率的变化。差示扫描量热法（differential scanning calorimetry，简称 DSC）就是通过测定其热学性能的变化来表征物质的物理或化学变化过程的。目前，常用的差示扫描量热仪分为两类：一类是功率补偿型，另一类是热流型。热流型 DSC 热分析系统实际上测定的是试样与参比物的温差（$\Delta T=T_s-T_c$），然后由从标准物质得到的 ΔT 与热量之间的相互关系，求得样品的热焓温度或时间的变化曲线。

本实验是用 DSC 对高分子试样进行升温扫描，如聚对苯二甲酸乙二醇酯（PET）、聚乙二醇（PEG）等，观察其在升温过程中热性能的变化，确定其玻璃化温度（T_g）、结晶温度（T_c）、熔融温度（T_m）以及相应的结晶热（ΔH_c）和熔融热（ΔH_m）。图 2-46 是典型的半结晶聚合物的 DSC 谱图（示意图），此图是以玻璃化转变区域相应的热容跃变台阶中点所对应的温度作为 T_g，以结晶放热峰和熔融吸热峰的顶点所对应的温度作为 T_c 和 T_m，而对两峰积分所得的面积即为结晶热焓和熔融热焓。

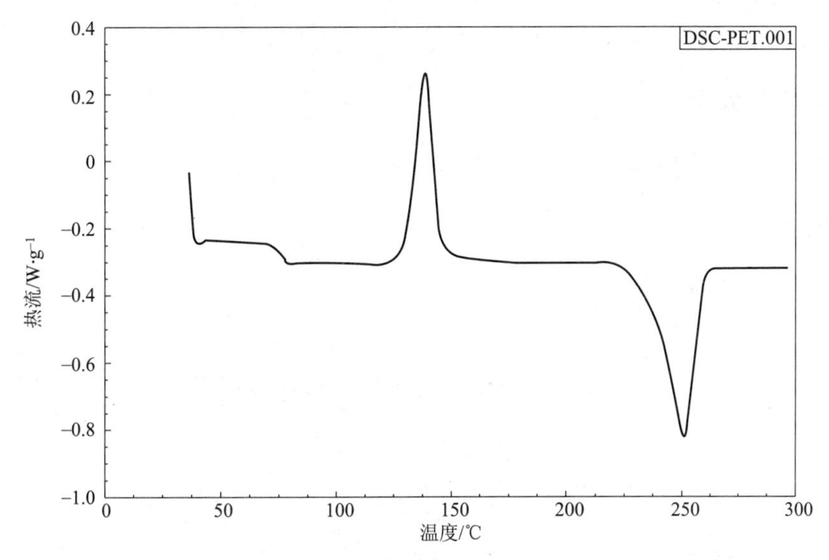

图 2-46　典型的半结晶聚合物的 DSC 谱图

三、仪器设备

Q20 差示扫描量热仪，分析天平。

四、实验操作

① 仪器的基线校正。基线斜率和偏移校准包括通过整个温度范围（后面的实验所预期的）加热空炉的操作，在温度上下限处保持等温。校准程序用来计算使基线平滑并将热流信号归零所需要的斜率和偏移值。

② 仪器的温度校正。由于 DSC 测定的是样品产生的热效应与温度的关系，因此仪器温度示值的标准性非常重要。当然仪器在出厂时进行过校正，但在使用过程中仪器的各个方面会发生一些变化，使温度的示值出现误差。为提高数据的可靠性，需要经常对仪器的温度进行标定，标定的方法是采用国际热分析协会规定的已知熔点的标准物质（如 99.999%的高纯铟）在整个工作温度范围内进行仪器标定，具体方法是将标准物分别在 DSC 仪上进行扫描。如果某物质的 DSC 曲线上的熔点与标准不相符，说明仪器温度示值在该温区出现误差，此时需调试仪器该温区温度，使记录值等于或近似于标准值。

③ 样品的准备与称量。用分析天平准确称量（10mg±0.1mg）样品和坩埚质量，加盖后用压片机将坩埚卷边压紧（此环节要求仔细、清洁）。

④ 接通室内总电源，可打开高压氮气钢瓶，将气氛流量计调在一定的刻度。

⑤ 打开炉盖，将试样和参比物分别放入样品架（外侧）和参比架上，加盖盖好，关闭炉盖。

⑥ 开电脑，开 DSC 主机电源（5min 后，绿色灯亮），进入仪器控制软件，设置实验参数和条件。

⑦ 点击“控制”⟶“事件”⟶“打开”。

⑧ 待法兰温度降至−60℃时，开始实验。

⑨ 实验完成后，点击“控制”⟶“事件”⟶“关闭”。

⑩ 待法兰温度降至室温，点“控制”，关闭仪器。

⑪ 待 DSC 主机绿灯灭后，关 DSC 主机电源；关电脑，关氮气。

五、数据记录与处理

根据 DSC 图测定出熔融温度、结晶温度、焓变等。

六、思考题

影响 DSC 测试结果的因素有哪些？

实验三十七　差热-热重分析

一、实验目的

① 了解 DTU-3B 热分析仪的原理及仪器装置。

② 理解用 DTA-TG 热分析方法来分析鉴定物质。

二、实验原理

由于试样材料在加热或冷却过程中，当达到特定温度时，会发生一些物理化学变化，在变化过程中，往往伴随着热效应和质量等方面的变化，这样就改变了原有的升温和降温速率，这就是热分析技术的基础。

(1) 热重测量

将装好试样的坩埚放到天平一臂上方的样品座上，利用电炉对其加热，如果试样在某一温度下由于分解、化合、脱水、吸附、解吸、升华、脱水等原因而出现质量变化时，天平将失衡。利用光电位移传感器及时检测出失衡信号，热重测量系统自动改变平衡线圈中的平衡电流，使天平恢复平衡，平衡线圈中的电流变化量正比于试样质量变化量，将此电流变化量利用记录仪记录下来，即可得到热重曲线。

(2) 差热分析

随着温度的升高物质将在特定的温度下发生相变、分解、化合、吸附、解吸、升华、脱水、熔化、凝固等现象，这时常伴随有焓的改变。有的物质一定的温区内不发生上述变化，在热分析中叫作参比物（简称参样），将被测试样（简称试样）与参样置于电炉的均温区内，同时以相同的条件升温或降温，当试样发生上述变化时，利用差热电偶可以测量出反映试样与参样间温度差的差热电势，将此差热电势经微伏级电流放大器放大后送入记录仪即可得到差热曲线。

利用差热分析和热重测量可得 DTA-TG 数据，可用于研究物质的相变、分解、化合、脱水、吸附、解吸、熔化、凝固、升华、蒸发等现象及对物质作鉴别分析、组织分析、热参数测定及动力学参数测定等。

三、仪器设备

DTU-3B 同步热分析仪（图 2-47）。

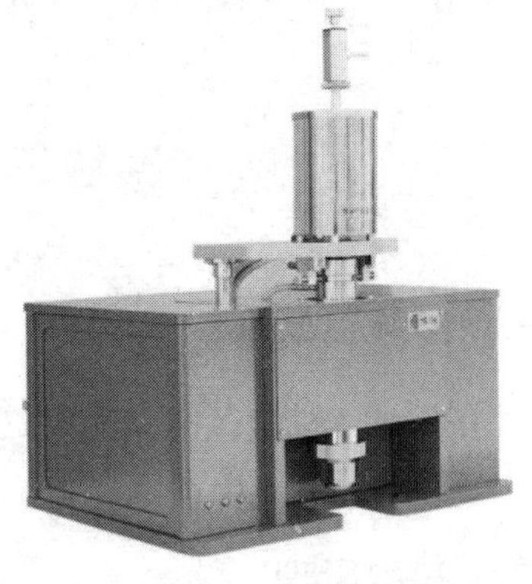

图 2-47　DTU-3B 同步热分析仪

四、实验操作

① 开机准备及操作

ⅰ. 检查仪器各种开关是否处于关闭状态，接通冷却水。

ⅱ. 接通总电源（要求预热 10～20min），打开微机系统及相应的仪器开关。

ⅲ. 将装有试样（已称量过的）的坩埚和装有标样即参比物（α-Al_2O_3）的坩埚分别放到样品座上。

② 数据采集

ⅰ. 微机屏上用鼠标双击热分析工作站软件图标后进入运行状态。

ⅱ. 点击“新采集”，此时进入实验数据采集程序对话框。输入相应的“基本实验参数”及“升温参数”。

ⅲ. 实验数据参数设置完毕后，点击“绘图”按钮。系统自动绘制测量温度趋势与实验预计执行时间。

ⅳ. 实验数据参数设定完毕后点击确定后系统自动进入时时采集程序。注意：在进入采集程序前系统提示所采集数据的存储路径，请选择适合文件夹保存的数据。

ⅴ. 当数据采集程序到达设定时间后，采集程序自动停止。

③ 使用工作站软件数据分析系统

ⅰ. 点击“文件”键，打开被分析的实验数据文件，点击确定按钮后工作站主界面将出现相应的实验曲线。

ⅱ. 曲线分析：点击工作站主界面上方快捷栏中DTA按钮、TG按钮，依次处理TG曲线及DTA曲线，可得到DTA-TG的分析数据。

④ 关闭热分析工作站软件，点击分析主界面快捷键右方红色“Stop”按钮，系统自动弹出退出工作站软件询问指令，点击“确定”退出系统。

⑤ 实验结束后，关闭热分析仪主机开关，升起炉子，取出样品。

⑥ 关闭冷却循环水、电脑。

五、数据记录与处理

在获得的DTA曲线图上标注物质产生热效应（放热或吸热）的温度范围值，即峰或谷的外推起始温度 T_e、峰顶温度 T_m。根据热重曲线（TG曲线），标注曲线变化的温度值及试样质量的变化量。分析被测物质在热过程发生的物理化学变化。

六、注意事项

① 实验室门应轻开轻关，尽量避免或减少人员走动。

② 开机后，保护气体开关应始终为打开状态（保护气体输出压力应调整为0.05MPa，流速≤30mL/min，一般设定为15mL/min）。

七、思考题

升温速率对DTA-TG曲线有何影响？

实验三十八　多晶混合物相定性分析

一、实验目的

① 理解利用X射线衍射进行多晶混合物相定性分析的基本原理。

② 根据衍射图谱或数据，学会混合物相定性鉴定方法。

二、实验原理

X射线是一种波长很短（一般为20～0.06Å，1Å=1×10^{-10}m）的电磁波，能穿透一定厚度的物质，并能使荧光物质发光、照相乳胶感光、气体电离等。X射线衍射分析（X-ray diffraction，简称XRD）是利用晶体形成的X射线衍射，对物质内部原子在空间分布状况进行分析的方法。每一种结晶物质都有各自独特的化学组成和晶体结构。没有任何两种物质，它们的晶胞大小、质点种类及质点在晶胞中的排列方式是完全一致的。晶体的X射线衍射图像是晶体微观结构的一种精细复杂的变换。由布拉格（Bragg）方程得知晶体的每一个衍射峰和一组晶面间距为 d 的晶面组的关系：

$$2d\sin\theta=n\lambda$$

式中，θ 为入射线与晶面的夹角，λ 为入射线的波长。

晶体对X射线的衍射效应取决于它的晶体结构，不同种类的晶体将给出不同的衍射花样。假如一个样品内包含了几种不同的物相，则各个物相仍然保持各自特征的衍射花样不变，而整个样品的衍射花样则相当于它们的叠加。除非两物相衍射线刚好重叠在一起，一般二者之间不会产生干扰，这就为我们鉴别这些混合样品中的各个物相提供了可能。关键是如何将这几套衍射线分开，这也是多相分析的难点所在。一个样品中相的数目越多，重叠的可能性也越大，鉴别起来也越困难。实际上当一个样品中的相数多于3个以上时，就很难鉴别了。

三、仪器设备

Rigaku Ultima Ⅳ型X射线衍射仪。

四、实验操作

本实验使用的仪器是Rigaku Ultima Ⅳ X射线衍射仪，主要由冷却循环水系统、X射线衍射仪和计算机控制处理系统三部分组成。X射线衍射仪主要由X射线发生器，即X射线管、测角仪、X射线探测器等构成。

（1）开机准备及操作

打开循环水冷却系统电源，打开XRD仪器主机电源，计算机与仪器联机通信。电脑开机，Measurement Server自动运行；打开X射线。点击XG Operation，在X-ray control点击第三种手动模式X-ray on，约20s后电压、电流升至20kV、2mA，然后右键点击Execute Aging选择X-ray老化程序（一般选择20100729），左键点击该按钮执行老化程序。

（2）粉末样品准备

粉末样品要求磨成320目的粒度，约40μm。粒度粗大衍射强度低，峰形不好，分辨率低。要清楚样品的物理化学性质，如是否易燃、易潮解、易腐蚀、有毒、易挥发。粉末样品要求在3g左右。样品可以是金属、非金属、有机、无机材料粉末。

（3）样品测试

测定未知多晶混合物的XRD图谱。打开测试软件，设定测试条件。制作样品，放入样品支架。关好仪器门；在Standard Measurement软件上点击Execute Measurement，开始测量；待测量完毕后打开仪器门，取出样品。测量结束，保存数据到相应的专业子目录。

五、数据记录与处理

根据实验获得XRD数据，用作图软件做成XRD图谱。首先选出最强的三条衍射峰，测量出对应的2θ和波峰净高度。由布拉格衍射公式换算出晶面间距d；选最高峰I_1为100，换算出其它峰相应的I/I_1。根据三强线进行数字检索，经过d和相对强度的仔细对比，分析被测试样品中可能存在的物相。如表2-6所示。

表2-6　三强线数据记录表

$2\theta_1$	$2\theta_2$	$2\theta_3$	I_1	I_2	I_3
d_1	d_2	d_3	I_1/I_1	I_2/I_1	I_3/I_1

六、思考题

利用X射线衍射进行多晶混合物相定性分析的基本原理是什么？

实验三十九　单偏光和正交偏光晶体光学分析

一、实验目的

① 掌握单偏光和正交偏光下晶体样品要求及鉴定方法。

② 了解试样薄片的制备方法，并应用偏光显微镜进行试样物相观察及分析。

二、实验原理

光学显微分析是利用可见光观察物体的表面形貌和内部结构，并鉴定晶体的光学性质。透明晶体的观察可利用透射显微镜，如偏光显微镜。而对于不透明物体只能使用反射式显微镜，即金相显微镜。利用偏光和金相显微镜进行晶体光学鉴定，是研究材料的重要方法之一。

利用单偏光镜可鉴定晶体光学性质及形貌特征。每一种晶体往往具有一定的结晶习性，构成一定的形态。晶体的形状、大小、完整程度常与形成条件、析晶顺序等有密切关系。所以研究晶体的形态，不仅可以帮助鉴定晶体，还可以用来推测其形成条件。光片中晶体的颜色是晶体对白光中七色光波选择吸收的结果。如果晶体对白光中七色光波同等程度的吸收，透过晶体后仍为白光，只是强度有所减弱，此时晶体不具颜色，为无色晶体；如果晶体对白光中的各色光吸收程度不同，则透出晶体的各种色光强度比例将发生改变，晶体呈现特定的颜色。光片中晶体颜色的深浅，称为颜色的浓度。颜色浓度除与该晶体的吸收能力有关外，还与光片的厚度有关，光片越厚吸收越多，则颜色越深。

正交偏光镜就是下偏光镜和上偏光镜联合使用，并且两偏光镜的振动面处于互相垂直位置。在正交偏光镜下观察时，入射光是近于平行的光束，故又称为平行正交偏光镜。若在正交偏光镜下的物台上放置晶体光片，由于晶体的性质和切片方向不同，将出现消光和干涉等光学现象。晶体在正交镜下呈现黑暗的现象，称为消光现象。消光现象包括全消光和四次消光两种。非晶体在正交偏光镜下则不会发生四次消光现象。

三、仪器设备

徕卡 TXP 制样机（图 2-48），偏光显微镜。

徕卡 TXP 制样机可用磨削和抛光的方法来制备玻璃薄片，是测试样品的专业光学显微镜技术制样设备。它的优势是：使得高难度的小尺寸样品的精确定位和制备变得容易，通过体视显微镜的观察、锯削、磨削、抛光都可以精确地作用在样品上。

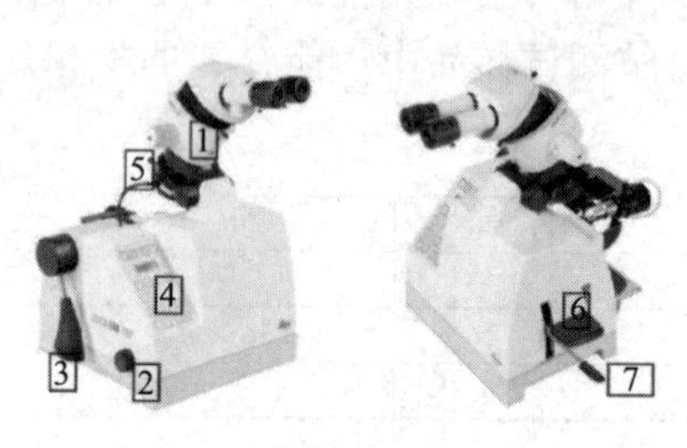

图 2-48　徕卡 TXP 制样机

1—体视显微镜；2—进给旋钮；3—样品回转臂控制杆；4—操作面板；5—顶光照明环；6—刀具控制杆（E-W 移动）；7—E-W 移动自动控制杆

四、实验操作

(1) 样品准备

① 洗涤擦拭试样：为了保持制件的清洁以及避免各粒级的磨料相混，在制片过程或制备完毕以后，均需要将试件洗涤和擦拭干净。

② 载玻璃磨毛边及盖玻璃准备：

载玻璃又称载玻片或载物片，是制备岩矿石薄片不可缺少的材料。一般规格（长×宽）：76mm×26mm（±0.5mm），厚度1～1.2mm。盖玻璃又称盖玻片或盖物片，其规格（长×宽）是24mm×24mm。盖片的厚度为0.1～0.2mm。

（2）样品锯削、磨、抛光

使用徕卡TXP制样机，对底平面进行锯削、研磨。

① 使用仪器后面的开关按钮打开（关闭）仪器。

② 在样品夹中夹紧样品块，使它在样品夹中凸出足够的长度，确保磨削控制杆在最高处。

③ 首先移走透明保护罩，插入研磨刀具，然后用16号扁平扳手固定住主轴，用14号扁平扳手手动松开螺母，小心地将研磨刀具一直插入底部，然后夹紧螺母直至刀具被牢牢地固定住。

④ 对齐削减：插入金刚石圆盘刀具，选择15000r/min的旋转速度。调整冷却水系统15mL/min的喷口，使冷却液（通常为溶有几滴洗手液的水溶液）能够滴落到刀具上，既可以使用E-W控制杆上的红色按键，也可以点击控制面板上的START按键来开启仪器，慢慢地移下控制杆直到样品被切开。

⑤ 抛光试样：移走金刚石圆盘刀具，插入抛光箔片。将9μm的金刚石金属抛光箔旋进刀杆。设置抛光速度约2200r/min。点击控制面板上的START按键来开启仪器，慢慢地移下控制杆直到样品被抛光。

（3）粘片

粘片胶用502胶。将胶涂于载玻璃中心，面积与毛坯大小相近，同时在毛坯光滑平面上也涂一薄层，轻压使二者粘在一起。玻璃在下，岩片朝上，放置平处令其自然黏合。

（4）减薄研磨

手持载玻片在磨片机上将岩样减薄到透明。再在玻璃板上将薄片推磨到0.03mm。

（5）盖玻片

为防止灰尘落到薄片上，修饰完后应立即盖片。选择适当大小的盖玻片，用细软绸布擦干净，然后将光学树脂或胶置于盖玻片上。胶量要适当，以薄薄地布满一层为宜。手持薄片放于盖玻片胶上，稍给压力，二者就会粘到一起。

（6）样品测试

将制好的玻璃薄片置于偏光显微镜上分析薄片质量，并对试样中的晶体及非晶体进行观察、分析。

五、数据记录与处理

根据实验获得的试样图像及光学性质，分析样品中存在的物相。

六、注意事项

① 实验室门应轻开轻关，尽量避免或减少人员走动。

② 削减过程保持冷却水一直处于正常流动状态。

七、思考题

切削样品时，为何要将液体滴落到试样上？

第3章
综合设计性实验

实验一　陶瓷坯料配方实验

一、实验目的

① 掌握陶瓷坯料配方的实验原理及实验方法。

② 熟悉陶瓷坯料配方操作技能。

③ 初步掌握陶瓷生产工艺方案的确定方法，全面了解陶瓷生产的工艺过程。

二、实验原理

制定坯料配方，尚缺乏完善方法，主要原因是材料成分多变，工艺制度不稳，影响因素太多，以致对预期效果的预测没有把握。根据理论计算或凭经验摸索，经过多次试验，在既定的各种条件下，均能找到成功的配方，但条件一变则配方的参数也随之而变。

根据产品性能要求，选用材料、确定配方及成型方法是常用的配料方法之一。例如制造日用瓷则必须选用烧后呈白色的材料（黏土材料），并要求产品具有一定强度；制造化学瓷则要求有好的化学稳定性；制造地砖则必须有高的耐磨性和低的吸水性；制造电瓷则需有高的机电性能；制造热电偶保护管须能耐高温、抗热震，并有高的传热性；制造火花塞则要求有大的高温电阻、高的耐冲击强度及低的热膨胀系数。

选择材料确定配方时既要考虑产品性能，还要考虑工艺性能及经济指标。文献资料中的经验配方都有参考价值，但无论如何不能照搬。因黏土、瓷土、瓷石均为混合物，长石、石英常含不同的杂质，同时各地原有母岩及形成方法、风化程度不同，其理化工艺性能或不尽相同或完全不同，所以选用材料、制定配方只能通过实验来确定。

坯料配方试验方法一般有三轴图法、孤立变量法、示性分析法和综合变量法。

（1）三轴图法

三轴图法即三种材料组成的图，图中共有66个交点和100个小三角形，其中由三种材料组成的交点有36个，由两种材料组成的交点有27个，由一种材料组成的交点有3个。配料时先决定该种坯料所选用各种材料的适当范围，初步确定三轴图中几个配方点（配方点可以在交点上，也可以在小三角形内），如图3-1所示，长石-石英-瓷土三轴图中A点含长石

50%，石英 20%，瓷土 30%；B 点含长石 30%，石英 30%，瓷土 40%；C 点含长石 10%，石英 40%，瓷土 50%。按照配方点组成进行配料制成试条，测定物理特性，进行比较优选采用。三轴图不限于长石、石英、瓷土三种组分，凡采用三种材料配料做实验的均可利用此图。例如一般配料中含长石 30%，石英 20%，黏土 50%，而黏土中又采用高岭土、强可塑黏土和瘠性黏土三种黏土配合使用，则可做一个三种黏土的三轴图，在此图上选定数点做实验以求出高岭土、强可塑黏土和瘠性黏土的最佳配方。

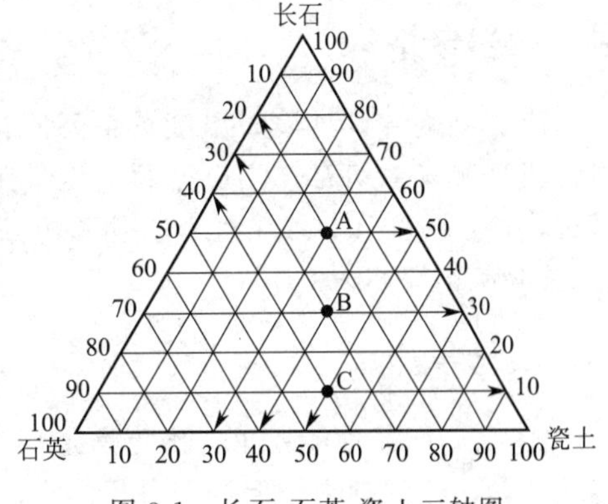

图 3-1　长石-石英-瓷土三轴图

(2) 孤立变量法

孤立变量法即变动坯料中一种材料或一种成分，其余材料或成分均保持不变，例如 A、B、C 三种材料，固定 A、B，变动 C；或固定 B、C，变动 A；或固定 A、C 变动 B，最后找出一个最佳配方。

(3) 示性分析法

示性分析法即着眼于化学成分和矿物组成的理论配合比。例如，高岭土中常含有长石及石英的混合物，长石中常含有未化合的石英，瓷石中则常含有长石、石英、高岭石、绢云母等。如配方中的高岭土是指纯净的高岭石，配方中的长石、石英是指极纯的长石及石英，则最好用示性分析法测定各种材料内的高岭石、长石、石英的含量，以便配料时统计计算。

(4) 综合变量法

综合变量法即正交试验法，也叫多因素筛选法、多因素优选法、大面积撒网法。试验前借助于正交表，科学地安排试验方案。试验后，经过表格运算，分析试验结果，以较少的试验次数找出最佳的坯料配方。试验方案的设计步骤如下。

① 挑因素，选水平，确定因素水平表。因素即试验中所要考虑的各种条件，例如球磨转速、料-球-水比、坯料水分、细度及组分等。各种因素对试验结果都可能产生影响，如不加挑选，因素越多势必造成试验次数增加，所以要在多种因素中挑出主要因素。水平即每个因素中的不同状态，例如不同的球磨转速，不同的料、球、水比，坯料中不同的含水率，不同的细度，各组分的不同含量等。每个因素要选多少个水平，这要根据生产和试验目的来确定。

② 选择合适的正交表。根据挑选的因素及水平数，选择合适的正交表。正交表是利用"均衡分散性"和"整齐可比性"这两条正交性原理，从大量试验点中挑选典型性试验点，排成特定表格，这种表格称正交表。

③ 制定试验方案。根据挑选的因素水平数到附表中挑选合适的正交表。例如二水平的正交表有 $L_4(2^3)$，$L_8(2^7)$，$L_{16}(2^{15})$，$L_{20}(2^{19})$，$L_{12}(2^{11})$，$L_{16}(4^3\times2^6)$，$L_{16}(4^2\times2^9)$ 等；三水平的正交表有 $L_9(3^4)$，$L_{18}(2^1\times3^7)$，$L_{18}(3^7)$，$L_{27}(3^{13})$ 等；四水平的正交表有 $L_{16}(4^5)$，$L_{32}(4^9)$，$L_{32}(2^1\times4^9)$，$L_{32}(8^1\times4^8)$，$L_{64}(4^{21})$ 等。根据试验目的，确定要考察的因素，如对事物变化规律了解不多，则因素可多取一些；如对试验对象比较了解，则因素可少取一些。根据因素水平数、试验条件的难易，最后综合各方面意见选择合适的正交表。有了合适的正交表，把选取的因素分别安放在正交表的各列上，试验方案就算制定完成。

三、仪器设备

涂 4-黏度计，秒表，温度计；万能试验机；试条模（10mm×10 mm×120 mm）及小刀，成型碾棒；切刀，CoO 浆料（编号用）；小磅秤，白铁桶；瓷质球磨罐，药匙；电子天平；量筒：100mL，250mL；铁钳，电炉及水浴锅；烧杯，玻璃棒；布袋或匣钵或石膏模具（泥浆吸水用）。

四、实验步骤

① 根据产品性能要求，确定所选用的材料，这些材料的化学成分、矿物组成及工艺性能一般是已知的，否则要进行分析测定。

② 从三轴图上选取 6～10 个配方点，并将这些配方点的材料组成百分比算出来列在表上。

③ 按三轴图上配方材料百分比称取投料量，并确定料、球、水比，按比例称取料、球、水并投入球磨滚筒中进行球磨。

④ 符合细度要求后出磨、搅拌、除铁、脱水。

⑤ 真空练泥后制成符合操作要求的塑性泥料，稍加陈腐备用；在实验室中如因投料量太少，不便压滤，也可利用布袋或石膏模或匣钵除去泥浆中的水分，使其成塑性泥料。

⑥ 用手进行揉练，以进一步除去泥料中的空气泡并使水分分布均匀，再用模型制成 10mm×10mm×120mm 的试条 5 块，8mm×50mm×50mm 试块 3 片。

⑦ 试条、试块阴干后用氧化钴浆料编号，制定干燥制度，再经干燥并检查干燥结果（如开裂、收缩、变形等）；确定烧成制度，入炉（窑）烧成并测定吸水率、抗折强度及断面情况，即可得出最合适的坯料。

如用正交实验法举例如下。

① 实验课题：用正交实验法寻找黏土、长石、石英的最佳配比。

② 实验目的：获得性能优良的坯料配方，以提高产品质量。

③ 实验考核指标：烧成温度 1350℃以下，抗折强度达到 $588.4\times10^5 N/m^2$。

④ 因素水平表（表 3-1）

表 3-1 因素水平表

水平	因素		
	黏土/%	长石/%	石英/%
1	50	25	25
2	52	20	28

⑤ L_8（2^7）正交表（表 3-2）

表 3-2 L_8（2^7）正交表

试验号	列号						
	1	2	3	4	5	6	7
1	1	1	1	2	2	1	2
2	2	1	2	2	1	1	1
3	1	2	2	2	2	2	1
4	2	2	1	2	1	2	2
5	1	1	2	1	1	2	2
6	2	1	1	1	2	2	1
7	1	2	1	1	1	1	1
8	2	2	2	1	2	1	2

⑥ 数据记录与处理（表 3-3 和表 3-4）

表 3-3　数据记录与处理 1

试验号	黏土	长石	石英	烧成温度/℃		
	1	2	3	1300	1330	1350
1	50	25	25	$566.8\times10^5 N/m^2$	$589.4\times10^5 N/m^2$	$592.3\times10^5 N/m^2$
2	52	25	28	$549.2\times10^5 N/m^2$	$588.4\times10^5 N/m^2$	$623.0\times10^5 N/m^2$
3	50	20	28	$531.5\times10^5 N/m^2$	$539.3\times10^5 N/m^2$	$576.6\times10^5 N/m^2$
4	52	20	25	$566.8\times10^5 N/m^2$	$498.2\times10^5 N/m^2$	$598.2\times10^5 N/m^2$
5	50	25	28	$583.4\times10^5 N/m^2$	$590.3\times10^5 N/m^2$	$599.2\times10^5 N/m^2$
6	52	25	25	$589.4\times10^5 N/m^2$	$576.6\times10^5 N/m^2$	$613.9\times10^5 N/m^2$
7	50	20	25	$590.4\times10^5 N/m^2$	$579.6\times10^5 N/m^2$	$608.0\times10^5 N/m^2$
8	52	20	28	$565.8\times10^5 N/m^2$	$588.4\times10^5 N/m^2$	$597.2\times10^5 N/m^2$

表 3-4　数据记录与处理 2　　单位：N/m^2

1300℃温度下烧成			
	黏土	长石	石英
Ⅰ	227.2×10^6	230.7×10^6	227.2×10^6
Ⅱ	227.1×10^6	225.5×10^6	223.0×10^6
Ⅲ	0.1×10^6	6.2×10^6	8.3×10^6
1330℃温度下烧成			
	黏土	长石	石英
Ⅰ	229.9×10^6	234.5×10^6	224.4×10^6
Ⅱ	225.2×10^6	220.6×10^6	223.7×10^6
Ⅲ	4.7×10^6	13.9×10^6	6.3×10^6
1350℃温度下烧成			
	黏土	长石	石英
Ⅰ	237.6×10^6	242.8×10^6	241.2×10^6
Ⅱ	243.2×10^6	238.0×10^6	239.6×10^6
Ⅲ	5.6×10^6	4.8×10^6	1.6×10^6

⑦ 结果分析。

ⅰ. 按考核指标要求为 $588.4\times10^5 N/m^2$。从数据记录与处理可知，符合要求的配方：1300℃烧成的 6 号、7 号；1330℃烧成的 1 号、2 号、5 号、8 号；1350℃烧成的 1 号、2 号、4 号、5 号、6 号、7 号、8 号。而 1300℃烧成时最好的配方为 7 号；1330℃烧成时最好的配方为 5 号；1350℃烧成时最好的配方为 2 号。

ⅱ. 符合要求的配方 1300℃烧成的有 2 个，1330℃烧成的有 4 个，1350℃烧成的有 7 个。由此可见，在所给三个因素、两个水平配方中随着烧成温度的提高符合抗折强度技术指标要求的配方越来越多，即烧成温度是外因条件中的关键。

ⅲ. 从极差 R 值的分析来看，长石的极差最大，说明长石含量增减对抗折强度影响很大，所以在这两种配方中长石是三个因素中的主要因素。

五、记录与计算

① 进行坯料配方时记录并计算数据，包括化学组成、示性矿物组成、坯式等。

② 用正交试验法设计坯料配方方案时要按正交试验的程序进行设计计算。

③ 三轴图法、孤立变量法、示性分析法和综合变量法（正交试验法）四种方法，在进行坯料配方时可以应用其中任意一种方法或两种方法或四种方法全用。

④ 依据陶瓷产品的性能要求、已有的材料和设备，制定出合理的工艺流程，并通过实验确定最佳的工艺参数。

六、注意事项

① 配料称重时要准确，要始终一致。

② 确定配方点之前要做必要的调查研究，以使初步确定的配方有一定的合理性。

③ 选定的各种坯料配方，应在同一温度下烧成且具有统一的升温速度，才有比较意义。

七、思考题

① 影响陶瓷制品质量的内因和外因是什么？坯料配方实验要解决什么问题？

② 指导坯料配方的基本理论是什么？

③ 进行坯料配方实验时要考虑哪些问题？

④ 陶瓷坯料配方与制造工艺、显微结构、理化性能的关系怎样？

⑤ 在一般情况下，如何找出最适合的配料公式（用坯式表示）？

实验二　陶瓷釉料配方实验

一、实验目的

① 运用制釉原理设计釉料配方，并验证。

② 掌握釉料的调试方法。

二、实验原理

釉是覆盖在陶瓷坯体表面的连续的玻璃质层。釉料与坯料在化学组成上的区别在于前者碱性氧化物含量高而中性氧化物含量低，后者碱性氧化物含量低而中性氧化物含量高。釉料在化学组成上具备生成玻璃质的条件。

传统陶瓷釉料配方，是采用变动釉中碱性氧化物的含量或者中性氧化物的含量的方法来调整坯釉适应性和釉的成熟温度，即①变动 RO 中氧化物的含量；②变动 RO 氧化物的种类；③变动 Al_2O_3 的含量，但保持 RO_2 的含量不变；④变动 RO_2 的含量，但保持 Al_2O_3 的含量不变。

根据以上方法，一种釉料的化学组成就可以配制多个不同成分的料方，经过多次试验，就可以筛选出理想的实用釉方。目前陶瓷釉料配方尚处于理论计算与调试相结合的阶段。

本实验是在确定烧成温度和釉料化学组成的基础上，通过理论计算确定一个理论釉方，然后对釉料可能存在的缺陷做出一系列的假设，根据假设调整出一组料方。比如假设①釉料的熔融温度偏高；②釉料的熔融温度偏低；③釉料的悬浮性较差等缺陷。

针对上述问题采用取代调整法，就可以得出系列釉料配方。亦可以调试釉方中的一个组分，固定其余成分，并验证这些配方。

三、仪器设备

电子天平，瓷瓶球磨罐与高铝磨球，喷釉设备（空压机与喷枪）；量筒，样品筛 40 目、250 目各一个；比重杯，永久磁铁，塑料桶；电热干燥箱，高温箱式电阻炉，坩埚钳，石棉手套，防护目镜。

四、实验步骤

（1）材料准备

材料有黏土、长石、石英、方解石、白云石、滑石、碎玻璃等粉状材料，准备烧成温度为1160～1250℃的生坯试块10件，供试釉用。

（2）实验步骤

① 按表3-5生料釉的化学组成任选一个，用化学组成满足法计算釉料的理论配方。

表3-5　供参考的生料釉的化学组成

编号	SiO_2	Al_2O_3	CaO	MgO	K_2O	Na_2O	Fe_2O_3	ZnO	成熟温度/℃
1	66.8	13.84	7.83	3.94	4.60	2.83	0.17	40	1250
2	59.2	11.62	9.34	2.08	4.93	1.79	0.08	0	1250～1280
3	46.62	9.32	16.4	0.55	4.07	1.06	9.73	16.85	1160～1200

② 以计算的理论料方为基础。

ⅰ. 用取代法调整料方中黏土与长石的用量，调整幅度为±1%～±5%，在理论料方基础上沿升高和降低釉料的成熟温度方向调整出2个料方。

ⅱ. 用外加法调整料方，添加幅度为0～10%。沿改善悬浮性方向调整釉料得到1个料方。

ⅲ. 用外加法调整料方，添加幅度为3%～10%。沿获得乳浊型方向调整釉料得到1个料方。连同基础理论料方，编号整理成1～5配方系列，填入表3-6中。

表3-6　釉料配方系列

釉料编号	材料用量/%								调整理由
1									
2									
3									
4									
5									

③ 从上述配方系列中任选两个料方，考虑材料含水量，以配制1kg釉料（干基）计算试验配料单，填入表3-7中。

表3-7　釉料试验配料单

釉方编号	干基重量	材料配入量/g							备注

④ 按釉料配料单分别称重，将各种材料装入小瓷瓶内球磨，料∶球∶水＝1∶1.5∶0.5，磨制16～20h，万孔筛余＜0.3%，出料过40目筛，釉浆除铁三次，调整釉浆相对密度为1.35～1.45，并填入表3-8中。

表3-8　釉料质量控制

配方编号	装料量/kg			球磨时间	釉浆密度	出料过筛/目	除铁次数	250目筛余/%	釉浆性能
	料	球	水						

⑤ 试块施釉：取干燥的生坯试块 10 件，两种釉各施 5 件，其中浸釉 3 件，喷釉 2 件，编号后置于电热干燥箱内干燥 2h。

⑥ 试样焙烧：把试样小心装入箱式电阻炉，安放平稳。电炉烧成周期按 4.5～6h 制订，每 10min 记录一次电流、电压和炉温。以烧成曲线为依据，分区段控制电流大小来调节炉温，并经常观测炉内试样的变化，同时做好记录。高火保温后微开炉门，使产品急冷以提高釉面光泽度，当温度降至 950℃时关闭炉门让其自然冷却。

⑦ 炉温降至 80℃以下时，取出试块，进行现场分析，将试块烧后特征填入表 3-9 中。

表 3-9　试样烧后特征记录

釉方编号	试样编号	生烧	半熟	成熟	过烧	备注

五、数据记录与处理分析

① 总结数据记录与处理，准确计算出实验釉方的化学成分、酸度系数、线膨胀系数和理论熔融温度。

② 对存在的问题，提出继续改进的设想。

六、思考题

① 如何获得合适的釉料配方？

② 怎样保证釉料配方的准确性、科学性？

实验三　石膏模具制作及陶瓷注浆成型

一、实验目的

① 掌握石膏模具的制作方法。

② 掌握陶瓷注浆用泥浆的配制及注浆成型的工艺过程。

③ 了解陶瓷烧成过程中的物理、化学变化。

④ 掌握泥浆性能测定方法及陶瓷烧结性评价方法。

二、实验原理

注浆成型是利用石膏模具的吸水性，将具有流动性的泥浆注入石膏模具内，使泥浆分散地黏附在模具内壁上，形成和模具相同的坯泥层，并随时间的延长而逐渐增厚，当达到一定厚度时，经干燥收缩而与模具脱落，然后脱模取出，制成坯体。注浆成型是一种适应性广、生产效率高的成型方法。凡是形状复杂或不规则以及薄胎等制品，均可采用注浆成型的方法生产。

(1) 注浆成型的方法

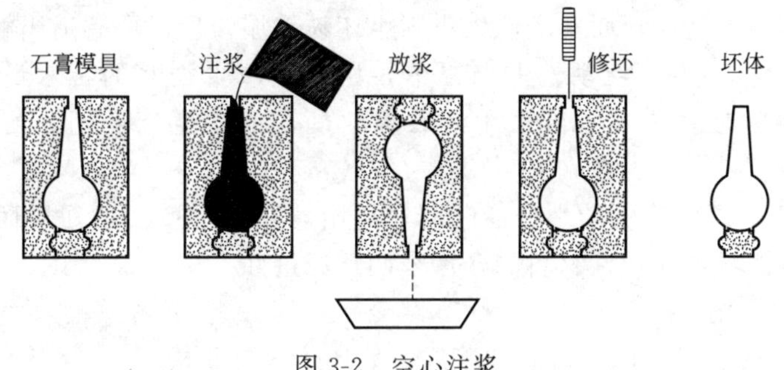

图 3-2　空心注浆

基本注浆方法有空心注浆法和实心注浆法。

① 空心注浆（单面注浆）。该方法用的石膏模具没有型芯。操作时泥浆注满模型，经过一定时间后，模型内壁黏附着具有一定厚度的坯体。然后将多余泥浆倒出，坯体形状在模型内固定下来，如图 3-2 所示。这种方法适用于浇注小型薄壁的产品，如陶瓷坩埚、花瓶、管件、杯、壶等。空心注浆所用泥浆密度较小，一般在 1.65～1.80g/cm^3，否则倒浆后坯体表面有泥缕和不光滑现象。

其它参数为：流动性一般为 35～65s；稠化度不宜过大，1.4～1.8；细度一般比双面注浆要细，万孔筛余 0.5%～1.0%。

② 实心注浆（双面注浆）。实心注浆是将泥浆注入两石膏模面之间（模型与模芯）的空穴中，泥浆被模型与模芯的工作面两面吸收，由于泥浆中的水分不断减少，因此注浆时必须不断补充泥浆，直到穴中的泥浆全部变成坯为止。显然，坯体厚度与形状由模型与模芯之间的空穴形状和尺寸来决定，因此没有多余的泥浆倒出。其操作过程如图 3-3 所示。

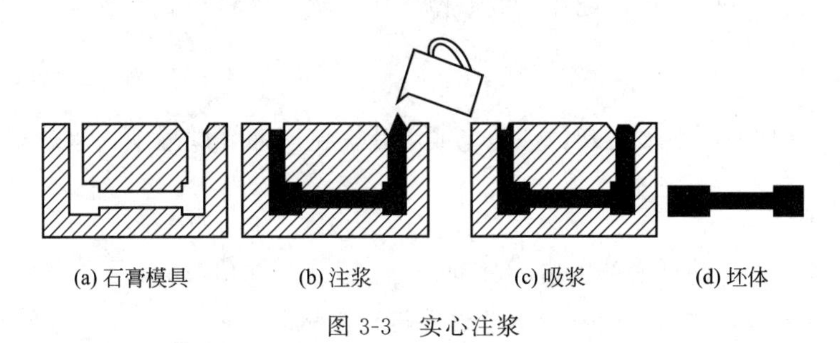

图 3-3　实心注浆

该方法可以制造两面有花纹及尺寸大而外形比较复杂的制品，如盅、鱼盘、瓷板等。实心注浆常用较浓的泥浆，一般密度在 1.80g/cm^3 以上，以缩短吸浆时间。稠化度为 1.5～2.2，细度可以粗一些，万孔筛余 1.0%～2.0%。

（2）注浆成型对泥浆的要求

① 流动性好。即泥浆的黏度要小，在使用时能保证泥浆在管道中的流动，并能充分流注到模型的各个部位。良好的泥浆应该像乳酪一样，流出时成一根连绵不断的细线，否则浇注困难，如模型复杂时会产生流浆不到位，形成缺角等缺陷。

② 稳定性好。泥浆中不会沉淀出任何组分（如石英、长石等），泥浆各部分能长期保持组成一致，使注浆成型后坯体的各部分组成均匀。

③ 具有适当的触变性。泥浆经过一定时间存放后的黏度变化不宜过大，这样泥浆就便

于储存和运输，同时又要求脱模后的坯体不至于因受到轻微振动而软塌。注浆用泥浆触变性太大则易稠化，不便于浇注，而触变性太小则生坯易软塌，所以要有适当触变性。

④ 含水量要少。在保证流动性的前提下，尽可能减少泥浆的含水量，这样就会节省注浆成型时间，增加坯体强度，降低干燥收缩时间，缩短生产周期，延长石膏模具使用寿命。

⑤ 滤过性要好。即泥浆中的水分能顺利通过附着在模型壁上的泥层而被模型吸收。通过调整泥浆中的瘠性材料和塑性材料的含量来调整滤过性。

⑥ 泥浆中不含气泡。

⑦ 形成的坯体要有足够的强度，注浆成型后坯体容易脱模。

(3) 注浆成型对石膏模具的要求

① 模型设计合理，易于脱模，各部位吸水均匀，能够保证坯体各部位的干燥收缩一致，即坯体的密实度一致。

② 模型的孔隙率大，吸水性能好。其孔隙率要求在30%～40%。使用时石膏模具不宜太干，其含水量一般控制在4%～6%，过干会引起坯体干裂、气泡、针眼等缺陷，同时模具使用寿命缩短；过湿会延长成坯时间，甚至难以成型。

③ 翻制模型时，应严格控制石膏与水的比例，以保证有一定的吸水性和机械强度，并使模型质量稳定。

④ 模型工作表面应光洁，无孔洞，无润滑剂或肥皂膜。新模具第一次使用前，应用2%的碳酸钠溶液擦拭内壁，以除去残留涂料，也可以用细砂纸擦去一层。

三、仪器设备

涂-4黏度计，球磨机，普通天平，电子天平及小台秤，干燥箱，箱式电阻炉，流体静力天平，抽真空装置，标准筛，烧杯，玻璃棒，球磨罐，瓷料杯，瓷盘等。

四、材料及试剂

长石，石英，黏土，半水石膏，钾肥皂或漆片，蓖麻油，碳酸钠，水玻璃，乙醇等。

五、实验任务要求

① 查阅参考文献，制订实验方案和计划。

② 完成各步实验，对实验内容要求的性能进行测试。

③ 用所学知识对数据记录与处理进行正确分析。

④ 以论文格式完成实验总结报告，提交样品一件。

六、实验操作

(1) 石膏浆调制

① 石膏的特性。石膏是模型制作的主要材料，一般为白色粉状，也有灰色和淡红黄色等结晶体，属于单斜晶系，其主要成分是硫酸钙。按其中结晶水的多少又分为二水石膏和无水石膏，陶瓷工业制模生产用一般为二水石膏，就是利用二水石膏经过180℃左右的低温煅烧失去部分结晶水后成为干粉状、又可吸收水而硬化的特点。除天然石膏外，还有人工合成石膏。一般石膏调水搅拌均匀的凝固时间为2～3min，放热反应为5～8min，冷却后即成为结实坚固的物体。

理论上石膏与水搅拌时进行化学反应需要的水量为18.6%；在模型制作过程中，实际加水量比此数值大得多，其目的是获得一定流动性的石膏浆以便浇注，同时能获得表面光滑的模型；多余的水分在干燥后留下很多毛细气孔，使石膏模型具有吸水性。

吸水率是石膏模型一个重要的参数，它直接影响注浆时的成坯速度。陶瓷用石膏模的吸水率一般在38%～48%之间。

石膏粉放置在干燥的地方，使用时不要溅到水或车削下来的石膏，石膏袋子要干净，严防使用过的石膏残渣或其他杂物混入袋中。

② 石膏浆的调制步骤。

ⅰ. 准备好盆和石膏粉。

ⅱ. 在盆中先加入适量的水，再慢慢把石膏粉沿盆边撒入水中，一定要按照顺序先加水再加石膏。

ⅲ. 直到石膏粉冒出水面不再自然吸水沉淀，稍等片刻，用搅拌棒（或手）搅拌，要快速有力、用力均匀，成糊状即可。

ⅳ. 石膏在调制时的比例为：一般车制用石膏浆，水∶石膏＝1∶(1.2～1.4)；削制用石膏浆，水∶石膏＝1∶1.2左右；模型翻制用石膏浆，水∶石膏＝1∶(1.4～1. 8)。

ⅴ. 注意挑除石膏浆里的硬块和杂质。

(2) 石膏模具的制作

① 原胎制作。原胎也叫原始模种，是指按照实物尺寸放尺制成的胎型。学生可以根据自己的意向进行设计。实际教学过程中以成型花瓶为例。先在石膏车模机上用油毡围成圆筒状。称取适量的石膏均匀地撒入水中，水膏比一般为0.7～0.8，搅拌均匀后倒入圆筒中。待终凝后打开油毡脱模，用车模机车制原胎。

② 凹模制作。凹模也叫种模，是由原胎翻制而成。将原胎烘至半干后，用毛刷在表面涂脱模剂，直至表面出现一层光滑的外皮为止。凹模制作时，为了方便脱模，在原胎表面薄薄地刷一层植物油，平放于玻璃板或大理石台面上，四周用挡板或油毡围好，按前述方法制备石膏浆，并注入围好的空腔中。待石膏终凝后脱模。然后用刮刀或钢锯条刮平修整，在合适的部位作定位销。

③ 凸模制作。凸模也叫母模，是翻制工作模的基础。将制备的凹模工作面按上述方法刷脱模剂，制备凸模与制备凹模类似，四周围好再进行浇注。翻制模具过程中的脱模剂也可以用虫胶漆片来代替，刷涂漆片或涂抹脱模剂时要注意，一定要涂抹均匀，不能遗漏。

④ 工作模制作。工作模也叫子模，是由凸模翻制而成。制作方法与上面类似。需要注意，在制作模具过程中需事先挖定位槽或定位销。将制备好的工作模置于烘箱中烘干，模具的含水率一般在6%～8%。

(3) 泥浆制备及性能检测

按实际配料称量材料，总量3kg，加水量为28%～35%，水玻璃为0.5%，碳酸钠为0.25%。按料球比为1∶2装入球磨机中磨制，研磨5.5～6h后，测试泥浆细度。若过粗，再继续研磨，直到350目筛余7%～8%，同时调整料浆的浓度，使之达到(356±2) g/200mL。一般来说，延长研磨时间15min可降低筛余1%，加入15mL水可使料浆浓度降低1g/200mL。符合细度和浓度要求后出磨，测试泥浆的触变性、吃浆速度及空浆含水率。

(4) 试条浇注、干燥、烧成并测试

利用制备的泥浆浇注试条若干，并测试试条的干燥收缩率和干燥抗折强度等。然后将试条装入电阻炉中烧成，改变最高烧成温度和保温时间，确定最佳烧成制度。并测试试条的烧成收缩率、总收缩率、吸红及吸水率等。

(5) 陶瓷坯体的注浆成型及烧成

① 准备：用毛刷刷去自制石膏模具内壁上的泥、碱毛、灰土等杂质，合模，利用泥浆准备注浆。

② 注浆：进浆速度不宜太快，使模具中的空气随泥浆的注入而排出，避免空气混入泥浆中，同时避免使坯体表面产生缺陷。

③ 放浆：掌握好吃浆时间的长短，然后放浆，保证坯体的厚度在5～7mm之间。放浆速度不宜太快，以免模型内产生负压，使坯体过早脱离模型造成变形或软榻。

④ 巩固：放浆后坯体很软，不能立即脱模。需经过一段时间继续排出坯体水分，增加其强度。这段时间称为巩固。巩固时间约为吃浆时间的一半，然后脱模。注意脱模过早，坯体强度不够，脱模困难，且脱模后坯体易塌陷；脱模过迟，坯体会发生开裂。

⑤ 干燥、修坯：将坯体预干燥，修坯。经预干燥后，湿坯体的含水率从15%～17%下降到8%～10%。注意防止因干燥过急或干燥不均匀而造成废品。

⑥ 烧成：在最佳烧成制度下烧成。随炉冷却至室温下，取出，即得陶瓷制品。

七、注意事项

① 石膏粉加入水中的次序不可颠倒。

② 同一模具石膏与水的比例要固定不变，否则吸水速率不一致。

③ 试片应在同一温度下烧成，升温速度一致，才有比较的意义。

实验四　泥浆的研制及性能测定

普通陶瓷的生产主要有坯料制备、成型、干燥、施釉、烧成等工艺过程。由于产品特点不同，选择不同的成型方法，从而对坯料的要求也不同。所用的坯料主要有：可塑成型用的坯泥、注浆成型用的泥浆、压制成型用的粉料。坯料制备是按预先设计好的配方配料，经研磨、泥浆性能调整后，部分产品直接注浆成型，部分产品还需要将泥浆压滤、练泥、陈腐，制成泥团，再进行可塑成型。

可塑成型在日用陶瓷的生产中被广泛应用。按其操作方法的不同分为雕塑、印坯、拉坯、旋压、滚压等种类。应用最多的是旋压和滚压，它的成型效率高，适合大批量生产。雕塑、印坯、拉坯方法简单，适合于量少而特殊的器形。

一、实验目的

① 了解制造普通陶瓷所用的材料及坯料的配方设计。

② 掌握普通陶瓷坯料的制备及性能检测、调整方法。

③ 掌握可塑成型制备坯体的方法。

④ 了解普通陶瓷烧成过程中的物理、化学变化。

⑤ 掌握陶瓷烧结性评价方法及一般性能测试方法。

二、影响因素

陶瓷产品质量的好坏与材料的选择、坯料配方的设计、工艺参数及工艺过程控制密切相关。

（1）材料的种类

传统陶瓷的成型方法是泥料的塑性成型。因而人们常将天然材料分为可塑性材料、熔剂性材料及瘠性（非塑性）材料三大类。

可塑性材料的主要成分是高岭石、伊利石、蒙脱石等黏土矿物，多为细颗粒的含水铝硅酸盐，具有层状结晶结构。当其与水混合时，有很好的可塑性，在坯料中起塑化和黏合作用，赋予坯料以塑性或注浆成型能力，并保证干坯的强度及烧成后的使用性能。

弱塑性材料主要有叶蜡石和滑石。这两种矿物也都具有层状结构特征，与水结合时具有弱的可塑性。

非塑性材料主要有石英、长石等。长石是典型的熔剂性材料，主要在烧成过程中起作用。烧成时部分石英溶解在长石熔体中，能提高液相的黏度，防止坯料高温变形，冷却后在瓷坯中起骨架作用。非塑性材料对坯料整体塑性、收缩、干燥强度也有影响。

（2）配方设计

设计坯料配方的方法通常是根据产品的性能要求选用材料，确定配方及成型方法。同时还要考虑工艺性能及经济指标。文献资料所介绍的成功经验配方有参考价值，但不能照搬。因为选用的材料往往不同，要因地制宜，还要考虑用户对产品的不同要求。研制配方时可采用正交实验法安排实验方案，直到性能指标符合要求。

（3）陶瓷坯料的可塑成型与干燥

成型的目的是将坯料加工成一定形状和尺寸的半成品，使坯料具有必要的力学强度和一定的致密度。主要的成型方法有三种：可塑成型、注浆成型和压制成型。本实验采用可塑成型。成型后的坯体强度不高，常含有较高的水分，为了便于运输和适应后续工序，必须进行干燥处理。根据坯体干燥机理，制定合理的干燥曲线。

（4）施釉

施釉有浸釉法、浇釉法和喷釉法。生产线上主要采用喷釉法。无论哪种方法，都要求厚度均匀，平整光滑，无釉裂。

（5）陶瓷材料的烧成

坯体经过成型及干燥过程后，颗粒间有很小的附着力，因而强度相当低，要使颗粒间相互结合以获得较高的强度，通常将坯体经高温烧成。陶瓷材料在烧成过程中，随着温度的升高，将发生一系列的物理化学变化。例如，材料的脱水和分解，材料之间反应生成新化合物，易熔物的熔融、主晶相形成并且重结晶等。随着温度的逐步升高，新生成的化合物量不断变化，液相的组成、数量及黏度也不断变化，坯体的气孔率逐渐降低，坯体逐渐致密，直至密度达到最大值，此种状态称为“烧结”。坯体在烧结时的温度称为“烧结温度”。

三、仪器设备

① 颚式破碎机，球磨机（包括瓷磨罐），电热干燥箱，高温炉，拉坯机，电子天平（感量万分之一、百分之一），比重杯，涂 4-黏度计，泥浆搅拌机，压滤机，练泥机等。

② 小磅秤，标准筛（80 目、250 目、350 目），试条模型，秒表，温度计，数显式游标卡尺，蒸发皿，塑料烧杯（1000mL、750mL、500mL），量筒等。

四、材料与试剂

① 材料：石英、长石、唐山紫木节、莱阳土、介休土、气刀土和焦宝石等。材料的化

学组成如表 3-10 所示。

② 试剂：碳酸钡、Na_2CO_3、水玻璃、PC67。

表 3-10 所用材料的化学组成 单位：%

材料	SiO_2	Al_2O_3	CaO	MgO	K_2O	Na_2O	Fe_2O_3	烧失量	合计
唐山紫木节	53.47	29.35	0.17	0.80	1.06		1.34	13.26	99.45
焦宝石	45.26	38.34	0.05	0.05	0.05	0.10	0.78	14.46	99.09
长石	73.65	14.77		0.48	6.25	3.92	0.34	0.44	99.85
莱阳土	72.29	17.42		0.31	4.49	0.28	0.34	3.85	98.98
石英	97.73	1.22	0.56	0.047				0.57	100.13
介休土	50.47	34.12		0.84			0.38	14.18	99.99
气刀土	47.94	35.34		0.48	2.75	0.22	1.78	11.42	99.93

五、实验任务要求

① 查阅参考文献，制订实验方案和计划。

② 完成各步实验，对实验内容要求的性能进行测试。

③ 用所学知识对数据记录与处理进行正确分析。

④ 以论文格式完成实验总结报告，提交样品一件。

六、实验操作

（1）坯料配方的设计与计算

查阅文献，参考经验配方，根据材料的化学组成，初步拟定基础配方，如表 3-11 所示。计算出坯料配方化学组成和坯式；每付配方按 3kg 总量计算出配料单，测定出材料的含水率，计算出实际配料单。

表 3-11 坯料配方组成

材料名称	唐山紫木节	长石	焦宝石	莱阳土	介休土	气刀土	石英	合计
配比/%	14.0	28.0	23.0	5.0	10.0	6.0	14.0	100.0

（2）配料

① 按实际配料单称量配料，然后加水，加水量按 50%左右计算。加入球石，可用鹅卵石或高铝石球，料球比为 1∶2，球石的级配为：大球∶中球∶小球＝（20%～25%）∶（30%～50%）∶（30%～50%）。加入 0.1%～0.2%的氯化钙或醋酸，可促使泥浆凝聚构成较粗的毛细管，从而提高压滤效率。

② 研磨 3.5h 后，检测细度。用水筛法测筛余，若过粗，再继续研磨，直到 0.063mm 筛筛余 0.1%～0.3%，同时调整浓度，浓度达到（356±2）g/200mL。

（3）坯料制备

① 细度和浓度达到要求后，出磨。同时过 80 目筛，放入塑料桶中备用。

② 将泥浆加温至 40～60℃，然后进行压滤脱水。一般压力为 0.78～1.18MPa。压滤初期不宜采用高压，防止滤布孔眼堵死。开始 15～30min 用较低压力（0.28～0.49MPa），然后再增至操作压力。共 30～60min。压滤后泥团的含水率要求在 21%～26%之间。

③ 练泥与陈腐：将泥团加入真空练泥机中练泥，陈腐一定时间，再二次练泥，以排除泥饼中的残留空气，提高泥料的致密度和可塑性。

（4）可塑成型与烧成

① 可塑成型：采用拉坯、滚压法成型，待制品干燥后修坯。

② 施釉：采用喷釉或者蘸釉方法给坯体施釉，釉层厚度为0.4～0.6mm。

③ 烧成：利用箱式电阻炉，采用合理的烧成工艺烧成制品。

(5) 性能测定

① 测定坯泥的可塑性：将练制好的坯泥取少许做成泥团，测其可塑性。

② 测定试条的干燥收缩率、烧成收缩率和总收缩率。

③ 测定坯料的干燥强度和烧后抗折强度。

④ 测定吸水率、气孔率和体积密度。

七、注意事项

① 设计坯料配方时，除考虑化学组成、矿物组成外，还要考虑工艺性能，以使初步确定的配方有一定的合理性。

② 用水筛法测泥浆细度时，应避免泥浆溅出筛外。

③ 测干燥强度时，试条从烘箱取出后应立即检测，否则试条吸湿，影响结果的准确性。

④ 湿坯体或试条用刀片修整时，要及时抹水，防止开裂。

八、思考题

① 泥料的塑性对陶瓷产品制造有何影响？如何调整？

② 泥浆的流动性对陶瓷产品的制造有何影响？如何调整？

③ 如何制订坯体的干燥制度及烧成制度？

实验五　陶瓷材料成型实验

一、实验目的

① 理解干压成型、等静压成型、热压铸成型、挤出成型及注射成型等工艺原理。

② 掌握这几种陶瓷成型的工艺过程及相关设备的操作。

③ 了解这几种成型方法对成型体性能的影响及各自的适用范围。

二、实验内容

成型是陶瓷生产中一道重要工序，直接影响陶瓷制品的各项性能及指标。主要介绍以下几种。

Ⅰ　干压成型

(1) 实验原理

陶瓷压制成型是将陶瓷粉料置入金属模具中，然后施加一定的压力，而制得所需要的形状、尺寸和致密度的坯体。压制粉料含水量低，对可塑性要求不高，但要求粉料有较好的结合性及流动性，可在已经磨得很细的粉料中添加黏结剂，并通过适当工艺制成流动性好的颗粒。这种颗粒是由多种具有一定尺寸范围的球状颗粒组成。

干压模具构造示意图，如图 3-4 所示。

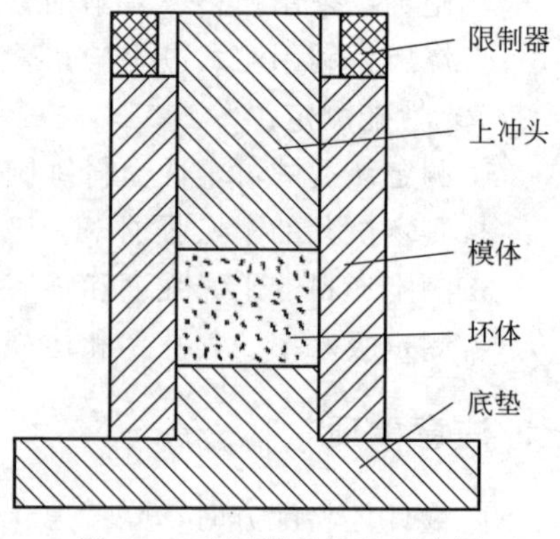

图 3-4　干压模具构造示意图

(2) 仪器设备及材料

粉料，769YP-24B 型粉末压片机，模具等。

(3) 实验步骤

① 在模腔内喷涂特效离型剂后，装配模具。

② 装料后盖上上冲头。

③ 顺时针旋开压力手柄，将装好料的模具放在压力台上，旋紧上丝杠。

④ 逆时针旋紧压力手柄，前后搬动压力杆，根据试样的要求，压到所需压力。

⑤ 顺时针松开压力手柄，旋松上丝杠，取下模具。

⑥ 脱模将试样取出，将模具擦干净，循环操作制备下一个试样。

Ⅱ　等静压成型

(1) 实验原理

陶瓷等静压成型是将较低压力下干压成型的坯体置于一弹性模具内密封，在高压容器中以液体为压力传递介质，使坯体均匀受压，得到的生坯密度高，均匀性好。冷等静压成型是利用液态、气体或弹性材料等作为传压介质，在三维方向对坯体进行压制的工艺。

等静压成型系统构造如图 3-5 所示。

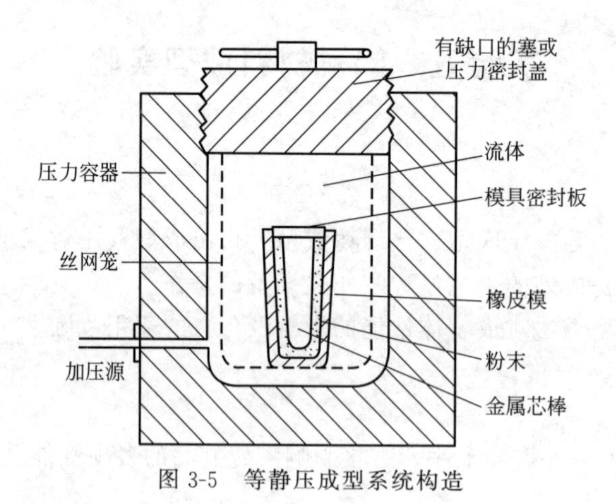

图 3-5　等静压成型系统构造

(2) 仪器设备及材料

粉料，HPT440 型等静压机，气泵等。

(3) 实验步骤

① 将预成型好的样品，用相应的包裹物包裹密封。

② 将试样放入盛料桶内后，放入压力容器中，拧紧容器上盖。

③ 将放压阀拧紧，关闭主机上的气动手柄，启动空气压缩机，待压力上升至 6 个大气压以上时，打开气动手柄，启动压力装置。

④ 待压力容器内的压力达到设定的工作压力时（不得大于 200MPa），关闭启动手柄，停止压力装置工作。

⑤ 根据保压时间长短，打开放压阀卸压。

⑥ 拧开压力容器上盖，取出样品。

Ⅲ 热压铸成型

（1）实验原理

陶瓷热压铸成型是在压力下将具有较好流动性的热浆料压入金属模内，并在压力的持续作用下充满整个金属模具，并在模中冷却凝固后除去压力，再脱模，即可获得所需要形状的坯体。这种成型方法借鉴了金属压铸成型的工艺思路，利用石蜡的高温流变特性，其成型的制品尺寸较准确，光洁度较高，结构致密，现已广泛地用于制造工业陶瓷产品。

热压铸机工作原理及构造如图 3-6 所示。

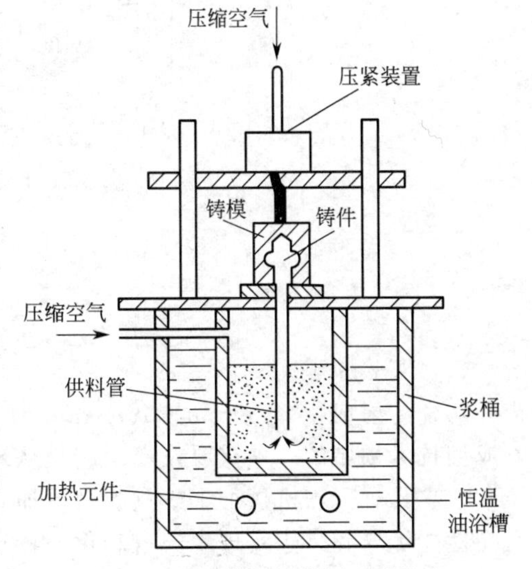

图 3-6 热压铸机工作原理及构造

（2）仪器设备

蜡饼，WMNK402 型热压铸机，气泵，镊子，刀具，模具及刷子等。

（3）实验操作

① 将蜡饼用木榔头砸碎后，放入化料锅中融化，且要不断地搅拌。料温控制在 50～70℃。

② 化好的蜡浆放入真空合蜡机中，再抽真空搅拌 15min，料温控制在 55～75℃。

③ 将蜡浆倒入热压铸机中，根据不同的器件，料温控制在 55～70℃，嘴温控制在 40～80℃。

④ 调整热压铸机上阀的高度，使其与模具的高度相适宜。

⑤ 根据器件大小、复杂程度调整注料时间。

Ⅳ 挤出成型

（1）实验原理

陶瓷挤制成型是可塑成型方法之一，但它对泥料的要求必须经过压滤、陈腐和真空练泥等工序。挤制成型是借鉴金属的挤压成型和轧制成型工艺，将具有符合要求的可塑性泥料装入挤制机的机桶内，通过挤制机的机嘴形成管状或棒状的陶瓷坯体。

挤制机机嘴的基本造构如图 3-7 所示。

（2）仪器设备及试样

C3220-3 型挤管机，切割刀等，塑性泥料。

（3）实验内容

按要求调整机嘴的尺寸；按挤制机筒内腔的尺寸切割泥料并装入挤制机机筒内；打开挤制机，按照管状或棒状的长短尺寸进行切割。

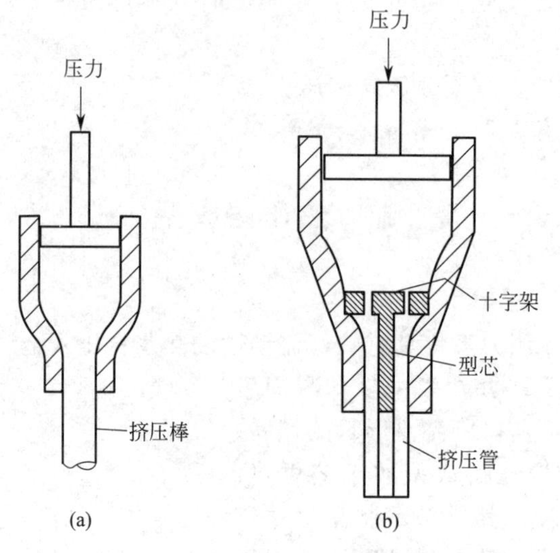

图 3-7　挤制机机嘴的基本构造

V　注射成型

（1）实验原理

陶瓷注射成型（Ceramics Injection Molding，简称 CIM）技术（图 3-8），是近代粉末注射成型技术领域的一项重要技术。它是从现代粉末注射成型技术中发展起来的一项新型成型技术，它具有无需机械加工或只需微量加工、产品尺寸精度高、一次性成型复杂形状制品、产品性能优异和易于实现生产自动化的特点，该技术弥补了传统粉末注射成型工艺的不足。

陶瓷注射成型主要包括四个步骤：①混料，将陶瓷粉末与有机黏结剂定时均匀混炼，得到喂料；②注射成型，把喂料加热至流动性强的情况下，将其加压注入模腔，注射入模具，之后冷却固化成型；③脱脂，将成型坯件中的有机黏结剂用物理化学方法脱去；④烧结，高温使坯件致密化。

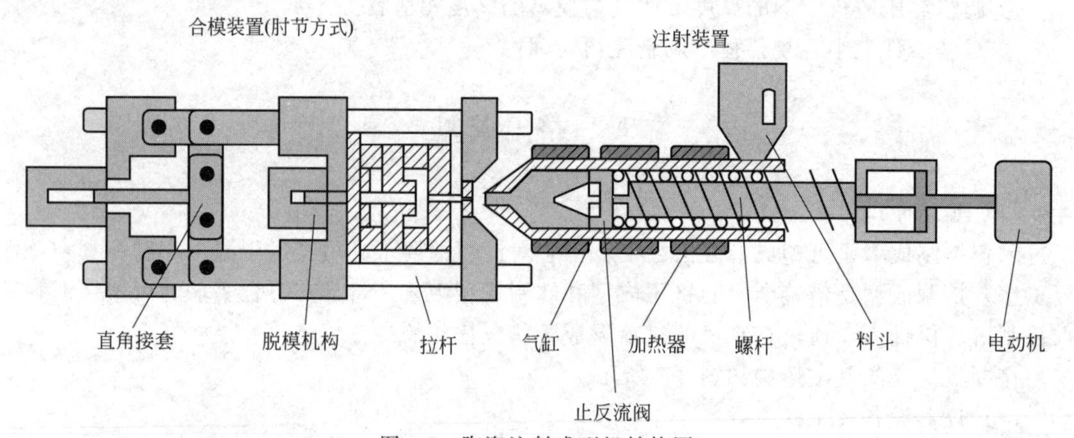

图 3-8　陶瓷注射成型机结构图

（2）仪器设备及试样

HTF86X2 塑料注射成型机，HYL-1L 实验型精密捏合机。

（3）实验内容

① 开机预热。

② 采用注射喂料方式装入注射成型机。

③ 在实验教师的指导下调整注射成型机的五段料温（不同制品和材料体系成型温度会有比较大的区别）。

④ 调整压力制度。

⑤ 采用手动成型，完成一件制品的成型工作。

三、实验任务要求

① 查阅参考文献，制订实验方案和计划。

② 完成各步实验，按实验内容要求成型制品。

③ 对成型体的缺陷进行分析，并提出合理的解决措施。

④ 完成实验报告，可将成型体图片粘在报告中。

四、思考题

① 干压成型对成型体性能的影响有哪些？

② 简述干压、热压铸成型，等静压成型，挤出成型和注射成型工艺的特点，各自适用制备什么样的制品。

实验六　水泥基本性能实验

一、实验目的

① 掌握水泥的密度、细度、标准稠度用水量、凝结时间、安定性、胶砂流动度和强度等一般性能的测定方法，对水泥性能测定有一个全面的了解。

② 掌握所用设备的工作原理，并熟练掌握其使用方法。

③ 掌握细度的几种不同的测定方法，并对结果进行分析，从中深刻理解这几种方法的具体应用。

二、基本原理

通过水泥实验检验水泥质量和测定水泥物理机械性能指标，为配合比设计提供原始数据。同时评定水泥质量，不合格水泥不能使用。

(1) 密度测定

根据阿基米德原理，水泥的体积等于它所排开的液体（无水煤油，能充分地浸透水泥颗粒）体积，从而算出水泥单位体积的质量，即为密度。

(2) 细度测定

水泥细度直接影响水泥的凝结时间、强度、水化热等技术性质，因此测定水泥的细度是否达到规范要求，对工程具有重要意义。水泥细度的检测方法有：负压筛法、水筛法、干筛法。水泥细度以0.08mm方孔筛上筛余物的质量占试样原始质量的百分数表示，并以一次的测定值作为数据记录与处理。如果有争议，以负压筛法为准。

① 比表面积的测定。根据一定量的空气通过具有一定孔隙和固定厚度的水泥层时，所

受阻力不同而引起流速的变化来测定水泥的比表面积，所受阻力与孔隙的大小和数量成一定的函数关系，孔隙的大小和数量与颗粒大小成一定函数关系。

② 筛余量测定。用 80μm 方孔筛对水泥试样进行筛析，用筛网上所得筛余物的质量占试样原始质量的百分数来表示水泥样品的细度。

③ 激光粒度测定。激光在行进中遇到微小颗粒时，将发生散射现象。颗粒越大，散射角越小；颗粒越小，则散射角越大。利用激光粒度分析仪测得散射光的分布情况，就可以推算水泥颗粒的大小和组成。

(3) 水泥标准稠度用水量实验

水泥标准稠度用水量以水泥净浆达到规定的稀稠程度时的用水量占水泥用量的百分数表示。水泥浆的稀稠对水泥的凝结时间、体积安定性等技术性质的实验影响很大。检测方法分调整水量法和固定水量法两种。发生争议时以前者为准。水泥净浆对标准试杆（或试锥）的沉入具有一定的阻力，当一定重量的标准试杆（或试锥）在水泥净浆中沉落时，其下沉深度达到规定值时，水泥的标准稠度就确定了。

(4) 凝结时间测定

当试针在不同凝结程度的净浆中自由沉落时，试针下沉深度随凝结程度提高而减小。水泥凝结时间以试针沉入水泥标准稠度净浆至一定深度所需的时间表示。水泥凝结时间有初凝和终凝之分。初凝时间是指从加水到水泥净浆开始失去塑性的时间；终凝时间是指从加水到水泥净浆完全失去塑性的时间。

(5) 安定性测定

水泥中 f-CaO（游离氧化钙）的水化速度随温度的升高而加快。预养后的水泥净浆试样经 3h 连续沸煮后，绝大部分 f-CaO 已经水化，由于 f-CaO 水化产生的体积膨胀对水泥安定性的影响也已充分体现。体积膨胀程度可用雷氏法和试饼法进行检验。

(6) 胶砂流动度测定

通过测量一定配比的水泥胶砂在规定振动状态下的扩展范围来衡量其流动性。以胶砂在跳桌上按规定进行跳动试验后，底部扩散直径的毫米数表示。

(7) 强度测定

通过测量标准试件各龄期的抗折、抗压强度，确定水泥强度等级。

三、仪器设备

(1) 密度测定

李氏瓶，无水煤油，恒温水槽，天平（最小分度值 0.001g）。

(2) 细度测定

① 比表面积测定。Baine（勃氏）透气仪一台，计时秒表，滤纸（中速定量），烘干箱，天平（最小分度值 0.001g），基准材料，标准试样。

② 筛余量测定。80μm 负压筛，负压筛析仪，天平（最小分度值 0.001g）。

(3) 标准稠度用水量测定

NJ-160 型水泥净浆搅拌机，维卡仪，试锥，锥模，量水器，天平（最小分度值 0.001g）。

(4) 凝结时间测定

NJ-160 型水泥净浆搅拌机，维卡仪，试针，试模，玻璃板，湿气养护箱。

(5) 安定性测定

NJ-160 型水泥净浆搅拌机，沸煮箱，玻璃板，湿气养护箱。

（6）胶砂流动度测定

JJ-5 行星式水泥胶砂搅拌机（图 3-9），NLD-2 型水泥胶砂流动度测定仪（图 3-10），截锥圆模，模套，捣棒，卡尺，小刀，天平（最小分度值 0.001g）。

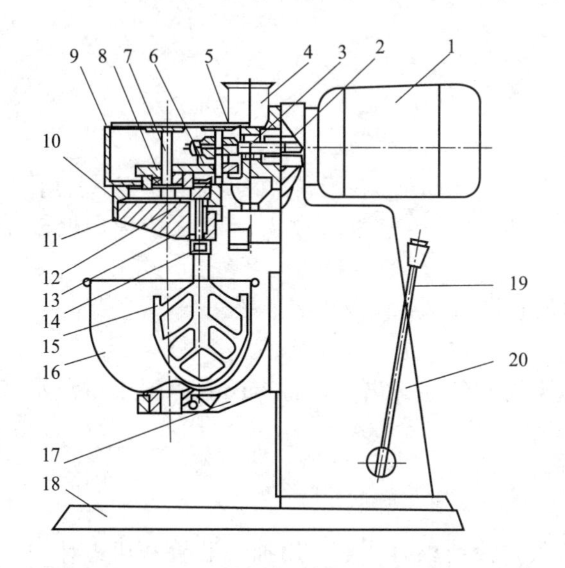

图 3-9　水泥胶砂搅拌机

1—电机；2—联轴套；3—蜗杆；4—砂罐；5—传动箱盖；6—齿轮；7—主轴；8—齿轮；9—传动箱；10—内齿轮；11—偏心座；12—行星齿轮；13—搅拌叶轴；14—调节螺母；15—搅拌叶；16—搅拌锅；17—支座；18—底座；19—手柄；20—立柱

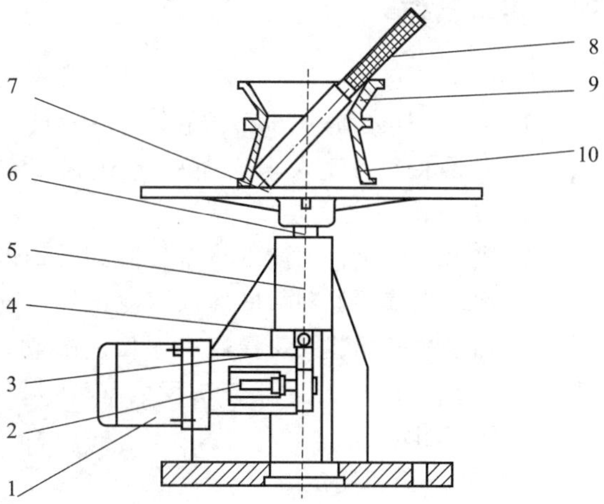

图 3-10　水泥胶砂流动度测定仪

1—电机；2—接近开关；3—凸轮；4—滑轮；5—机架；6—推杆；7—圆盘桌面；8—捣棒；9—模套；10—截锥圆模

（7）强度测定

JJ-5 行星式水泥胶砂搅拌机，水泥胶砂试体成型振实台，水泥胶砂标准试模，水泥标准抗压模具，电动抗折实验机，压力实验机，养护箱。

水泥胶砂试体成型振实台应安装在高度约 400mm 的混凝土基座上。混凝土体积约为 0.25 m^3，重约 600kg。需防外部振动影响振实效果时，可在整个混凝土基座下放一层厚约 5mm 天然橡胶弹性衬垫。将仪器用地脚螺丝固定在基座上，安装后设备成水平状态，仪器底座与基座之间要铺一层砂浆以保证它们的完全接触。

水泥胶砂标准试模由三个水平的模槽组成，可同时成型三条截面为 40mm×40mm、长 160mm 的棱形试体。当试模的任何一个公差超过规定的要求时，就应更换。在组装备用的干净模型时，应用黄干油等密封材料涂覆模型的外接缝。试模的内表面应涂上一薄层模型油或机油。成型操作时，应在试模上面加一个壁高 20mm 的金属模套，当从上往下看时，模套壁与模型内壁应该重叠，超出内壁不应大于 1 mm。

抗折强度试验机应符合 JC/T 724 的要求。通过三根圆柱轴的三个竖向平面应该平行，并在试验时继续保持平行和等距离垂直试体的方向，其中一根支撑圆柱和加荷圆柱能轻微地倾斜使圆柱与试体完全接触，以便荷载沿试体宽度方向均匀分布，同时不产生任何扭转应力。抗折强度也可用抗压强度试验机来测定，此时应使用符合上述规定的夹具。

抗压强度试验机在较大的五分之四量程范围内使用时，记录的荷载应有±1%精度，并具有按 2400N/s±200N/s 速率的加荷能力，应有一个能指示试件破坏时荷载并把它保持到试验机卸荷以后的指示器，可以用表盘里的峰值指针或显示器来达到。人工操纵的试验机应配有一个速度动态装置以便于控制荷载的增加。

抗压强度试验机用夹具：当需要使用夹具时，应把它放在压力机的上下压板之间，并与压力机处于同一轴线，以便将压力机的荷载传递至胶砂试件表面。夹具应符合 JC/T 683—2005 的要求，受压面积为 40mm×40mm。

四、实验操作

1. 密度测定

① 水泥试样先通过 90μm 方孔筛，在 (110±5)℃下干燥 1h，在干燥器内冷却至室温，待用。

② 将无水煤油注入李氏瓶中至 0 到 1mL 刻度线，盖上瓶塞放入恒温水槽内，恒温 30min，记下第一次读数 V_1。

③ 取出李氏瓶，用滤纸将李氏瓶细长颈内没有煤油的部分仔细擦干净。

④ 称取步骤①处理后的干燥水泥试样 60g (m)，称准至 0.01g。

⑤ 将水泥试样装入李氏瓶中，反复摇动，至没有气泡排出，再将李氏瓶静置于恒温水槽中，恒温 30min，记下第二次读数 V_2。

2. 细度测定

(1) 比表面积测定

① 漏气检查。将透气圆筒上口用橡皮塞塞紧，接到压力计上。用抽气装置从压力计一臂中抽出部分气体，然后关闭阀门，观察是否漏气。如发现漏气，可用活塞油脂密封。

② 确定试样量。试样量按式 (3-1) 计算：

$$m=\rho V(1-\varepsilon) \tag{3-1}$$

式中，m 为需要的试样量，g；ρ 为试样密度，g/cm^3；V 为试料层体积，cm^3；ε 为试料层空隙率。

PⅠ、PⅡ型水泥的空隙率采用 0.500±0.005，其他水泥的空隙率选用 0.530±0.005。

③ 试样层制备。将穿孔板放入透气圆筒的凸缘上，用捣棒把一片滤纸放到穿孔板上，边缘放平并压紧，称取稳定的试样量精确到 0.001g，倒入圆筒。轻敲圆筒的边，使水泥层表面平坦。再放入一片滤纸，用捣器均匀捣实试料，使捣器的支持环与圆筒顶边接触，并旋转 1～2 圈，慢慢取出捣器。

穿孔板上的滤纸为厚 12.7mm、边缘光滑的圆形滤纸片。每次测定需用新的滤纸。

④ 透气试验。把装有试料层的透气圆筒下锥面涂一薄层活塞油脂，然后把它插入压力计顶端锥型磨口处，旋转 1～2 圈。要保证不透气，并不振动所制备的试料层。

⑤ 打开微型电磁泵，慢慢从压力计一臂中抽出空气，或人工抽吸，直到压力计内液面上升到扩大部下端时关闭闸门。当压力计内液体的凹面下降到第一条刻线时开始计时，当液面凹面下降到第二条刻线时停止计时，记录液面从第一条刻线到第二条刻线所需的时间。以秒表记录，并记下实验时的温度。

(2) 水泥细度测定 (负压筛法)

① 筛析试验前，应把负压筛放在筛座上，盖上筛盖，接通电源，检查控制系统，调节负压至 4000～6000Pa 范围内。

② 称取试样 25g，置于洁净的负压筛中，盖上筛盖，放在筛座上，开动筛析仪连续筛析 2min，在此期间如有试样附着在筛盖上，可轻轻敲击使试样落下。筛毕，用天平称量筛余物。

③ 当工作负压小于 4000Pa 时，应清理吸尘器内水泥，使负压恢复正常。

④ 称量筛余物。

3. 标准稠度用水量测定

(1) 标准法

① 试验前准备好搅拌机、维卡仪，维卡仪滑动杆应能自由滑动，试杆接触玻璃板时，指针应对准零点。

② 水泥净浆搅拌锅和搅拌叶片需先用湿布擦过，将拌和水倒入搅拌锅内，然后在5～10s内将称好的500g水泥试样置于搅拌锅内。拌和时先将锅放到搅拌机锅座上，升至搅拌位置，开动机器，低速搅拌120s，停拌15s，接着快速搅拌120s后停机。

③ 拌和完毕，立即将水泥净浆一次装入已置于玻璃底板的试模中，浆体超过试模上端，用宽25mm的直边刀轻轻拍打超出试模的浆体，以排除将体内的孔隙，刮去多余净浆（注意不要压实净浆）抹平后，迅速将试模和底板移动到维卡仪上，并将其中心定在试杆下。将试杆降至与水泥净浆表面接触，拧紧螺丝1～2s后，然后突然放松，让试杆垂直自由沉入水泥净浆中。到试杆停止下沉或释放试杆30s时，记录试杆距底板之间的距离，升起试杆后，立即擦净。整个操作应在搅拌后1.5min内完成。以标准试杆沉入净浆并距底板6mm±1mm时的水泥净浆为标准稠度净浆。其拌和水量即为该水泥的标准稠度用水量（P），按水泥质量百分比计。

(2) 代用法

① 将称量好的500g水泥试样，倒入平底搅拌锅内。

② 拌和用水量的确定。采用调整用水量方法时，按经验确定；采用不变用水量方法时的用水量为142.5mL，精确至0.5mL。

③ 将搅拌锅放到搅拌机锅座上，升至搅拌位置，开动机器，同时徐徐加入拌和水，慢速搅拌120s，停拌15s，接着快速搅拌120s后停机。

④ 拌和完毕，立即将净浆一次装入锥模中，用小刀插捣5次，并振动5次，刮去多余净浆，抹平后迅速将其放到试锥下面的固定位置上。将试锥降至净浆表面，拧紧螺丝，然后突然放松，让试锥自由沉入净浆中，当试锥停止下沉时，记录试锥下沉深度。整个操作过程应在搅拌后1.5min内完成。

4. 凝结时间测定

① 在试模内侧涂上一层机油后放在涂油的玻璃板上，调整维卡仪的试针接触玻璃板时，指针对准标尺70mm处。

② 将标准稠度净浆一次装入试模，振动数次除净气泡，刮平，放入湿气养护箱内养护。记录水泥全部加入水中的时间作为凝结时间的起始时间。

③ 养护30min时，进行第一次测定。测定时，使试针与净浆面接触，拧紧螺丝1～2s后突然放松，试针垂直自由落入净浆，观察指针读数，当试针沉至距底板（4±1）mm时，水泥达到初凝，水泥从加水至初凝的时间为水泥的初凝时间，用min表示。

④ 在完成初凝时间测定后，立即将试模连同浆体以平移的方式从玻璃板上取下，翻转180°，直径大端向上、小端向下放在玻璃板上，继续养护。临近终凝时，每隔15min测定一次。为了准确观测试针沉入状况，在终凝针上安装个环形。当试针沉入净浆0.5mm时，水泥达到终凝状态，水泥全部加入水中至终凝状态的时间为水泥的初凝时间，用min表示。

5. 安定性测定（试饼法）

① 在玻璃板上涂上一层机油。

② 将制好的标准稠度净浆成球后放在玻璃板上，轻轻振动玻璃板，使其成直径70～80mm、中心厚约10mm、边缘渐薄、表面光滑的试饼，放入湿气养护箱内养护24h±2h。

③ 脱去玻璃板取下试饼，检查试饼是否完整，在试饼无缺陷的情况下，将试饼放在沸煮箱的水中篦板上，恒温沸煮 3h±5min。

④ 结果判断。目测看有无裂缝，用钢直尺检查是否弯曲（使钢直尺和试饼底部紧靠，以两者间不透光为不弯曲）。

6. 水泥胶砂流动度测定

① 跳桌在 24h 内未被使用，在实验前先空跳一个周期（25 次）。

② 胶砂制备。将称量好的拌和水倒入砂浆搅拌锅内，再加入水泥，把锅放到搅拌机固定架上，升至固定位置。然后开动机器，低速搅拌 30s 后，在第二个 30s 开始的同时均匀地将砂子加入，接着高速搅拌 30s。之后停拌 90s，在停拌期间，第 1 个 15s 内用胶皮刮具将叶片和锅壁上的胶砂刮入锅中间。在高速下继续搅拌 60s。

③ 在制备胶砂的同时，用潮湿棉布擦拭跳桌台面、试模内壁、捣棒以及与胶砂接触的用具，将试模放在跳桌台面中央，并用潮湿棉布覆盖。

④ 将拌好的胶砂分两层迅速装入流动试模，第一层装至截锥圆模高度约 2/3 处，用小刀在相互垂直的两个方向各划 5 次，用捣棒由边缘至中心均匀捣压 15 次，捣压深度为胶砂高度的 1/2，如图 3-11 所示。随后，装第二层胶砂，装至高出截锥圆模约 20mm，用小刀划 5 次，再用捣棒由边缘至中心均匀捣压 10 次，如图 3-12 所示。第二层捣压深度不超过已捣实层表面。装胶砂和捣压时，用手扶稳试模，不要使其移动。

⑤ 捣压完毕，取下模套，用小刀由中间向边缘分两次以近水平的角度将高出截锥圆模的胶砂抹去，并擦去落在桌面上的胶砂。将截锥圆模垂直向上轻轻提起。立刻开动跳桌，约每秒钟 1 次的频率，在（25±1）s 内完成 25 次跳动。

⑥ 跳动完毕，用卡尺测量胶砂底面互相垂直的两个方向的直径，计算平均值，取整数，用 mm 为单位表示，即为该水量的水泥胶砂流动度。

⑦ 流动度试验，从胶砂拌和加水开始到测量扩散直径结束，应在 6min 内完成。

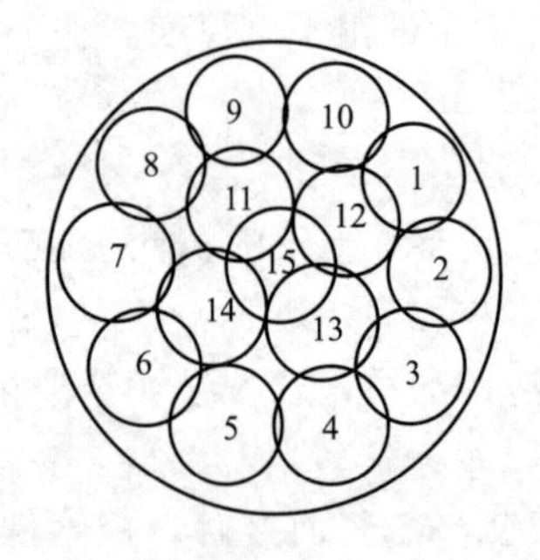

图 3-11　捣压 15 次

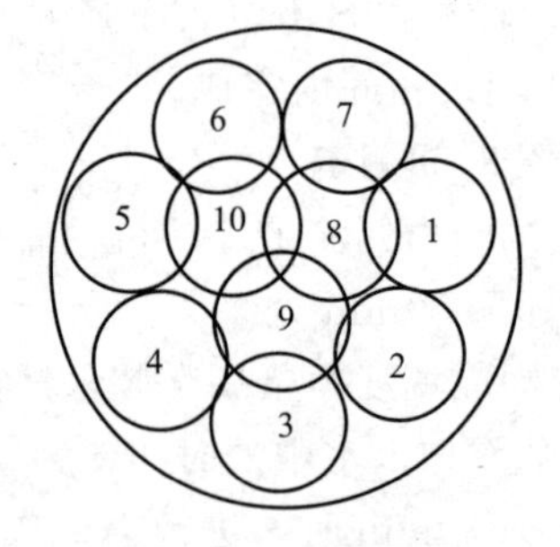

图 3-12　捣压 10 次

7. 强度测定

本方法为 40mm×40mm×160mm 棱柱试体的水泥抗压强度和抗折强度制定。试体是由按质量计的一份水泥、三份中国 ISO 标准砂、用 0.5 的水灰比拌制的一组塑性胶砂制成。胶砂用行星搅拌机搅拌，在振实台上成型。试体和模一起在湿气中养护 24h，然后脱模在水中养护至强度试验。

① 搅拌。把（225±1）g 水，（450±2）g 水泥加入搅拌锅内，开动搅拌机，低速搅拌 30s，在第二个 30s 开始时将标准砂（1350g）均匀加入（当各级砂是分装时，从最粗粒级开始，依次将所需的每级砂量加完）。把机器转至高速再拌 30s。停拌 90s，在停拌的第 1 个 15s 内用一胶皮刮具将叶片和锅壁上的胶砂刮入锅中间。在高速下继续搅拌 60s。各个搅拌

阶段，时间误差应在±1s以内。

② 试体成型。胶砂制备后立即进行成型。将空试模和模套固定在振实台上，用一个适当勺子直接从搅拌锅里将胶砂分二层装入试模。装第一层时，每个槽里约放300g胶砂，用大播料器垂直架在模套顶部沿每个模槽来回一次将料层播平，接着振实60次。再装入第二层胶砂，用小播料器播平，再振实60次。移走模套，从振实台上取下试模，用一金属直尺以近似90°的角度架在试模模顶的一端，然后沿试模长度方向以横向锯割动作慢慢向另一端移动，一次将超过试模部分的胶砂刮去，并用同一直尺以近乎水平的角度将试体表面抹平。在试模上作标记或加字条标明试件编号和试件相对于振实台的位置。

③ 试件的养护。脱模前去掉留在模子四周的胶砂。立即将作好标记的试模放入雾室或湿箱的水平架子上养护，湿空气应能与试模各边接触。养护时不应将试模放在其他试模上。一直养护到规定的脱模时间时取出脱模。脱模前，用防水墨汁或颜料笔对试体进行编号和做其他标记。二个龄期以上的试体，在编号时应将同一试模中的三条试体分在二个以上龄期内。

脱模应非常小心。对于24h龄期的，应在破型试验前20min内脱模。对于24h以上龄期的，应在成型后20～24h之间脱模。

已确定作为24h龄期试验（或其他不下水直接做试验）的已脱模试体，应用湿布覆盖至做试验时为止。

将做好标记的试件立即水平或竖直放在20℃±1℃水中养护，水平放置时刮平面应朝上。

试件放在不易腐烂的篦子上，并彼此间保持一定间距，以让水与试件的六个面接触。养护期间试件之间间隔或试体上表面的水深不得小于5mm。

④ 强度测定。试体龄期是从水泥加水搅拌开始试验时算起。不同龄期强度试验在下列时间内完成：24 h±15min；48 h±30 min；72 h±45 min；7 d±2 h；28 d±8 h。

在折断后的棱柱体上进行抗压试验，受压面是试体成型时的两个侧面，规格为40mm×40mm。

ⅰ. 抗折强度测定　将试体一个侧面放在试验机支撑圆柱上，试体长轴垂直于支撑圆柱，通过加荷圆柱以50N/s±10N/s的速率均匀地将荷载垂直地加在棱柱体相对侧面上，直至折断。保持两个半截棱柱体处于潮湿状态直至抗压试验。

ⅱ. 抗压强度测定　抗压强度试验在半截棱柱体的侧面上进行。半截棱柱体中心与压力机压板受压中心差应在±0.5mm内，棱柱体露在压板外的部分约有10mm。在整个加荷过程中以2400N/s±200N/s的速率均匀地加荷直至破坏。

五、数据记录与处理

1. 密度测定

① 第二次读数 V_2 减去第一次读数 V_1 即为水泥体积 V（mL）。

② 水泥密度 ρ（g/cm^3）按式（3-2）计算：

$$\rho=\frac{m}{V} \tag{3-2}$$

式中，ρ 为水泥密度，g/cm^3；m 为水泥质量，g；V 为水泥体积，cm^3。

试验结果取两次测定结果的算术平均值，两次测定结果之差不超过0.02g/cm^3，结果取到0.01g/cm^3。

2. 细度测定

(1) 比表面积测定

当被测试样与标准样品的密度不同而层中孔隙率相同，试验时温差≤±3℃时，比表面积按式（3-3）计算：

$$S=\frac{S_S\sqrt{T}}{\sqrt{T_S}} \tag{3-3}$$

式中，S 为被测试样的比表面积，cm^2/g；S_S 为标准试样的比表面积，cm^2/g；T 为被测试样试验时，压力计中液面降落测得的时间，s；T_S 为标准试样试验时，压力计中液面降落测得的时间，s；ρ 为被测试样的密度，g/cm^3；ρ_s 为标准试样的密度，g/cm^3。

(2) 筛余量测定

水泥试样筛余百分数按式（3-4）计算：

$$F=\frac{R_s}{W}\times 100 \tag{3-4}$$

式中，F 为水泥试样的筛余百分数，%；R_s 为水泥筛余物的质量，g；W 为水泥试样的质量，g。结果计算至0.1%。

3. 标准稠度用水量测定

① 用调整用水量方法时结果的确定。以试锥下沉深度为（30±1）mm时的净浆为标准稠度净浆，此拌和用水量即为水泥的标准稠度用水量（P），按水泥质量的百分比计。如超出此范围，须另称试样，调整用水量，重做试验，直至试锥下沉深度为（30±1）mm时为止。

②用不变用水量方法时结果的确定。根据测得的试锥下沉深度 h（mm），按式（3-5）的经验公式计算标准稠度用水量 P（%）：

$$P=33.4-0.185h \tag{3-5}$$

标准稠度用水量可用调整用水量和不变用水量中任一方法测定，如二者结果发生矛盾时以调整用水量法为准。

4. 凝结时间测定

记录。初凝时间：________________；终凝时间：________________。

5. 安定性测定

目测无裂纹，用直尺检验试饼底部平整，则安定性合格。

6. 胶砂流动度测定

跳动完毕，用卡尺测量胶砂底面互相垂直的两个方向的直径，计算平均值，取整数，用mm为单位表示，即为该水量的水泥胶砂流动度。

7. 强度测定

(1) 抗折强度

以一组3个棱柱体的抗折结果的平均值作为试验结果。当三个强度值中有超出平均值±10%时，应剔除后再取平均值作为抗折强度试验结果，见表3-12。

表 3-12　各龄期强度

试样	组别	抗压强度/MPa		抗折强度/MPa	
		3d	28d	3d	28d
试样1	A				
	B				

续表

试样	组别	抗压强度/MPa		抗折强度/MPa	
		3d	28d	3d	28d
试样 2	A				
	B				
试样 3	A				
	B				
平均值					

(2) 抗压强度

以一组 3 个棱柱体上得到的六个抗压强度测定值的算术平均值为试验结果。如六个测定值中有一个超出六个平均值的±10%，就剔除这个结果，而以剩下五个平均数为结果。如果五个测定值中再有超过它们平均值数（±10%）的，则此组结果作废。

水泥抗压强度按式（3-6）计算：

$$R_c=\frac{F_c}{A} \tag{3-6}$$

式中，R_c 为水泥抗压强度，MPa；F_c 为试体破坏时最大荷载，N；A 为试体受压部分的面积，mm^2。

六、思考题

试分析水泥凝结时间与水泥强度的影响因素有哪些。

实验七　外加剂综合性能分析

矿物外加剂综合性能分析

一、实验目的

① 掌握粉煤灰活性的实验方法。

② 了解粉煤灰的性能。

二、实验原理

矿物外加剂是在混凝土搅拌过程中加入的、具有一定细度和活性的、用于改善新拌混凝土和硬化混凝土性能（特别是混凝土耐久性）的某些矿物类产品。

矿物外加剂（代号 MA）按照其矿物组成分为五类：磨细矿渣（S）、粉煤灰（FA）、磨细天然沸石（Z）、硅灰（SF）及偏高岭土（MK）。其中磨细矿渣和粉煤灰的生产应用比较广泛。硅灰作为矿物外加剂配制高强、超高强混凝土，掺量为水泥的 5%～15%；矿渣微粉作为矿物外加剂等量替代水泥 20%～60%，配制高强、超高强大流动度，高耐久性混凝土。上述矿物外加剂的作用效果为：改善混凝土力学性能；改善混凝土流变性；改善混凝土耐久性。

为了确保矿物外加剂混凝土具有良好的物理力学性能，宜根据矿物外加剂特性选用化学外加剂。矿物外加剂具有较高的比表面积，往往会使混凝土黏度增大，因此应选择合适的化学外加剂以调整混凝土的黏度，确保混凝土具有良好的泵送性。大掺量矿物外加剂混凝土早期强度较低，可通过调整矿物外加剂的组成，改善其早期强度，宜选用早强型化学外加剂。矿物外加剂对水化产物 Ca（$OH)_2$ 数量、尺寸及空间分布排列的影响，均有利于界面黏结强度的改善。因此掺矿物外加剂的混凝土抗压和抗折强度有显著改善，观察矿物外加剂混凝土试件的破坏断口，可以看到断裂界面大部分是石子，浆体-集料界面不是主要破坏界面。因此选用高强度的骨料，有望配出超高强混凝土。

三、仪器设备

JJ-5 行星式水泥胶砂搅拌机，NLD-2 型水泥胶砂流动度测定仪，截锥圆模，模套，捣棒，卡尺，小刀，天平（最小分度值 0.01g），水泥胶砂试体成型振实台，水泥胶砂标准试模，水泥标准抗压模具，压力实验机，养护箱，烘箱。

四、实验操作

（1）矿物外加剂含水率测定方法

① 称取矿物外加剂试样约 50g，准确至 0.01g，倒入蒸发皿中。

② 将烘干箱温度调整并控制在 105～110℃。

③ 将矿物外加剂试样放入烘干箱内烘干至恒重，取出后放在干燥器中冷却至室温后称量，准确至 0.01g。

（2）矿物外加剂胶砂需水量比及活性指数的测定方法

① 胶砂配比。粉煤灰胶砂强度配比见表 3-13，活性指数胶砂配比见表 3-14。

表 3-13　粉煤灰胶砂强度配比　　单位：g

材料	基准胶砂	受检胶砂			
		磨细矿渣	粉煤灰	磨细天然沸石	硅灰
基准水泥	450	225	315	405	405
矿物外加剂	—	225	135	45	45
标准砂	1350	1350	1350	1350	1350
水	225	使受检胶砂流动度达基准胶砂流动度值(±5mm)			

表 3-14　活性指数胶砂配比　　单位：g

材料	基准胶砂	受检胶砂			
		磨细矿渣	粉煤灰	磨细天然沸石	硅灰
基准水泥	450	225	315	405	405
矿物外加剂	—	225	135	45	45
标准砂	1350	1350	1350	1350	1350
水	225	225	225	225	225

② 胶砂搅拌。把水加入搅拌锅里，再加入预先混合均匀的水泥、化学外加剂和矿物外加剂，把锅放置在固定架上，上升至固定位置，然后进行搅拌。开动搅拌机，首先低速搅拌 30s，在第二个 30s 开始的同时将标准砂（1350g）均匀加入，在高速搅拌 30s 后，停拌 90s，在停拌后的第一个 15s 内用一个胶皮刮具将叶片和锅壁上的胶砂刮入锅中间，在高速下继续搅拌 60s。各个搅拌阶段，时间误差应在±1s 以内。

③ 试件的龄期是从水泥加水搅拌开始实验时算起，不同龄期强度试验在下列时间里进行：7d，28d。

五、数据记录及处理

(1) 矿物外加剂含水率

矿物外加剂含水率按式（3-7）计算，计算结果精确至0.1%：

$$w=\frac{m_1-m_2}{m_1}\times 100\% \tag{3-7}$$

式中，w 为矿物外加剂含水率，%；m_1 为烘干前试样的质量，g；m_2 为烘干后试样的质量，g。

(2) 需水量比

相应矿物外加剂的需水量比，按式（3-8）计算，计算结果精确至1%：

$$Y_W=\frac{W_t}{225}\times 100\% \tag{3-8}$$

式中，Y_W 为受检胶砂的需水量比，%；W_t 为受检胶砂的用水量，g；225为基准胶砂的用水量，g。

(3) 矿物外加剂活性指数

按式（3-9）计算：

$$A=(R_t/R_0)\times 100\% \tag{3-9}$$

式中，A 为矿物外加剂活性指数，%；R_t 为受检胶砂相应龄期的抗压强度，MPa；R_0 为基准胶砂相应龄期的抗压强度，MPa。

(4) 实验记录

实验记录见表3-15。

表3-15 矿物外加剂胶砂强度

胶砂种类	基准胶砂	受检胶砂
胶砂强度/MPa		

化学外加剂综合性能分析

一、试验目的

测定减水剂的减水率。

二、实验原理

减水剂是一种在维持混凝土坍落度基本不变的条件下，能减少拌和用水量的混凝土外加剂，大多属于阴离子表面活性剂，有木质素磺酸盐、萘磺酸盐甲醛聚合物等。加入的混凝土拌和物对水泥颗粒有分散作用，能改善其工作性，减少单位用水量，改善混凝土拌和物的流动性；或减少单位水泥用量，节约水泥。

水泥加水拌和后，由于水泥颗粒的水化作用，水泥颗粒表明形成双电层结构，使之形成溶剂化水膜，且水泥颗粒表面带有异性电荷使水泥颗粒间产生缔合作用，使水泥浆形成絮凝结构，使10%～30%的拌和水被包裹在水泥颗粒之中，不能参与自由流动和润滑作用，从而影响了混凝土拌和物的流动性。当加入减水剂后，由于减水剂分子能定向吸附于水泥颗粒表面，使水泥颗粒表面带有同一种电荷（通常为负电荷），形成静电排斥作用，促使水泥颗粒相互分散，絮凝结构解体，释放出被包裹部分的水，参与流动，从而有效地增加混凝土拌和物的流动性；减水剂中的亲水基极性很强，因此水泥颗粒表面的减水剂吸附膜能与水分子形成一层稳定的溶剂化水膜，这层水膜具有很好的润滑作用，能有效降低水泥颗粒间的滑动阻力，从而使混凝土流动性进一步提高。

三、仪器设备

混凝土搅拌机，坍落度筒，电子秤。

四、实验操作

（1）配合比

基准混凝土配合比按普通混凝土（JGJ 55—2011）进行设计。掺非引气型外加剂混凝土和基准混凝土的水泥、砂、石的比例不变。配合比设计应符合以下规定。

① 水泥用量：采用卵石时，（310±5）kg/m^3。

② 砂率：基准混凝土和掺外加剂的混凝土的砂率均为36%～40%。但掺引气减水剂和引气剂的混凝土砂率应比基准混凝土低1%～3%。

（2）混凝土搅拌

采用60L自落式混凝土搅拌机，全部材料及外加剂一次投入，拌和量应不少于15L，不大于45L，搅拌3min，出料后在铁板上经人工翻拌2～3次再行试验。各种混凝土材料及试验环境温度均应保持在（20±3)℃。

（3）减水率测定

① 按基准配合比拌制基准混凝土。

② 控制用水量，测定基准混凝土的坍落度。使基准混凝土的坍落度达（80±10）mm，记录此时的单位用水量 m_0。

③ 按掺减水剂混凝土配合比拌制基准混凝土。

④ 控制用水量，测定掺减水剂混凝土的坍落度，使掺减水剂混凝土的坍落度达（80±10）mm，记录此时的单位用水量 m_1。

五、数据记录与处理

① 减水率为坍落度基本相同时基准混凝土与掺外加剂混凝土单位用水量之差与基准混凝土单位用水量之比。减水率按式（3-10）计算：

$$W_R=\frac{m_0-m_1}{m_0}\times 100\% \tag{3-10}$$

式中，W_R 为减水率,%；m_0 为基准混凝土单位用水量，kg/m^3；m_1 为掺外加剂混凝土单位用水量，kg/m^3。

② W_R 以三批试验的算术平均值计，精确到小数点后一位数。若三批试验的最大值和最小值与平均值之差均超过平均值15%时，则应重做试验。若仅一个与平均值之差超过15%，则取三个值中的中间值作为该外加剂的减水率。

③ 实验记录，见表3-16。

表3-16 混凝土减水剂的减水率

基准混凝土配合比/(kg/m^3)					掺外加剂混凝土配合比/(kg/m^3)					减水率/%
水泥	砂	石子	水	坍落度	水泥	砂	石子	水	坍落度	

六、思考题

简述不同外加剂对混凝土性能的影响。

实验八　普通混凝土配合比设计

一、实验目的

① 掌握普通混凝土配合比计算方法。

② 学会通过查阅相关资料，在标准设计步骤指导下完成基本符合要求的混凝土配合比方案。

二、实验原理

（1）混凝土配合比设计的基本要求

① 满足工程结构设计所要求的强度等级。

② 满足和保证施工质量要求，混凝土应具有合适的流动性和良好的工作性。

③ 满足与环境相适应的良好的抗冻、抗渗、抗侵蚀等耐久性能。

④ 在保证质量的前提下，应尽量节约水泥，降低成本。

关于配合比的经济性，其最有效的方法就是尽量减少水泥用量，同时，水泥用量的减少还有利于降低水化热和减少因水泥浆体收缩引起裂缝的危险性。合理选择水泥的品种、强度等级以及骨料的质量、品种、粒径和砂率等，均能有效地减少水泥用量。

（2）混凝土配合比设计的三个基本参数

① 水与水泥之间的比例关系，常用水灰比表示。水灰比（W/C）是指单位混凝土拌和物中，水与水泥的质量之比，它对塑性混凝土的强度发展起着决定性的作用。

② 砂与石子之间的比例关系，常用砂率表示。砂率是指砂在集料（砂、石）中所占的比例，即砂质量与砂、石总质量之比。合理计算与选择砂率，就是要求能够使砂、石、水泥浆互相填充，保证混凝土的流动性、黏聚性、保水性等，既能使混凝土达到最大的密实度，又能使水泥用量降为最少。因此，砂率的确定，除进行计算外，还需进行必要的实验调整，从而确定最佳砂率，即使单位水量和水泥用量减到最少，而混凝土拌和物具有最好的工作性。

③ 水泥浆与骨料之间的比例关系，常用单位用水量来反映。单位用水量是指每立方米混凝土中水量的多少，它直接影响混凝土的流动性、黏聚性、保水性、密实度、强度。

普通混凝土由四种基本材料组成，配合比设计就是解决四种材料的用量。

① 决定混凝土强度的基本因素是水泥的强度和水灰比。在水泥强度确定之后，水灰比是决定因素。

② 在水灰比确定后，由用水量确定水泥的用量。

③ 砂和石是混凝土的骨架，是主体，其用量占混凝土用料量的 2/3 以上。

三、仪器设备

① 搅拌机：容量 75～100L，转速 18～22r/min。

② 电子秤：称量 30kg，感量 50g。

③ 电子天平：称量 5kg，感量 1g。

④ 量筒：250mL、100mL 各一只。

⑤ 拌板（1.5m×2.0m 左右），拌铲，盛器，抹布，坍落度筒（截头圆锥形，由薄钢板或其他金属板制成），捣棒（端部应磨圆，直径 16mm，长度 650mm），小铁铲，钢直尺，抹刀等。

四、普通混凝土配合比设计

混凝土配合比设计是通过“计算-试验法”实现的。先根据各种原始资料计算出“初步计算配合比”，然后经试验调整得出“基准配合比”，最后经强度复核计算出满足设计和施工要求的“实验室配合比”。

1. 试配配合比的计算

（1）确定配制强度

为使混凝土的强度保证率能满足规定的要求，在设计混凝土配合比时，必须使混凝土的配制强度（$f_{cu,0}$）高于设计强度等级（$f_{cu,k}$）。当混凝土强度保证率要求达到 95%时，$f_{cu,0}$ 可采用式（3-11）计算：

$$f_{cu,0} \geqslant f_{cu,k} + 1.645\sigma \tag{3-11}$$

式中，σ 为混凝土强度标准差，MPa；$f_{cu,0}$ 为混凝土配制强度，MPa；$f_{cu,k}$ 为混凝土立方体抗压强度标准值，MPa。

如有不小于 30 组同类混凝土试配强度的统计资料时，σ 可按式（3-12）求得：

$$\sigma = \sqrt{\frac{\sum_{i=1}^{N} f_{cu,i}^2 - n m_{f_{cu}}^2}{n-1}} \tag{3-12}$$

式中，$f_{cu,i}$ 为统计周期内同一品种混凝土第 i 组试件强度值，MPa；$m_{f_{cu}}$ 为统计周期内同一品种混凝土 N 组试件强度的平均值，MPa；n 为统计周期内同一品种混凝土试件总组数，$n \geqslant 30$。

当混凝土强度等级为 C20、C25 时，若计算值 σ 低于 2.5MPa，取 $\sigma = 2.5$MPa；当强度等级等于或大于 C30 时，若计算值 σ 低于 3.0MPa 时，取 $\sigma = 3.0$MPa。

若施工单位不具有近期的同一品种混凝土强度资料时，其混凝土强度标准差 σ 可按表 3-17 取用。

表 3-17　混凝土强度标准差 σ 的取值

混凝土强度等级	≤C20	C20～C35	≥C35
标准差 σ 值/MPa	4.0	5.0	6.0

（2）确定水灰比 W/C

$$W/C = \frac{\alpha_a f_{ce}}{f_{cu,0} + \alpha_a \alpha_b f_b} \tag{3-13}$$

式中，α_a、α_b 为回归系数，应通过试验统计资料确定，若无试验统计资料，回归系数可按表 3-18 选用；f_{ce} 为水泥 28d 抗压强度实测值，MPa。当无水泥 28d 实测强度数据时，可用水泥强度等级值（MPa）乘上一个水泥强度等级的富余系数 γ_c 代替，富余系数 γ_c 可按实际统计资料确定，无资料时可取 $\gamma_c = 1.13$。

表 3-18　回归系数 α_a、α_b 选用表

回归系数	碎石	卵石
α_a	0.53	0.49
α_b	0.20	0.13

对于出厂期超过三个月或存放条件不良而已有所变质的水泥，应重新鉴定其强度等级，并按实际强度进行计算。

（3）每立方米混凝土的用水量的确定（m_{w0}）

设计配合比时，力求采用最小单位用水量，按集料品种、规格及施工要求的坍落度，根据经验选用。用水量一般根据本单位所用材料按经验选用。

① W/C 在 0.4～0.8 范围时，根据粗骨料的品种及施工要求的混凝土拌和物的稠度，其用水量可按表 3-19、表 3-20 选取。

表 3-19　干硬性混凝土的用水量　　单位：kg/m^3

拌和物稠度		卵石最大粒径/mm			碎石最大粒径/mm		
项目	指标	10.0	20.0	40.0	16.0	20.0	40.0
维勃稠度/s	16～20	175	160	145	180	170	155
	11～15	180	165	150	185	175	160
	5～10	185	170	155	190	180	165

表 3-20　塑性混凝土的用水量　　单位：kg/m^3

拌和物稠度		卵石最大粒径/mm				碎石最大粒径/mm			
项目	指标	10.0	20.0	31.5	40.0	16.0	20.0	31.5	40.0
坍落度/mm	10～30	190	170	160	150	200	185	175	165
	35～50	200	180	170	160	210	195	185	175
	55～70	210	190	180	170	220	205	195	185
	75～90	215	195	185	175	230	215	205	195

② 掺外加剂时的混凝土用水量可按式（3-14）计算：

$$m_{wa}=m_{w0}(1-W_R) \tag{3-14}$$

式中，m_{wa} 为掺外加剂混凝土每立方米的用水量，kg；m_{w0} 为未掺外加剂混凝土每立方米的用水量，kg。大流动性混凝土的用水量可以坍落度为 90mm 时的用水量为基础，按坍落度每增大 20mm 用水量增加 5kg，计算出未掺外加剂时的混凝土的用水量；W_R 为外加剂的减水率,%。外加剂的减水率应经试验确定。

（4）计算每立方米混凝土的水泥用量

每立方米混凝土的水泥用量（m_{c0}）可按式（3-15）计算：

$$m_{c0}=\frac{m_{w0}}{W/C} \tag{3-15}$$

（5）选用合理的砂率值 β

合理的砂率值主要应根据混凝土拌和物的坍落度、黏聚性及保水性等特征来确定。一般应通过试验找出合理砂率。

坍落度为 10～60mm 的混凝土砂率，可按粗骨料品种、规格及混凝土的水灰比在表 3-21 中选用。

表 3-21 混凝土的砂率 单位:%

水灰比(W/C)	卵石最大粒径/mm			碎石最大粒径/mm		
	10	20	40	16	20	40
0.40	26~32	25~31	24~30	30~35	29~34	27~32
0.50	30~35	29~34	28~33	33~38	32~37	30~35
0.60	33~38	32~37	31~36	36~41	35~40	33~38
0.70	36~41	35~40	34~39	39~44	38~43	36~41

注:①本表数值系中砂的选用砂率,对细砂或粗砂,可相应地减少或增大砂率;②采用人工砂配制混凝土时,砂率可适当增大;③只用一个单粒级粗骨料配制混凝土时,砂率应适当增大。

(6) 计算粗、细骨料的用量

在已知混凝土用水量、水泥用量和砂率的情况下,可用体积法或质量法求出粗、细骨料的用量。

① 体积法。体积法又称绝对体积法。这个方法是假设混凝土组成材料绝对体积的总和等于混凝土的体积,因而得到方程式(3-16),并解之。

$$\frac{m_{c0}}{\rho_c}+\frac{m_{f0}}{\rho_f}+\frac{m_{g0}}{\rho_g}+\frac{m_{s0}}{\rho_s}+\frac{m_{w0}}{\rho_w}+0.01\alpha=1 \tag{3-16}$$

式中,m_{c0} 为每立方米混凝土的水泥用量,kg/m^3;m_{g0} 为每立方米混凝土的粗骨料用量,kg/m^3;m_{s0} 为每立方米混凝土的细骨料用量,kg/m^3;m_{w0} 为每立方米混凝土的用水量,kg/m^3;ρ_c 为水泥密度,kg/m^3,可取 $2900 \sim 3100kg/m^3$;ρ_g 为粗骨料的表观密度,kg/m^3;ρ_s 为细骨料的表观密度,kg/m^3;ρ_w 为水的密度,kg/m^3,可取 $1000kg/m^3$;α 为混凝土含气量,%,在不使用含气型外掺剂时可取 $\alpha=1$。

② 质量法。这种方法是假定混凝土拌和料的质量已知,从而可求出单位体积混凝土的骨料总用量(质量),进而分别求出粗、细骨料的质量,得出混凝土的配合比。组、细骨料用量按式(3-17)计算,砂率按式(3-18)计算:

$$m_{c0}+m_{g0}+m_{s0}+m_{w0}=m_{cp} \tag{3-17}$$

$$\beta_s=\frac{m_{s0}}{m_{s0}+m_{g0}}\times 100\% \tag{3-18}$$

式中,m_{cp} 为每立方米混凝土拌和物的假定质量,kg/m^3,其值可取 $2350 \sim 2450kg/m^3$;β_s 为砂率,%。其他符号同体积法。

以上求出的各材料用量,是借助于一些经验公式和数据计算出来的,或是利用经验资料查得的,因而不一定能够符合实际情况,必须经过试拌调整,直到混凝土拌和物的和易性符合要求为止,然后给出供检验混凝土强度用的基准配合比。

调整混凝土拌和物和易性的方法:当坍落度低于设计要求时,可保持水灰比不变,适当增加水泥浆量或调整砂率;若坍落度过大,则可在砂率不变的条件下增加砂石用量;如出现含砂不足、黏聚性和保水性不良时,可适当增大砂率,反之应减少砂率。每次调整后再试拌,直到和易性符合要求为止。当试拌调整工作完成后,应测出混凝土拌和物的实际表观密度($\rho_{c,t}$)。

2. 实验室配合比的确定

经过和易性调整试验得出的混凝土基准配合比,其水灰比值不一定选用恰当,其结果是强度不一定符合要求,所以应检验混凝土的强度。一般采用三个不同的配合比,其中一个为基准配合比,另外两个配合比的水灰比值应较基准配合比分别增加及减少 0.05,其用水量应该与基准配合比基本相同,但砂率可分别增加或减小 1%。每个配合比至少制作一组试件，标准养护28d试压（在制作混凝土强度试块时，尚需检验混凝土拌和物的和易性及测定表观密度，并以此结果作为代表这一配合比的混凝土拌和物的性能）。若对混凝土还有其他技术性能要求，如抗渗标号、抗冻标号等，则应增添相应的试验项目进行检验。

假设已满足各项要求的每立方米混凝土拌和物各材料的用量为：水泥＝$C_{拌}$、砂＝$S_{拌}$、石子＝$C_{拌}$、水＝$W_{拌}$，则试验室配合比（1 m^3 混凝土的各项材料用量）尚应按下列步骤校正：

先按式（3-19）计算混凝土表观密度计算值 $\rho_{c,c}$：

$$\rho_{c,c}=C_{拌}+S_{拌}+C_{拌}+W_{拌} \tag{3-19}$$

再按式（3-20）计算混凝土配合比校正系数 δ：

$$\delta=\rho_{c,t}/\rho_{c,c} \tag{3-20}$$

当混凝土表观密度实测值与计算值之差的绝对值不超过计算值的2%时，则按上述方法计算确定的配合比为确定的设计配合比，当两者之差超过2%时，应将配合比中每项材料用量均乘以校正系数占值，即为确定的设计配合比。

五、数据记录与处理

混凝土配合比为：____

六、思考题

分析混凝土各组分对混凝土流变性能的影响？

实验九　普通混凝土拌和物性能测试

一、实验目的

① 掌握混凝土的制备方法。

② 掌握新拌混凝土的性能分析方法。

二、实验原理

采取定量测定流动性，根据直观经验判定黏聚性和保水性的原则，来评定混凝土拌和物的和易性。定量测定流动性的方法有坍落度和维勃稠度法两种。坍落度法适合于坍落度值不小于10mm的塑性拌和物；维勃稠度法适合于维勃稠度在5～30s之间的干硬性混凝土拌和物。要求骨料的最大粒径均不得大于40mm。

三、实验材料与仪器

① 搅拌机：容量75～100L，转速18～22r/min。

② 电子秤：称量30kg，感量50g。

③ 电子天平：称量5kg，感量1g。

④ 量筒：250mL、100mL各一只。

⑤ 拌板（1.5m×2.0m左右），拌铲，盛器，抹布，坍落度筒（截头圆锥形，由薄钢板或其他金属板制成），捣棒（端部应磨圆，直径16mm，长度650mm），小铁铲，钢直尺，

抹刀等。

四、实验操作

1. 混凝土拌和物制备方法

(1) 人工拌和

① 按所定的配合比备料，以全干状态为准。

② 将拌板和拌铲用湿布润湿后，将砂倒在拌板上，然后加入水泥，用拌铲自拌板一端翻拌至另一端，如此反复，直至充分混合，颜色均匀，再放入称好的粗骨料与之拌和，继续翻拌，直至混合均匀为止，然后堆成锥形。

③ 将干混合物锥形堆的中间做一凹槽，将已称量好的水，倒一半左右到凹槽中（勿使水流出），然后仔细翻拌，并徐徐加入剩余的水，继续翻拌，每翻拌一次，用铲在混合料上铲切一次。

④ 拌和时力求动作敏捷，拌和时间从加水时算起，应大致符合下列规定：拌和物体积为 30L 以下时 4～5min；拌和物体积为 30～50L 时 5～9min；拌和物体积为 51～75L 时 9～12min。

⑤ 拌好后，立即做坍落度试验或试件成型，从开始加水时算起，全部操作需在 30min 内完成。

(2) 机械搅拌法

① 按所定的配合比备料，以全干状态为准。

② 拌前先对混凝土搅拌机挂浆，即用符合配合比要求的水泥、砂、水和少量石子，在搅拌机中涮膛，然后倒去多余砂浆。其目的在于防止正式拌和时水泥浆挂失影响混凝土配合比。

③ 将称好的石子、砂、水泥按顺序倒入搅拌机内，干拌均匀，再将需用的水徐徐倒入搅拌机内一起拌和，全部加料时间不得超过 2min，水全部加入后，再拌和 2min。

④ 将拌和物自搅拌机中卸出，倾倒在拌板上，再经人工拌和 1～2min。

⑤ 拌好后，根据试验要求，即可做坍落度测定或试件成型。从开始加水时算起，全部操作必须在 30min 内完成。

2. 混凝土拌和物和易性试验

(1) 混凝土拌和物坍落度试验

本试验方法适用于坍落度值不小于 10mm、骨料最大粒径不大于 40mm 的混凝土拌和物测定。

① 用湿布把拌板及坍落筒内外擦净、润湿，并将筒顶部加上漏斗，放在拌板上，用双脚踩紧脚踏板，使位置固定。

② 取拌好的混凝土拌和物 15L，用取样勺将拌和物分三层均匀装入筒内（图 3-13），每层装入高度在插捣后大致应为筒高的 1/3，每层用捣棒插捣 25 次，插捣应呈螺旋形由外向中心进行，各次插捣均应在截面上均匀分布，插捣筒边混凝土时，捣棒应稍稍倾斜，插捣底层时，捣棒应贯穿整个深度，插捣第二层和顶层时，捣棒应插透本层，并使之刚刚插入下一层。浇灌顶层时，混凝土应灌到高出筒口，插捣过程中，如混凝土沉落到低于筒口，则应随时添加，顶层插捣完后，刮去多余混凝土，并用抹刀抹平。

③ 清除筒边底板上的混凝土后，垂直平稳地提起坍落筒，并轻放在试样旁边。坍落筒的提离过程应在 3～7s 内完成，从开始装料到提起坍落筒整个过程应不间断地进行，并在

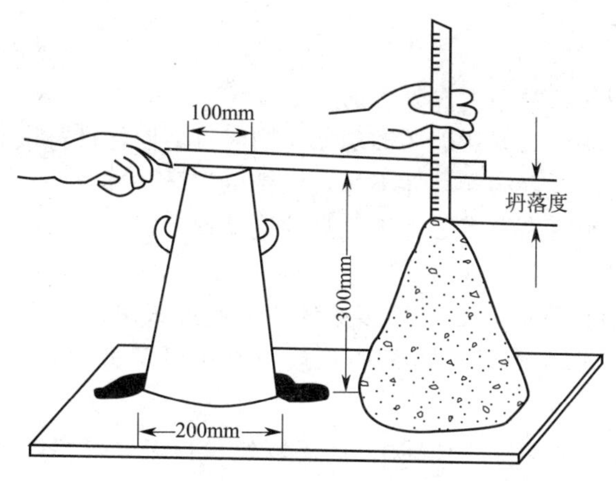

图 3-13　混凝土拌和物和易性测定

150s 内完成。

④ 当试样不再继续塌落或塌落时间达 30s 时，用钢尺测量筒高与坍落后混凝土试体最高点之间的高度差，此值即为混凝土拌和物的坍落度值，单位毫米（mm）。

坍落筒提起后，如混凝土拌和物发生一边崩坍或剪切破坏，则应重新取样进行测定，如仍出现上述现象，则该混凝土拌和物和易性不好，并应记录备查。

⑤ 和易性的调整。当坍落度低于设计要求时，可在保持水灰比不变的前提下，适当增加水泥浆用量，增加的数量可为计算用量的 5%或 10%；当坍落度高于设计要求时，可在保持砂率不变的条件下，增加骨料用量。

当出现含砂不足，黏聚性、保水性不良时，可适当增大砂率，反之减小砂率。

（2）维勃稠度试验

本方法适用于骨料最大料径不超过 40mm，维勃稠度值在 5～30s 之间的混凝土拌和物稠度测定。

① 把维勃稠度仪放置在坚实水平的基面上，用湿布把容器、坍落筒、喂料斗内壁及其他用具擦湿。

② 将喂料斗提到坍落筒上方扣紧，校正容器位置，使其中心与喂料斗中心重合，然后拧紧固定螺丝。

③ 把混凝土拌和物，用小铲分三层经喂料斗均匀地装入筒内，装料及插捣方式同坍落度法。

④ 将圆盘、喂料斗都转离坍落筒，小心并垂直地提起坍落筒，此时应注意不使混凝土试体产生横向扭动。

⑤ 把透明圆盘转到混凝土圆台体顶面，放松测杆螺丝，小心地降下圆盘，使它轻轻地接触到混凝土顶面。

⑥ 拧紧定位螺丝，并检查测杆螺丝是否完全放松，同时开启振动台和秒表，当振动到透明圆盘的底面与水泥浆接触时，停下秒表，并关闭振动台，记下秒表的时间，精确到 1s。由秒表读出的时间，即为该混凝土拌和物的维勃稠度值，单位为秒（s）。如维勃稠度值小于 5s 或大于 30s，则此种混凝土所具有的稠度已超出本仪器的适用范围，不能用维勃稠度值表示。

五、数据记录及处理

坍落前后混凝土的高度差即为混凝土的坍落度。

如混凝土发生崩坍或一边剪切破坏的现象，则应重新取样进行试验。如第二次试验仍出现上述现象，则表示该混凝土的和易性不好，应予以记录备查。

根据坍落度的大小判定是否满足施工要求的流动性，据在测试过程中观察到的混凝土状态，评定保水性和黏聚性是否良好。

① 保水性。坍落度筒提起后如有较多的稀浆从底部析出，锥体部分的混凝土也因失浆而集料外露，则表明保水性不好；如无稀浆或只有少量稀浆自底部析出，则表明保水性良好。

② 黏聚性。用捣棒在已坍落的混凝土锥体侧面轻轻敲打，如果锥体坍塌、部分崩裂或出现离析现象，表示黏聚性不好；如果锥体逐渐下沉，表示黏聚性良好。

六、思考题

影响混凝土和易性的因素有哪些？

实验十　砂、石性能实验

Ⅰ 砂子含水率的测定

一、实验目的

测定砂子的含水率，为计算混凝土的配合比提供依据。

二、实验原理

一般砂子存放一段时间含水率在4%～6%，湿砂含水率可达10%～15%。测试砂的含水率：称500g砂子，用烘箱烘干，称重。

砂子的含水率＝（烘干前的质量－烘干后的质量）/烘干后的质量×100%

三、仪器设备

烘箱：能使温度控制在（105±5）℃，天平，浅盘，毛刷。

四、实验操作

① 从样品中取500g试样，放入已知质量为m_1的干燥容器中，称取试样与容器的总质量m_2。

② 将容器连同试样一起放入温度为（105±5）℃的烘箱中烘干至试样表面完全干燥后，冷却，称量烘干后的试样与容器的总质量m_3。

五、数据记录与处理

砂的含水率按式（3-21）计算（精确至0.1%）：

$$w_s=\frac{m_2-m_3}{m_3-m_1}\times100\% \tag{3-21}$$

式中，w_s为砂的含水率，%；m_1 为容器的质量，g；m_2 为未烘干的试样与容器的总质量，g；m_3 为烘干后的试样与容器的总质量，g。

Ⅱ 石子含水率的测定

一、实验目的

测定碎石或卵石的含水率，为计算混凝土的配合比提供依据。

二、实验原理

一般石子存放一段时间含水率约为 2%。测量石子的含水率：称 2000g 石子，用烘箱烘干，称重。然后用下式计算：

石子的含水率＝（烘干前的质量－烘干后的质量）/烘干后的质量×100%

三、仪器设备

烘箱：能使温度控制在（105±5)℃；天平：称量 5kg，感量 5g；浅盘。

四、实验操作

① 称取样品中质量各为 2kg 的试样两份备用。

② 将试样置于质量为 m_3 的干燥容器中，称取每盘试样与容器的总质量 m_1。将容器连同试样一起放入温度为（105±5)℃的烘箱中烘干至恒重。

③ 称量烘干冷却至室温后的试样与容器的总质量 m_2。

五、数据记录与处理

按式（3-22）计算（精确至 0.1%）：

$$w_g=\frac{m_1-m_2}{m_2-m_3}\times100\% \tag{3-22}$$

式中，w_g 为石子的含水率，%；m_1 为烘干前的试样与容器的总质量，g；m_2 为烘干后的试样与容器的总质量，g；m_3 为容器的质量，g。

以两次试验结果的算术平均值作为测定值。

Ⅲ 砂的筛分析试验

一、实验目的

① 通过筛分析实验测定不同粒径砂的含量比例，评定砂的颗粒级配状况及粗细程度，为合理选择砂提供技术依据。

② 掌握砂的质量评定方法。

二、实验原理

建设用砂标准：根据细度数规定了三种规格砂的范围，粗砂 3.7～3.1；中砂 3.0～2.3；细砂 2.2～1.6。

砂的颗粒级配应符合表 3-22 的规定；砂的级配类别应符合表 3-23 的规定。

表 3-22 砂的颗粒级配

砂的分类	天然砂			机制砂		
级配区	1 区	2 区	3 区	1 区	2 区	3 区
方孔筛	累计筛余/%					
4.75mm	10～0	10～0	10～0	10～0	10～0	10～0
2.36mm	35～5	25～0	15～0	35～5	25～0	15～0
1.18mm	65～35	50～10	25～0	65～35	50～10	25～0
600μm	85～71	70～41	40～16	85～71	70～41	40～16
300μm	95～80	92～70	85～55	95～80	92～70	85～55
150μm	100～90	100～90	100～90	97～85	94～80	94～75

表 3-23 砂的级配类别

类别	Ⅰ	Ⅱ	Ⅲ
级配区	2 区	1、2、3 区	

筛分析法是指让待测砂样通过一系列不同筛孔的标准筛，将其分离成若干个粒级，分别称重，求得以质量百分数表示的粒度分布的方法。

三、仪器设备

试验筛：方孔筛，孔径为 150μm、300μm、600μm、1.18mm、2.36mm、4.75mm 及 9.50mm 的筛各一只，并附有筛底和筛盖。

烘箱：能使温度控制在（105±5)℃。天平：称量 1000g。摇筛机，浅盘和硬、软毛刷。

四、实验操作

① 按规定方法取样约 1100g，在（105±5)℃的温度下烘干到恒重，冷却至室温后，筛除大于 9.50mm 的颗粒，记录筛余百分数；将通过筛的砂分成两份备用。

② 称取试样 500g，精确至 1g。将试样倒入按孔径从大到小的顺序排列、有筛底的套筛上。

③ 将套筛置于摇筛机上，筛分 10min；取下套筛，按孔径大小顺序在清洁的浅盘上逐个手筛，筛至每分钟通过量小于试验总量的 0.1%为止。通过的颗粒并入下一个筛中，并和下一个筛中试样一起筛分；按此顺序进行，直至每个筛全部筛完为止。

④ 称出各号筛的筛余量，精确至 1g。

五、数据记录与处理

① 计算分计筛余百分率。以分号筛的筛余量占试样总质量的百分率表示，精确至 0.1%。

② 计算累计筛余百分率。该号筛的分计筛余百分率与大于该号筛的分计筛余百分率之和，精确至 0.1%。

③ 计算砂的细度模数。按式（3-23）计算砂的细度模数（精确至 0.01)：

$$M_k = \frac{(A_2 + A_3 + + A_4 + A_5 + A_6) - 5A_1}{100 - A_1} \tag{3-23}$$

式中，M_k 为细度模数；A_1、A_2、A_3、A_4、A_5、A_6 分别为 4.75mm、2.36mm、1.18mm、600μm、300μm、150μm 筛的累计筛余百分率。

④ 测定值评定。累计筛余百分率取两次试验结果的算术平均值，精确至0.1%。细度模数取两次试验结果的算术平均值，精确至0.1；当两次试验的细度模数之差超过0.20时，须重做试验。

⑤ 实验记录，见表3-24。

表3-24　砂子的筛分析实验

筛孔直径/mm	4.75	2.36	1.18	0.60	0.30	0.15
各筛余质量/g						
分计筛余/%						
累计筛余/%						
细度模数						

Ⅳ 石子筛分析试验

一、实验目的

① 通过试验测定不同粒径石子的含量比例，评定石子的颗粒级配状况，是否符合标准要求，为合理选择和使用粗骨料提供技术依据。

② 掌握石子质量的评定方法。

二、实验原理

筛分析法是指让待测石子通过一系列不同筛孔的标准筛，将其分离成若干个粒级，分别称重，求得以质量百分数表示的粒度分布的方法。

石子的颗粒级配应符合表3-25的规定。

表3-25　卵石、碎石的颗粒级配

粒级/mm	累计筛余/%												
	方孔筛/%												
	2.36	4.75	9.50	16.0	19.0	26.5	31.5	37.5	53.0	63.0	75.0	90	
连续级配	5～16	95～100	85～100	30～60	0～10	0							
	5～20	95～100	90～100	40～80	—	0～10	0						
	5～25	95～100	90～100	—	30～70	—	0～5	0					
	5～31.5	95～100	90～100	70～90	—	15～45	—	0～5	0				
	5～40	—	95～100	70～90	—	30～65	—	—	0～5	0			
单粒级配	5～10	95～100	80～100	0～15	0								
	10～16		95～100	80～100	0～15								
	10～20		95～100	85～100		0～15	0						
	16～25			95～100	55～70	25～40	0～10						
	16～31.5		95～100		85～100			0～10	0				
	20～40			95～100		80～100			0～10	0			
	40～80					95～100			70～100		30～60	0～10	0

三、仪器设备

方孔筛：孔径为 2.36mm、4.75mm、9.50mm、16.0mm、19.0mm、26.5mm、31.5mm、37.5mm、53mm、63mm、75mm、90mm，并附有筛底和筛盖（筛框内径为 300mm）。烘箱：能使温度控制在（105±5)℃。台秤：称量 10kg，感量 1g。摇筛机，搪瓷盘，毛刷等。

四、实验操作

① 按表 3-26 称取试样，烘干或风干后备用。

表 3-26　颗粒级配实验所需试样数量

最大粒径/mm	9.5	16.0	19.0	26.5	31.5	37.5	63.0	75.0
最少试样质量/kg	1.9	3.2	3.8	5.0	6.3	7.5	12.6	16.0

② 将试样倒入按孔径大小从上到下组合、附底筛的套筛上，然后进行筛分。

③ 将套筛置于摇筛机上，筛分 10 min；取下套筛，按筛孔尺寸大小顺序逐个用手筛，筛至每分钟通过量小于试样总质量的 0.1%为止。通过的颗粒并入下一号筛中，并和下一号筛中试样一起过筛，按此顺序进行，直至各号筛全部筛完为止。当筛余颗粒的粒径大于 19.00mm 时，在筛分过程中，允许用手指拨动颗粒。

④ 称出各号筛的筛余量，精确至 1g。

五、数据记录与处理

① 计算分计筛余百分率：以各号筛的筛余量占试样总质量的百分率表示，计算精确至 0.1%。

② 计算累计筛余百分率：该号筛的分计筛余百分率加上该号筛以上各分计筛余百分率之和，精确至 1%。筛分后，当每号筛的筛余量与筛底的筛余量之和，与原试样质量之差超过 1%时，须重做实验。

③ 测定值评定：根据各号筛的累计筛余百分率，评定该试样的颗粒级配。

Ⅴ 石子中针片状颗粒含量

一、实验目的

① 测定针状及片状石子的含量。

② 评价石子的形状。

二、实验原理

卵石、碎石颗粒的长度大于该颗粒所属相应粒级的平均粒径的 2.4 倍者为针状颗粒；厚度小于平均粒径 0.4 倍者为片状颗粒。卵石、碎石的针、片状含量应符合表 3-27 的规定。

表 3-27　针、片状颗粒含量

类别	Ⅰ	Ⅱ	Ⅲ
针、片状颗粒总含量(按质量计)/%	≤5	≤10	≤15

三、仪器设备

针状规准仪与片状规准仪（图 3-14）。台秤：称量 10kg，感量 1g。方孔筛：孔径为 4.75mm、9.50mm、16.0mm、19.0mm、26.5mm、31.5mm 及 37.5mm 的筛各一只。

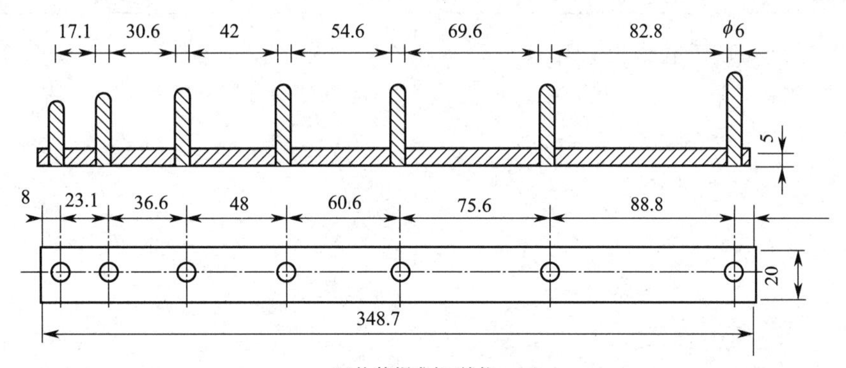

(a)片状规准仪(单位:mm)

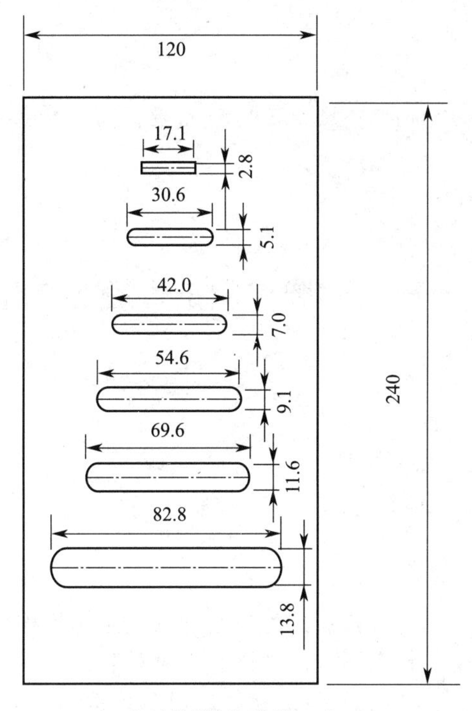

(b)针状规准仪(单位:mm)

图 3-14 规准仪

四、实验操作

① 按表 3-28 的规定取样，并将试样缩分至略大于规定的数量，烘干或风干后备用。

表 3-28 针、片状颗粒含量试验所需试样数量

最大粒径/mm	9.5	16.0	19.0	26.5	31.5	37.5	63.0	75.0
最少试样质量/kg	0.3	1.0	2.0	3.0	5.0	10.0	10.0	10.0

② 称取试样一份，精确至1g，然后按表3-29规定的粒级进行筛分。

表3-29 针、片状颗粒含量试验的粒级划分及其相应的规准仪孔宽或间距 单位：mm

石子粒级	4.75～9.50	9.50～16.0	16.0～19.0	19.0～26.5	26.5～31.5	31.5～37.5
片状规准仪相对应孔宽	2.8	5.1	7.0	9.1	11.6	13.8
针状规准仪相对应间距	17.1	30.6	42.0	54.6	69.6	82.8

③ 按表3-29规定的粒级分别用规准仪逐粒检验，凡颗粒长度大于针状规准仪上相应间距者，为针状颗粒；颗粒厚度小于片状规准仪上相应孔宽者，为片状颗粒。称出其总质量，精确至1g。

五、数据记录与处理

针、片状颗粒含量按式（3-24）计算，精确至1%：

$$Q_e=\frac{G_2}{G_1}\times 100\% \tag{3-24}$$

式中，Q_e 为针、片状颗粒含量，%；G_1 为试样的质量，g；G_2 为试样中所含针片状颗粒的总质量，g。

六、思考题

① 测定石子的最大粒径有何意义？在配制混凝土时，根据什么原则选定石子的最大粒径？

② 砂子的颗粒级配如何评定？

实验十一　回弹法测试混凝土抗压强度

一、实验目的

① 掌握回弹测试混凝土强度原理。

② 掌握回弹测试混凝土强度方法。

二、实验原理

利用回弹仪（一种直射锤击式仪器）检测普通混凝土结构构件抗压强度的方法简称回弹法。由于混凝土的抗压强度与其表面硬度之间存在某种相关关系，而回弹仪的弹击锤被一定的弹力打击在混凝土表面上，其回弹高度（通过回弹仪读得回弹值）与混凝土表面硬度成一定的比例关系。因此以回弹值反映混凝土表面硬度，根据表面硬度则可推求混凝土的抗压强度。混凝土回弹仪是用于无损检测结构或构件混凝土抗压强度的一种仪器。

回弹仪轻便、灵活、价廉、不需电源，易掌握，适合建筑工地现场使用。

三、仪器设备

ZC3-A混凝土回弹仪，如图3-15所示。

四、实验操作

① 将弹击杆顶住混凝土的表面，轻压仪器，使按钮松开，放松压力时弹击杆伸出，挂

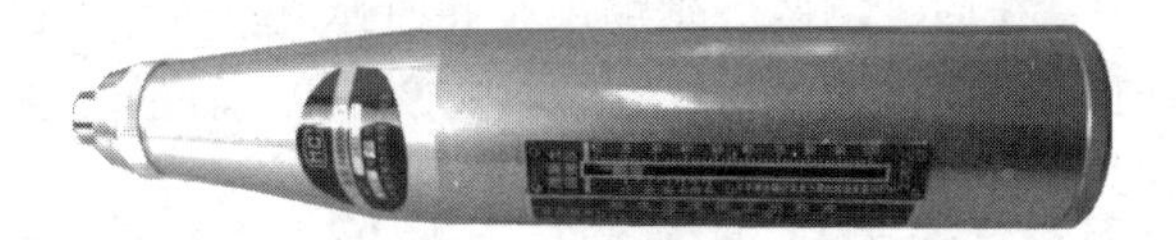

图 3-15　混凝土回弹仪

钩挂上弹击锤。

② 使仪器的轴线始终垂直于混凝土的表面并缓慢均匀施压，待弹击锤脱钩冲击弹击杆后，弹击锤回弹带动指针向后移动至某一位置时，指针块上的示值刻线在刻度尺上示出一定数值即为回弹值。

③ 将仪器机芯继续顶住混凝土表面进行读数，并记录回弹值。

④ 逐渐对仪器减压，使弹击杆自仪器内伸出，待下一次使用。

⑤ 每一个测区应读取 16 个回弹值，每一测点的回弹值读数应精确至 1。测点宜在测区范围内均匀分布，相邻两测点的净距离不宜小于 20mm；测点距外露钢筋、预埋件的距离不宜小于 30mm；测点不应在气孔或外露石子上，同一测点应只弹击一次。

⑥ 回弹值测定完毕后，应在有代表性的测区测量碳化深度值。

五、数据记录与处理

① 计算测区回弹值时，应从该测区的 16 个回弹值中剔除 3 个最大值和 3 个最小值，用其余 10 个回弹值计算平均回弹值。回弹值根据式（3-25）计算：

$$R_{\mathrm{m}}=\frac{\sum_{i=1}^{10} R_i}{10} \tag{3-25}$$

式中，R_{m} 为测区平均回弹值；R_i 为第 i 个测点的回弹值。

② 根据回弹值和平均碳化深度值计算或查表得出混凝土的强度。

六、思考题

回弹法测定混凝土强度偏低的原因是什么？

实验十二　超声-回弹综合法检测混凝土强度

一、实验目的

① 掌握超声-回弹综合法测试混凝土强度原理。

② 掌握超声-回弹综合法测试混凝土强度方法。

二、实验原理

综合法采用两种或两种以上的测试方法检测混凝土的多个物理量，并将其与混凝土强度建立关系。“超声波脉冲速度-回弹值”综合法是国内外研究最多、应用最广的一种方法。

超声-回弹综合法是指采用超声仪和回弹仪，在构件混凝土同一测区分别测量声时和回弹值，然后利用已建立起的测强公式，以声速和回弹值综合反映混凝土抗压强度的一种非破损方法。混凝土波速、回弹值与强度之间有较好的相关性，强度越高，波速越快，回弹值越高，当确定出关系曲线后，在同一测区分别测声时和回弹值，然后用已建立的测区曲线，根据式（3-26）推算测区强度：

$$f_{cu,e}=a\times\nu^{b}\times R^{c} \tag{3-26}$$

式中，$f_{cu,e}$ 为抗压强度换算值；a 为常数项系数；b、c 为回归常数；ν 为测区修正后的超声声速值；R 为测区修正后的回弹值平均值。

与单一回弹法或超声法相比，超声回弹综合法具有受混凝土龄期和含水率影响小、测试精度高、适用范围广、能够较全面地反映结构混凝土的实际质量等优点。

三、仪器设备

ZBL-U520 非金属超声检测仪，ZC3-A 混凝土回弹仪。

四、实验操作

1. 回弹值测量

① 将弹击杆顶住混凝土的表面，轻压仪器，使按钮松开，放松压力时弹击杆伸出，挂钩挂上弹击锤。

② 使仪器的轴线始终垂直于混凝土的表面并缓慢均匀施压，待弹击锤脱钩冲击弹击杆后，弹击锤回弹带动指针向后移动至某一位置时，指针块上的示值刻线在刻度尺上示出一定数值即为回弹值。

③ 将仪器机芯继续顶住混凝土表面进行读数，并记录回弹值。

2. 超声测试

（1）测试前准备

① 首先布置测区及测点。

② 将平面换能器连接到超声仪的发射及接收通道。

③ 将换能器通过偶合剂（黄油、凡士林等）完全偶合到被测点上。

（2）开机

在功能选择界面上，按【▼、▲】键选择“超声回弹综合法测强”按钮，然后进入参数设置界面。

（3）设置功能参数

① 选择或新建工程。

② 选择或新建构件。

③ 输入测距：测距是指两平面换能器之间的距离。

④ 输入测区数：测区数是指当前构件上所布置的测区总数。

⑤ 选择点数：点数是指当前构件上每个测区内所布置的测点数。

⑥ 选择规程。

⑦ 选择测试方式，即进行超声测试时，收、发换能器相对位置选择，在“对测”“平测”“角测”中选择。

⑧ 选择通道：根据换能器连接超声仪的通道做相应选择。

（4）测试

按【采样】键或“测试”按钮进入测试界面，即可开始测试。

（5）退出

测试完后，在测试界面按【退出】键，则返回至参数设置界面，再按【退出】键，则返回系统功能选择界面。

五、数据记录与处理

根据回弹值和声速值计算或查表得出混凝土的强度。

六、思考题

超声-回弹综合法与回弹法的主要区别是什么?

实验十三　水泥基复合材料耐久性能实验

混凝土耐久性能指的是混凝土抵抗环境介质作用，并长期保持其良好的使用性能和外观完整性，从而维持混凝土结构的安全、正常使用的能力。混凝土耐久性能包括抗冻、抗渗、抗侵蚀、收缩、碳化、徐变、碱-骨料反应及混凝土中的钢筋锈蚀等性能。

水泥的耐久性包括抗硫酸盐侵蚀。

Ⅰ 混凝土抗冻实验（慢冻法）

一、实验目的

① 了解混凝土抗冻性的概念。

② 掌握冻融循环的实验方法。

二、实验原理

混凝土冻融破坏是由于混凝土结构毛细管中的水受冻结冰后体积膨胀，在混凝土内部产生应力，由于反复作用或内应力超过混凝土抵抗强度致使混凝土被破坏。

混凝土抗冻性一般用抗冻等级表示。抗冻等级是采用龄期 28d 的混凝土试块在吸水饱和后，承受反复冻融循环，以抗压强度下降不超过 25%，而且质量损失不超过 5%时所能承受的最大冻融循环次数来确定的。

实验采用尺寸为 100mm×100mm×100mm 的立方体混凝土试块，在标准养护室内养护 28d 进行冻融循环。

慢冻法实验所需要的试件组数应符合表 3-30 的规定。

表 3-30　慢冻法实验所需要的试件组数

设计抗冻标号	D25	D50	D100	D150	D200	D250	D300	D300 以上
检查强度所需冻融次数	25	50	50 及 100	100 及 150	150 及 200	200 及 250	250 及 300	300 及设计次数
鉴定 28d 强度所需试件组数	1	1	1	1	1	1	1	1
冻融试件组数	1	1	2	2	2	2	2	2
对比试件组数	1	1	2	2	2	2	2	2
总计试件组数	3	3	5	5	5	5	5	5

三、仪器设备

冷冻箱：冷冻期间箱内空气温度能保持在－20～－18℃，融化期间箱内水温能保持在

18～20℃，台秤，压力试验机。

四、实验操作

① 在养护龄期为 24d 时，应提前将试件从养护室取出，随后应将试件放在（20±2)℃水中浸泡，浸泡时水面应高出试件顶面 20～30mm，在水中浸泡 4d 后，进行冻融试验。

② 当试件养护龄期达到 28d 时，应及时取出试件，用湿布擦除表面水分后，对外观尺寸进行测量，分别编号、称重，然后按编号置入试件架内，且试件架与试件的接触面积不宜超过试件底面积的 1/5。试件与箱体内壁之间应至少留有 20mm 的空隙。试件架中各试件之间应至少保持 30mm 的空隙。

③ 在冻融箱内温度降至－18℃时开始计算冷冻时间。每次从装完试件到温度降至－18℃所需的时间应控制在 1.5～2.0h 内。冻融箱内温度在冷冻时应保持在－20～－18℃。

④ 每次冻融循环中试件的冷冻时间不应小于 4h。

⑤ 冷冻结束后，应立即加入温度为 18～20℃的水，使试件转入融化状态，加水时间不应超过 10min。控制系统从而确保在 30min 内，水温不低于 10℃，且在 30min 后水温能保持在 18～20℃。冻融箱内的水面应至少高出试件表面 20mm。融化时间不应小于 4h。融化完毕视为该次冻融循环结束，可进入下次冻融循环。

⑥ 每 25 次循环宜对冻融试件进行一次外观检查。当出现严重破坏时，应立即进行称重。当一组试件的平均质量损失率超过 5%，可停止其冻融循环试验。

⑦ 试件在达到规定的冻融循环次数后，称重并进行外观检查，并详细记录试件表面破损、裂缝及边角损失情况。当试件表面破损严重时，应先用高强石膏找平，然后再进行抗压强度试验。

⑧ 对比试件应继续保持原有的养护条件，直到完成冻融循环后，与冻融实验的试件同时进行抗压强度试验。

五、数据记录与处理

① 强度损失率应按式（3-27）进行计算：

$$\Delta f_{c}=\frac{f_{c0}-f_{cn}}{f_{c0}}\times 100\% \tag{3-27}$$

式中，Δf_c 为 n 次冻融循环后的混凝土强度损失率，%，精确至 0.1%；f_{c0} 为对比用的一组混凝土试件的抗压强度测定值，MPa，精确至 0.1MPa；f_{cn} 为经 n 次冻融循环后的一组混凝土试件抗压强度测定值，MPa，精确至 0.1MPa。

每组试件的平均质量损失率应以三个试件的质量损失率试验结果的算术平均值来计量。当某个试验结果出现负值时，应取 0，再取三个试件的算术平均值。当三个值中的最大值或最小值与中间值之差超过 1%时，应剔除此值，再取其余两值的算术平均值作为测量值；当最大值和最小值与中间值之差均超过 1%时，应取中间值作为测量值。

② 单个试件的质量损失率应按式（3-28）计算：

$$\Delta W_{ni}=\frac{W_{0i}-W_{ni}}{W_{0i}}\times 100\% \tag{3-28}$$

式中，ΔW_{ni} 为 n 次冻融循环后第 i 个混凝土试件的质量损失率，%，精确至 0.01%；W_{0i} 为冻融循环试验前第 i 个混凝土试件的质量，g；W_{ni} 为 n 次冻融循环后第 i 个混凝土试件的质量，g。

③ 数据记录与处理应符合下列规定：抗冻标号应以抗压强度损失率不超过25%或者质量损失率不超过5%时的最大冻融循环次数（按表3-30确定）为依据。

Ⅱ 混凝土抗渗实验（逐级加压法）

一、实验目的

① 掌握冻融循环的实验方法。

② 根据数据记录与处理确定混凝土的抗渗等级。

二、实验原理

混凝土的抗渗性是指液体受压力作用在混凝土中的渗透、扩散或迁移的能力。混凝土的抗渗性是混凝土的基本性能，也是混凝土耐久性的重要特点。混凝土的抗渗性不仅表征混凝土耐水流穿过的能力，也影响到混凝土抗碳化、抗氯离子渗透等性能。

抗渗性能实验应采用顶面直径为175mm，底面直径为185mm，高度为150mm的圆台体或直径与高度均为150mm的圆柱体试件，6个试件为一组。密封材料宜用石蜡加松香或水泥加黄油等。

混凝土的抗渗性用抗渗等级（P）或渗透系数来表示。我国标准采用抗渗等级。抗渗等级是以28d龄期的标准试件，按标准试验方法进行试验时所能承受的最大水压力来确定。

三、仪器设备

抗渗仪，烘箱，加压仪。

四、实验操作

① 试件养护至试验前一天取出，将表面晾干，然后在其侧面涂一层厚度为1～2mm的密封材料，随即在螺旋或其他加压装置上，将试件压入试件套中，恒压5～10min即可解除压力，连同试件套安在抗渗仪上进行试验。

② 试验从水压为0.1MPa开始，以后每隔8h增加水压0.1MPa，并且要随时注意观察试件端面的渗水情况。

③ 当6个试件中有3个试件端面呈渗水现象时，即可停止试验，记录当时的水压。

④ 在试验过程中，如发现水从试件周边渗出，则应停止试验，重新密封。

五、数据记录与处理

混凝土抗渗等级按式（3-29）计算：

$$P=10H-1 \tag{3-29}$$

式中，P 为混凝土抗渗等级；H 为6个试件中3个试件渗水时的水压力，MPa。

Ⅲ 混凝土抗硫酸盐侵蚀实验

一、实验目的

掌握混凝土的抗硫酸盐侵蚀实验方法。

二、实验原理

在一些地下水和工业污水中常含有硫酸盐，土壤，尤其是黏土中也含有一定量的硫酸盐，经空气污染而形成的酸雨以及生物生长产生的硫酸盐等，也会使局部地区的硫酸盐浓度升高，硫酸盐更是海水的主要成分。当硫酸盐溶液（如 Na_2SO_4、$CaSO_4$、$MgSO_4$ 等）与混凝土接触或进入到混凝土内部后，会与水泥中的水化产物［如 $Ca(OH)_2$ 及水化铝酸钙］反应，生成石膏和硫铝酸钙，致使混凝土因体积膨胀而开裂，结构遭到破坏。

混凝土的抗侵蚀性与所用水泥的品种、混凝土的密实度、混凝土内部的孔结构等有关。密实度大及内部多为封闭的小微孔的混凝土，外部介质不易侵入，抗侵蚀能力高。因此，合理选择水泥品种，降低水灰比，提高混凝土的密实度，改善混凝土内部的孔结构是提高混凝土抗侵蚀性的主要措施。

抗硫酸盐等级是指用抗硫酸盐侵蚀实验方法测得的最大干湿循环次数来划分的混凝土抗硫酸盐侵蚀性能的等级。

三、仪器设备

干湿循环试验装置或烘箱，温度稳定在（80±5)℃。

四、实验操作

① 在养护至 26d 时，将需进行干湿循环的混凝土试件从标准养护室取出。擦干试件表面水分，然后将试件放入烘箱中，并应在（80±5)℃下烘 48h。烘干结束后应将试件在干燥环境中冷却到室温。

② 试件烘干并冷却后，应立即将试件放入试件盒中，相邻试件之间应保持 20mm 间距，试件与试件盒侧壁的间距不应小于 20mm。

③ 试件放入试件盒以后，应将配制好的 5%Na_2SO_4 溶液放入试件盒，溶液应至少超过最上层试件表面 20mm，然后开始浸泡。从试件开始放入溶液，到浸泡过程结束的时间应为（15±0.5）h。注入溶液的时间不应超过 30min。浸泡龄期应从将混凝土试件移入 5% Na_2SO_4 溶液中起计时，试验过程中宜定期检查和调整溶液的 pH 值，可每隔 15 个循环测试一次溶液 pH 值，应始终维持溶液的 pH 值在 6～8 之间。溶液的温度应控制在 25～30℃。也可不检测其 pH 值，但应每月更换一次试验用溶液。

④ 浸泡过程结束后，应立即排液，并应在 30min 内将溶液排空。溶液排空后应将试件风干 30min，从溶液开始排出到试件风干的时间应为 1h。

⑤ 风干过程结束后应立即升温，应将试件盒内的温度升到 80℃，开始烘干，升温过程应在 30min 内完成。温度升到 80℃后，应将温度维持在（80±5)℃。从升温开始到开始冷却的时间应为 6h。

⑥ 烘干过程结束后，应立即对试件进行冷却，从开始冷却到将试件盒内的试件表面温度冷却到 25～30℃的时间应为 2h。

⑦ 每个干湿循环的总时间应为（24±2）h。然后应再次放入溶液中，按照上述 3～6 的步骤进行下一个干湿循环。

⑧ 在达到规定的干湿循环次数后，应及时进行抗压强度实验。同时应观察经过干湿循环后混凝土表面的破损情况，并进行外观描述。当试件有严重剥落、掉角等缺陷时，应先用高强石膏补平后再进行抗压强度实验。

⑨ 对比试件应继续保持原有的养护条件，直到完成干湿循环后，与进行干湿循环实验的试件同时进行抗压强度实验。

五、实验记录与处理

数据记录与处理应符合下列规定：

① 混凝土抗压强度耐蚀系数应按式（3-30）进行计算：

$$K_f=\frac{f_{cn}}{f_{c0}}\times 100\% \tag{3-30}$$

式中，K_f 为抗压强度耐蚀系数，%；f_{cn} 为 n 次干湿循环后受硫酸盐腐蚀的一组混凝土试件的抗压强度测定值，MPa，精确至 0.1MPa；f_{c0} 为与受硫酸盐腐蚀试件同龄期的标准养护的一组对比混凝土试件的抗压强度测定值，MPa，精确至 0.1MPa。

② 抗硫酸盐等级应以混凝土抗压强度耐蚀系数下降到不低于 75%时的最大干湿循环次数来确定，并应以符号 KS 表示。不同抗硫酸盐等级规定所需干湿循环次数如下：KS15 干湿循环次数为 15；KS30 干湿循环次数为 15～30，KS60 干湿循环次数为 30～60。

Ⅳ 水泥抗硫酸盐侵蚀实验

一、实验目的

掌握水泥的抗硫酸盐侵蚀实验方法。

二、实验原理

硫酸盐先与水泥石中的氢氧化钙作用生成硫酸钙，即二水石膏（$CaSO_4 \cdot 2H_2O$），这种生成物再与水泥石中的水化铝酸钙反应生成钙矾石，其体积约为原来的水化铝酸钙体积的 2.5 倍，从而使硬化水泥石中的固相体积增加很多，产生相当大的结晶压力，造成水泥石开裂，甚至破坏。

水泥的抗硫酸盐侵蚀实验是将水泥胶砂试体分别浸泡在规定浓度的硫酸盐侵蚀溶液和水中养护到规定龄期，以抗折强度之比确定抗硫酸盐侵蚀系数。

三、实验设备

压力机，抗折强度实验机，试模，养护箱，湿热养护箱。

四、实验操作

（1）水泥胶砂试体成型

把 225g 水、450g 水泥加入搅拌锅内，开动搅拌机拌制胶砂，胶砂制备后立即进行装模成型。

（2）试体养护与侵蚀浸泡

脱模后的试块放入 50℃湿热养护箱中装有（50±1)℃水的容器中（铝酸盐水泥在 20℃水中）养护 7d，取出。分成两组，每组九条。一组放入装有 20℃水的养护箱（容器）中继续养护，一组放入装有 20℃质量分数为 3%的硫酸盐侵蚀溶液的养护箱（容器）中浸泡。试体在容器中浸泡时，每条试体需有 200mL 的侵蚀溶液，液面至少高出试体顶面 10mm，为避免蒸发，容器应加盖。

试体在浸泡过程中，每天一次用硫酸（1份体积的浓硫酸与5份体积的水混合）滴定硫酸盐侵蚀溶液，以中和试体在溶液中放出的 $Ca(OH)_2$，边滴定边搅拌使侵蚀溶液的pH保持在7.0左右。指示剂可采用酚酞指示剂溶液（1g酚酞溶于100mL乙醇中）。

两组试体均养护28d后取出。

（3）试体破型

破型前，擦去试体表面的水和砂粒，清除夹具圆柱表面黏着的杂物，试体放入抗折夹具上时，试体侧面与圆柱接触。

五、实验记录与处理

① 试体的抗折强度按式（3-31）进行计算：

$$R=0.075F \tag{3-31}$$

式中，R 为试体抗折强度，N；F 为折断时施加于棱柱体中部的荷载，N；0.075为换算系数。

② 剔去九条试体破坏荷载的最大值和最小值，以其余7条平均值为试体抗折强度，计算精确到0.01MPa。分别计算水中养护和侵蚀溶液中养护的试体抗折强度 R 值，得到 $R_{液}$、$R_{水}$。

③ 抗蚀系数的计算按式（3-32）进行：

$$K=\frac{R_{液}}{R_{水}} \tag{3-32}$$

六、思考题

① 影响水泥基材料耐久性的因素有哪些？

② 采取哪些措施可以提高水泥基材料的耐久性？

实验十四　超声法无损检测混凝土缺陷

一、实验目的

掌握超声法无损检测混凝土缺陷的测试方法。

二、实验原理

利用超声脉冲波检测混凝土缺陷，依据以下原理。

① 超声脉冲波在混凝土中遇到缺陷时产生绕射，可根据声时及声程的变化，判断和计算缺陷的大小。

② 超声脉冲波在缺陷界面产生散射和反射，到达接收换能器的声波能量（波幅）显著减小，可根据波幅变化的程度判断缺陷的性质和大小。

③ 超声脉冲波通过缺陷时，部分声波会产生路径和相位变化，不同路径或不同相位的声波叠加后，造成接收信号波形畸变，可参考畸变波形分析判断缺陷。

④ 超声脉冲波中各频率成分在缺陷界面衰减程度不同，接收信号的频率明显降低，可

根据接收信号主频或频率谱的变化分析判断缺陷情况。

当混凝土的组成材料、工艺条件、内部质量及测试距离一定时，各测点超声传播速度、首波幅度和接收信号主频率等声学参数一般无明显差异。如果某部分混凝土存在空洞、不密实或裂缝等缺陷，破坏了混凝土的整体性，通过该处的超声波与无缺陷混凝土相比较，声时明显偏长，波幅和频率明显降低。超声法检测混凝土缺陷，正是根据这一基本原理，对同条件下的混凝土进行声速、波幅和主频测量值的比较，从而判断混凝土的缺陷情况。

本实验采用单面平测法检测混凝土裂缝深度，采用对测法检测混凝土不密实区和空洞。

三、仪器设备

ZBL-U520 非金属超声检测仪

四、实验操作

Ⅰ 平测法检测混凝土裂缝深度

① 选择被测裂缝较宽且便于测试操作的部位。

② 打磨清理混凝土表面。当被测部位不平整时，应打磨、清理表面，以保证换能器与混凝土表面偶合良好。

③ 布置超声测点：所测的每一条裂缝，在布置跨缝测点的同时，都应该在其附近布置不跨缝测点。

④ 不跨缝的声时测量：测点间距，一般可设 T、R 换能器内边缘 $l'=100$mm、150mm、200mm、250mm…，(图 3-16)。将各测点的声波实际传播距离 l'及声时值 t_i，绘制“时-距”坐标图（图 3-17）

⑤ 跨缝声时检测：将 T、R 换能器分别置于对称的两侧，取 $l'=100$mm、150mm、200mm、250mm…，分别读取声时值 t_i^0，同时观察首波相位的变化。

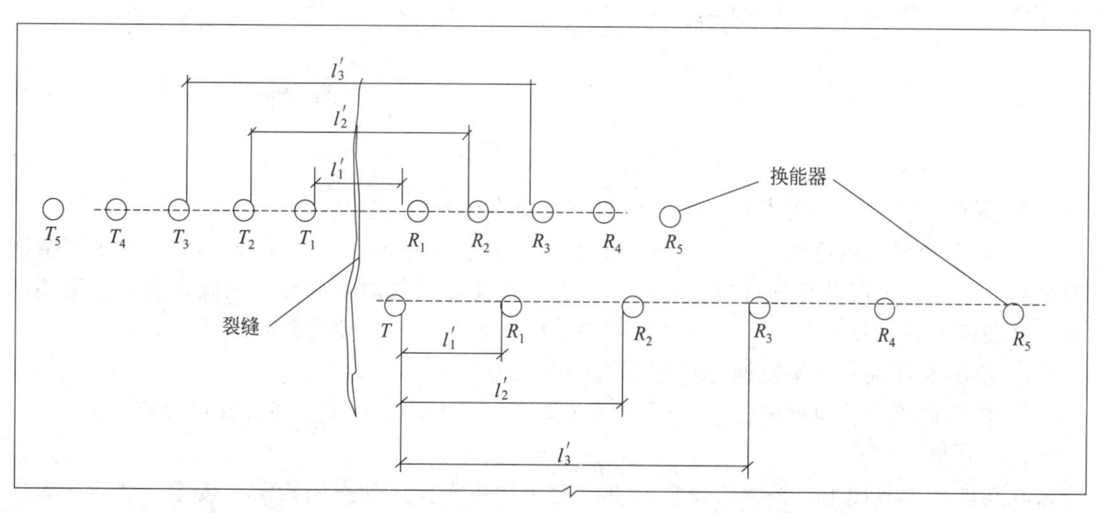

图 3-16 平测法检测混凝土裂缝示意图

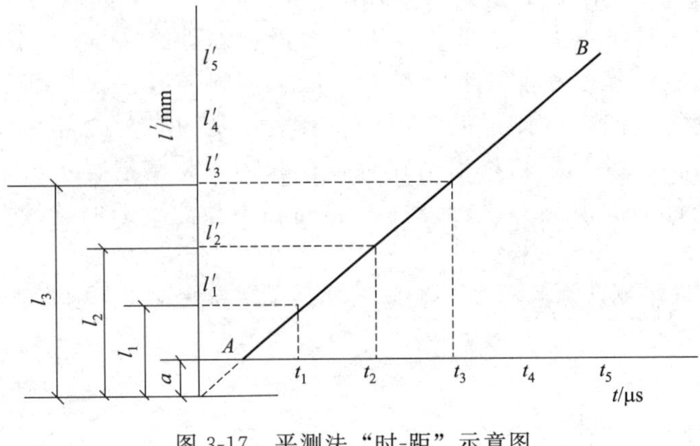

图 3-17 平测法“时-距”示意图

Ⅱ 不密实区和空洞检测（对测法）

（1）测试前准备

① 测线布置：在构件的两相对测试面上布置测线。一般将测线布置成网格状。如图 3-18 所示。

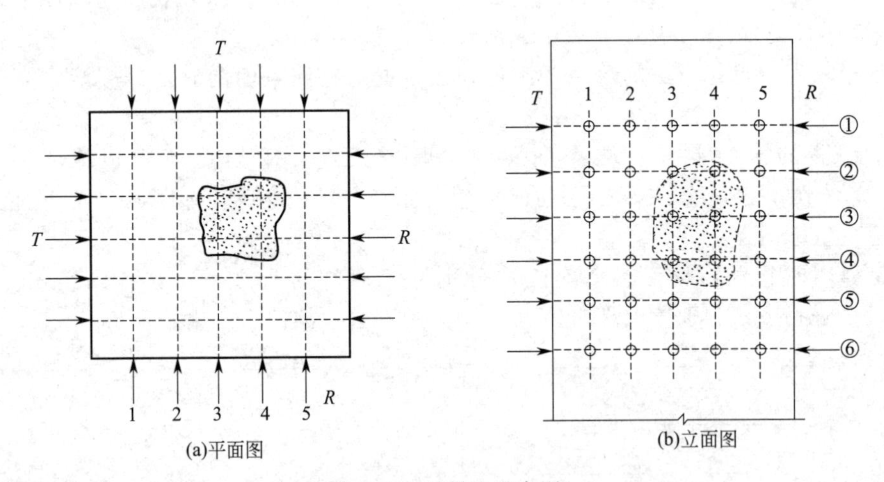

图 3-18 对测法示意图

② 测点布置：水平测线与竖直测线的交点即为待测测点。

③ 表面处理：超色测点处混凝土表面必须平整、干净。对不平整或黏附有泥沙等杂物的测点表面，应采用砂轮进行打磨处理，以保证换能器辐射面与混凝土表偶合良好。当测试表面存在麻面或严重凹凸不平，很难打磨平整时，可采用高强度快凝砂浆抹平。

④ 换能器连接：将平面换能器连接到超声仪的发射及接收通道。

⑤ 换能器耦合：将换能器通过偶合剂（黄油、凡士林等）完全偶合到被测点上。

（2）开机

在功能选择界面上，按▼、▲键选择“超声法不密实区和空洞检测”按钮，然后进入参数设置界面。

（3）设置工程参数

① 选择或新建工程。

② 选择或新建构件。

③ 输入测距：测距是指两平面换能器之间的距离。

④ 选择点数：点数是指每条水平测线上的测点个数，可在1～20间选择。

⑤ 选择通道：根据换能器连接超声仪的通道。

(4) 测试

按【采样】键或"测试"按钮进入测试界面，即可开始测试。

(5) 退出

测试完后，在测试界面按【退出】键，则返回至参数设置界面，再按【退出】键，则返回系统功能选择界面。

五、数据记录与处理

① 裂缝深度检测。平测法检测，裂缝深度应按式(3-33)计算：

$$h_{ci}=l_i/2\sqrt{(t_i^0 v/l_i)^2-1} \tag{3-33}$$

式中，l_i 为不跨缝平测时第 i 点的超声波实际传播距离，mm；h_{ci} 为第 i 点计算的裂缝深度值，mm；t_i^0 为第 i 点跨缝平测的声时值，μs；v 为混凝土声速值，km/s。

② 测试部位混凝土声学参数的平均值(m_x)和标准差(S_x)应按式(3-34)和式(3-35)计算：

$$m_x=\sum X_i/n \tag{3-34}$$

$$S_x=\sqrt{\sum[X_i^2-nm_z^2/(n-1)]} \tag{3-35}$$

式中，X_i 为第 i 点的声学参数测量值；n 为参与统计的测点数目。

异常数据可按照下列方法判别：将测位各测点的波幅、声速或主频值按从大到小的顺序进行排列，将排在最后面明显小的数据视为可疑数据，再将这些可疑数据中最大的一个连同前面的数据按规程计算出值，并按式(3-36)计算异常情况的判断值(X_0)：

$$X_0=m_x-\lambda_1 S_x \tag{3-36}$$

式中，λ_1 的值可取1.65。

将判断值 X_0 与可疑数据的最大值 X_n 进行比较，当 $X_n \leqslant X_0$ 时，X_n 及排列于其后的各数据均为异常值，并且去掉 X_n，再用 $X_1 \sim X_n-1$ 进行计算和判别，直至判不出异常值为止。

当测位中某些测点的声学参数被判定为异常值时，可结合常测点的分布波形状况确定混凝土内部存在不密实区和空洞位置以及范围。

六、思考题

超声法检测混凝土缺陷的主要影响因素是什么？

实验十五　水泥的制备与性能分析

一、实验目的

① 水泥原材料性能分析：要求学生掌握石灰石、铝矾土、砂岩、铁矿石中的二氧化钙、

二氧化硅、三氧化二铝、氧化铁等化学成分的分析测试方法；掌握各种材料的烧失量测定方法。

② 水泥生料配比设计：要求学生掌握熟料化学成分和矿物之间的关系，掌握熟料组成设计和生料配料计算方法。

③ 水泥熟料的高温烧成：要求学生掌握生料的易烧性、熟料高温煅烧工艺、热工参数控制。

④ 水泥熟料的矿物组成分析：要求学生掌握水泥熟料光片的制作方法，偏光和反光显微镜下辨别熟料的矿物种类，掌握X射线衍射法测试熟料的矿物组成。

⑤ 水泥物理性质、标准稠度、凝结时间、安定性检测：要求学生掌握水泥的比表面积、细度、标准稠度、凝结时间、安定性等测试方法。

二、仪器设备

游离氧化钙测定仪，电子天平，箱式高温炉压片机，金相试样抛光机，电风扇，0.08mm的方孔筛，电热干燥箱，刚玉坩埚，试体成型模具，水泥维卡仪，行星式水泥净浆搅拌机，李氏比重瓶，勃氏透气比表面积测定仪，激光粒度仪，负压筛析仪，沸煮箱，干燥箱，干燥器，水泥标准养护箱，水泥标准养护室，超景深显微镜。

三、实验操作

1. 水泥材料化学组成分析

对所用材料进行烘干及制样，对 CaO、SiO_2、Al_2O_3、Fe_2O_3、MgO、Na_2O、K_2O 等进行分析，用X射线荧光光谱分析（XRF）法进行测定。要求分析者提交分析报告单作原始凭证。

2. 材料烧失量测定

对所用材料进行烘干，备用。

（1）取样

用天平称取约1g试样，精确至0.0001g，置于已灼烧至恒重的瓷坩埚中，将盖斜置于坩埚上，放在高温电阻炉内，在950～1000℃下灼烧20～30min，取出坩埚置于干燥器中冷却至室温，称其质量。反复灼烧，直至恒重。

（2）结果计算：

$$X=[(m-m_1)/m]\times 100\% \tag{3-37}$$

式中，X 为烧失量，%；m 为烧灼前试样的质量，g；m_1 为烧灼后试样的质量，g。

3. 合格生料的制备

（1）配料计算

① 根据实验要求确定实验组数与生料量。

② 确定生料率值。

③ 以各材料的XRF化学成分分析结果作依据进行配料计算。

（2）制备生料试块

① 按配料称量各种材料，放在烧杯中，混合。

② 将混磨好的粉料，放入成型模具中，用压片机以10～15MPa的压力压制成块，压块厚度一般不大于15mm。

4. 水泥熟料的煅烧（熟料的制备）

将生料块放进坩埚中，按预定的烧成温度制度进行煅烧。煅烧结束后，戴上石棉手套，用坩埚钳从电炉中快速拖出坩埚，立即用风扇吹风冷却至室温。并观察熟料的色泽等。

将烧好的熟料试块装在编号的样品袋中，置于干燥器内。

5. 水泥熟料性能试验

(1) 水泥熟料岩相分析

取部分熟料做岩相检验。

① 光片的制备。实验步骤如下：水泥熟料试样表面粗糙、形变层厚，在显微检查之前，必须经过磨光和抛光。

ⅰ. 试样的磨光。手工磨光：将砂纸平放在玻璃板上，一手按住砂纸，一手将试样磨面轻压在砂纸上并向前推磨，直到试样磨面仅留一个方向的均匀磨痕为止。

ⅱ. 试样的抛光。抛光时要不断添洒磨料和润滑液，并保持抛光织物上的湿润度适当。

ⅲ. 光片的检验。将抛光好的光片用反光显微镜观察磨面有没有磨痕，是否平整光滑。

② 光片的浸蚀。抛光好的试样在清洗干净后最好立即浸蚀，试样在浸蚀前应仔细擦净。浸蚀一定时间后立即取出光片，在滤纸上吸干光片表面所吸附的试剂，用电吹风冷热风交替吹干光片，然后放到显微镜下观察。常用硅酸盐水泥熟料浸蚀剂和浸蚀条件如表 3-31 所示。

表 3-31 常用硅酸盐水泥熟料浸蚀剂和浸蚀条件

编号	浸蚀剂名称	浸蚀条件	显形的矿物特征
1	无	不浸蚀直接观察	方镁石：凸起较高，周围有一黑边，呈粉红色 金属铁：反射率高，亮白色
2	蒸馏水	20℃，8s	游离氧化钙：呈彩色。黑色中间相呈蓝色、棕色、灰白色
3	1%硝酸酒精溶液	20 ℃，3s	A矿：深棕色 B矿：黄褐色 游离氧化钙：受轻微浸蚀 黑色中间相：深灰色

③ 反光镜下（超景深三维显微镜）的观察及显微摄影。实验原理：硅酸盐矿物在反射光下很少数是呈现反射色的，但都具有程度不同的内反射。由于它们的反射率不高（一般都在 20%以下），一般呈现程度差别不大的灰色，所以要在反光显微镜下区别它们只有应用各种特征的浸蚀剂，即片抛光后，在矿物表面覆盖着一层厚度为千分之几毫米的非晶质薄膜，充填了矿物显微结构中的裂痕及晶体边界孔隙，使晶体的内部结构及不同晶体的界限分辨不清。当用适当试剂作用于光片表面时，非晶质薄膜开始溶解，并呈现出矿物的某些结构特征。若试剂继续作用，则引起矿物表面不同程度的溶解或生成带有色彩的沉淀物。如果处理适当，这种沉淀物也可以作为鉴定矿物的一种特征。当然也有少数矿物，如硅酸钙、中间相、游离氧化钙和方镁石等，由于它们的反射率较高或硬度较大，在反射光下呈现白色或明显的凸起，这也成为鉴定这些矿物的主要特征。

(2) X 射线衍射测试熟料的矿物组成

取部分水泥熟料磨细后，通过对试样进行 X 射线衍射，分析其衍射图谱，获得材料的成分、内部原子或分子的结构或形态等信息。

(3) 甘油法测定游离氧化钙

① 测定原理。在无水甘油-乙醇混合溶液中，加入硝酸锶作催化剂，加热微沸下与水泥熟料中游离氧化钙作用，生成甘油酸钙，此产物为弱碱性，使酚酞指示剂变红色，然后用苯甲酸滴定至溶液红色消失，根据滴定时消耗的苯甲酸标准溶液的毫升数，计算游离氧化钙的含量。

其反应如下：

$$\begin{array}{c}H_2COH\\|\\CaO+HCOH\\|\\H_2COH\\甘油\end{array}\xrightarrow{Sr(NO_3)_2\ 催化}\begin{array}{l}H_2CO\diagdown\\|\qquad\\HCOH\,Ca+H_2O\\|\qquad\\H_2CO\diagup\end{array}$$

$$\begin{array}{c}\begin{array}{l}H_2CO\diagdown\\|\\HCOH\,Ca\\|\\H_2CO\diagup\end{array}+2C_6H_5COOH\\甘油酸钙\qquad\qquad苯甲酸\end{array}\xrightarrow{酚酞指示剂}\begin{array}{c}\begin{array}{l}H_2COH\\|\\HCOH\\|\\H_2COH\end{array}+Ca(C_6H_5COO)_2\\甘油\qquad\qquad苯甲酸钙\end{array}$$

② 试剂及配制。

ⅰ. 无水乙醇含量不低于 99.5%。

ⅱ. 0.1mol/L 氢氧化钠无水乙醇溶液的配制：将 0.4g 氢氧化钠溶于 100mL 无水乙醇中。

ⅲ. 无水甘油-乙醇溶液的配制：将 500mL 甘油与 1000mL 无水乙醇混合，加入 0.1g 酚酞指示剂混匀，以 0.1mol/L 氢氧化钠无水乙醇溶液中和至微红色。

ⅳ. 0.1mol/L 苯甲酸无水乙醇标准溶液的配制：将预先在干燥器中放置一昼夜的苯甲酸 12.2g 溶解于 1000mL 无水乙醇中，贮存于带胶塞（装有硅胶的干燥管）的玻璃瓶内。

ⅴ. 苯甲酸无水乙醇标准溶液的标定：准确称取 0.5g 氧化钙（基准试剂）预先在 950～1000℃高温炉内烧至恒定质量，置于 250mL 干燥锥形瓶内，加入 30mL 无水甘油-无水乙醇溶液，加入 1g 硝酸锶，装上回流冷凝管，置于游离氧化钙测定仪上，在有石棉网的电炉上加热至沸 10min 后，直至溶液呈深红色取下锥形瓶，立即用 0.1mol/L 苯甲酸无水乙醇标准溶液滴定至微红色消失，再如此反复操作，直至加热 10min 后不再出现红色为止。

苯甲酸无水乙醇标准溶液对氧化钙的滴定度按式（3-38）计算：

$$T_{CaO}=\frac{1000m}{V} \tag{3-38}$$

式中，T_{CaO} 为 1mL 苯甲酸无水乙醇标准溶液相当于氧化钙毫克数；m 为氧化钙的质量，g；V 为滴定时消耗 0.1mol/L 苯甲酸无水乙醇溶液的总体积，mL。

③ 测定步骤。

ⅰ. 准确称取 0.5g 试样，置于 250mL 干燥锥形瓶中，加入 30mL 无水甘油-乙醇溶液，加入 1g 硝酸锶，摇匀。

ⅱ. 装上回流冷凝管在有石棉网的电炉上加热煮沸 10min，至溶液呈红色时取下锥形瓶，立即用 0.1mol/L 苯甲酸无水乙醇标准溶液滴定至红色消失。

ⅲ. 如此反复操作，直至加热 10min 后不再出现微红色为止。

游离氧化钙的含量按式（3-39）计算：

$$w_{f\text{-}CaO}=\frac{T_{CaO}V}{1000G}\times100\% \tag{3-39}$$

式中，T_{CaO} 为每毫升苯甲酸无水乙醇标准溶液相当于氧化钙的毫克数；G 为试样质量，g；V 为滴定时消耗 0.1mol/L 苯甲酸无水乙醇标准溶液的总体积，mL。

将煅烧所得熟料，按所设计的水泥品种，根据有关标准进行实验，以确定水泥品种、标号、适宜的添加物（如石膏和混合材等）掺量和粉磨细度等。如硅酸盐水泥熟料，除了可单掺适量石膏制成Ⅰ型硅酸盐水泥外，还可根据掺加混合材料的类别与数量不同，制成Ⅰ型硅酸盐水泥、普通硅酸盐水泥、矿渣硅酸盐水泥、火山灰硅酸盐水泥、粉煤灰硅酸盐水泥、复合硅酸盐水泥和石灰石硅酸盐水泥等。硫铝酸盐熟料则可通过调节外掺石膏数量制成膨胀硫铝酸盐水泥、自应力硫铝酸盐水泥或快硬硫铝酸盐水泥。同一种熟料可根据不同需求研制同系列不同品种的水泥。

6. 水泥性能测定

① 密度测定。

② 细度测定。

③ 标准稠度用水量测定（试锥法）。

④ 凝结时间测定。

⑤ 安定性测定（试饼法）。

⑥ 水泥机械强度测定。

四、数据记录与处理

将实验得到的数据进行归纳、整理与分类，并进行数据记录、处理与分析，找出规律性，得出结论。

五、思考题

① 水泥熟料的烧成温度与哪些因素有关？

② 光片磨制时应注意哪些问题？

③ 水泥性能检测时，如何判断其安定性的优良？

实验十六　有机玻璃制备及性能测定

一、实验目的

① 了解本体聚合的基本原理和主要特点。

② 掌握利用间歇本体聚合法制备有机玻璃制品。

③ 掌握温度-形变曲线的测定方法。

④ 掌握黏度法测定高聚物分子量的操作、数据记录以及处理方法。

二、实验原理

在没有任何介质的情况下，只有单体本身在引发剂、光、热、辐射作用下进行的聚合反应叫本体聚合。本体聚合时，随着转化率的提高，体系黏度增大，长链自由基卷曲，双基终止受到阻碍，聚合反应增长速率常数 K_p 变动不大，终止速率常数 K_t 锐减，因而聚合反应显著加速，同时分子量也迅速增加，自动加速效应是本体聚合的重要特征之一。

本实验采用甲基丙烯酸甲酯（MMA）本体聚合制备玻璃制品，甲基丙烯酸甲酯的聚合反应式如下：

$$n\,CH_2\!=\!\underset{\displaystyle COOCH_3}{\overset{\displaystyle CH_3}{\underset{|}{\overset{|}{C}}}} \xrightarrow{BPO} \left[CH_2-\underset{\displaystyle COOCH_3}{\overset{\displaystyle CH_3}{\underset{|}{\overset{|}{C}}}} \right]_n$$

聚合时为了解决散热，避免自动加速作用而引起爆聚现象，以及单体转化为聚合物时由于密度不同而引起的体积收缩问题，工业上采用先高温预聚合，待转化率达到一定程度后，再注入模内，在低温下进一步聚合，安全度过危险期，最后制得有机玻璃产品。

玻璃化转变温度（T_g）和分子量是高分子材料的两个基本物理参数，本实验采用热机分析仪和乌式黏度计对所制备的有机玻璃制品（PMMA）进行 T_g 和分子量的测定。

在聚合物试样上施加恒定载荷，在一定范围内改变温度，以试样形变或相对形变对温度作图，所得到的曲线，通常称为温度-形变曲线。线型非结晶性聚合物在不同的温度范围内表现出不同的力学行为。

线型非晶聚合物有三种不同力学形态：玻璃态、高弹态、黏流态。这是聚合物链在运动单元上的宏观表现，处于不同力学行为的聚合物因为提供的形变单元不同，其形变行为也不同。玻璃态与高弹态之间的转变温度就是玻璃化转变温度 T_g，高弹态与黏流态之间的转变温度就是黏流温度 T_f。温度-形变曲线的测量可参考实验“聚合物温度-形变曲线的测定”。

黏度法是测定聚合物分子量的常用方法，此法设备简单，操作方便，且具有较好的精确度，因而在聚合物的生产和研究中得到十分广泛的应用。本实验采用乌氏黏度计，用一点法测定 PMMA 的分子量。

三、仪器设备与材料

仪器设备：XWJ-500B 热机分析仪、恒温玻璃水浴一套、乌式黏度计、秒表、250mL 三颈瓶、电动搅拌装置一套、恒温水浴装置、温度计、回流冷凝管、玻璃试管（内径 4.5mm）。

材料：甲基丙烯酸甲酯（MMA），精制，分析纯；过氧化苯甲酰（BPO，精制），分析纯；硬脂酸；苯；丙酮。

四、实验操作

（1）预聚合阶段

① 准确量取 0.2g BPO，50mLMMA 加入 250mL 三颈瓶中。

② 开动搅拌和冷却水，升温至水浴恒温 80～85℃，保温反应。观察聚合体系的黏度变化。0.5～1h 后，若预聚物变成黏性薄浆状（比甘油略黏一些），加入 0.3g 硬脂酸搅拌使其溶解，撤去热源，反应瓶迅速用冷水冲淋冷却至 40℃左右。

（2）聚合阶段

① 预先取一干净短玻璃管（内径 4.5mm），一端用橡皮封好，烘干备用。

② 将预聚物灌入玻璃管中，待气泡全部逸出后，用橡皮封好，确保密封。

③ 将已灌浆的玻璃管置于 50℃恒温水浴中，保持 2h。然后升温至 70℃，保持 2h。

注：浇灌时，可预先在玻璃管中放入干花等装饰物，但加入的装饰物一定要干燥，以防产生气泡。

（3）高温后处理

① 沸水中熟化 2～3h，即得有机玻璃产品。

② 取出玻璃管，冷却后将产品从一端顶出，得一透明光滑的有机玻璃棒。

（4）有机玻璃的温度-形变曲线测定（使用热机分析仪）

将有机玻璃样品放在仪器的支架台中央，把支架放入加热炉中。设置好砝码，把位移传感器和温度传感器装好。进入仪器操作界面，调零结束后，开始测量，由计算机界面绘出 ε（形变）-T（温度）曲线，进而可求出玻璃化转变温度 T_g。

(5) 有机玻璃分子量的测量

① 取制备的 PMMA 树脂试样，用干净的锉磨出适量粉末，准确称取 0.1000g 于干净的 50mL 容量瓶中，加入丙酮约 2/3 容量瓶，待试样溶解后，用丙酮定容至刻度线。

② 乌氏黏度计的标定：待玻璃恒温水浴达到设定温度 20℃后，测定已知溶剂苯和丙酮的流出时间，测定三次取平均值，三次时间误差在 0.2s 以内；计算黏度计的仪器常数 A、B。注：25℃时 $\eta_{苯}=0.6028\mathrm{mPa\cdot s}$、$\rho_{苯}=0.8684\mathrm{g/mL}$；$\eta_{丙酮}=0.3075\mathrm{mPa\cdot s}$、$\rho_{丙酮}=0.7851\mathrm{g/mL}$。

③ 溶液流出时间的测定：测定所配制的 PMMA 丙酮溶液的流出时间 t，测定三次取平均值，三次时间误差在 0.2s 以内；测毕用丙酮洗涤黏度计。

④ 计算溶液的 $[\eta]$，进而计算所制备的有机玻璃的分子量。

五、数据记录与处理

记录有机玻璃的玻璃化转变温度 T_g，计算其分子量。

六、思考题

在本体聚合反应过程中，为什么必须严格控制不同阶段的反应温度？

实验十七　高分子材料注射成型实验

一、实验目的

① 了解注射成型机的基本结构、工作原理和操作要点。

② 掌握注射成型工艺。

二、实验原理

注射成型亦称注射模塑或注塑，是指有一定形状的模型，通过压力将融熔状态的胶体注入模腔而成型。注射成型是热塑性塑料的一种重要成型方法，通过将塑料（一般为粒料）在注射成型机的料筒内加热熔化，当呈流动状态时，熔融塑料在柱塞或螺杆的加压下被压缩，并向前移动，进而通过塑料筒前端的喷嘴以很快的速度注入温度较低的闭合模具内，经过一定时间冷却定型后，开启模具即得制品。

注射成型机由注射装置、合模装置和注塑模具三部分组成。注射装置是注塑机的主要部分，将塑料加热塑化成流动状态，加压注射入模具。注射方式有柱塞式、预塑化式和往复螺杆式。后者具有塑化均匀、注射压力损失小、结构紧凑等优点，应用较广泛。合模装置是用以闭合模具的定模和动模，并实现模具开闭动作及顶出成品。注塑模具，简称注模，它由浇注系统、成型零件和结构零件所组成。①浇注系统是指自注射机从喷嘴到型腔的塑料流动通道；②成型零件是指构成模具型腔的零件，由阴模、阳膜组成；③结构零件，包括导向、脱膜、抽芯、分型等各种零件。模具分为定模和动模两大部分，分别固定于合模装置的定板和动板上，动模随动板移动而完成开闭动作。模具根据需要可加热或冷却。

注塑机的规格有两种表示法：一种是每次最大注射体积或重量，另一种是最大合模力。注塑机其他主要参数为塑化能力、注塑速率和注射压力。在热塑性塑料注射成型时，塑料的流变性、热性能、结晶行为、定向作用及模具结构等因素对注射成型工艺条件及制品性质都会产生很大的影响。

注射成型工艺适应性强，生产效率高。注射成型的成型周期短（几秒到几分钟），成型制品质量可由几克到几十千克，能一次成型外形复杂、尺寸精确、带有金属或非金属嵌件的模塑品。注射成型几乎适用于所有的热塑性塑料，也成功地用于成型某些热固性塑料。

三、仪器设备与材料

仪器设备：HTF58X1 注射成型机，塑料注射成型机由注射系统、锁模系统和模具三部分组成。

材料：聚苯乙烯（PS）、ABS 等塑料。

四、实验操作

① 确定注射成型工艺参数。注射成型工艺参数包括注射机料筒温度、喷嘴温度、模具温度、注射压力、注射时间、保压时间、无压冷却时间等。

ⅰ. 根据塑料玻璃化温度、熔融温度（T_m 或 T_f）和分解温度选择注射机料筒温度和模具温度。

ⅱ. 根据材料注射成型工艺特性及试样质量要求，拟定注射压力、保压压力、保压时间和冷却时间。

② 开机调试和注射成型

ⅰ. 把料筒加热温度设定为当前使用料的合适温度，并等待料温达到设定的温度大约 15min 后开始下一步工作。

ⅱ. 打开料斗盖，倒入塑料材料，盖好料斗盖。

ⅲ. 根据制品的重量、材料的密度、机器的总注射量，大致设置好储料结束的位置、储料的压力、速度和调节好储料背压阀的压力；同时设定好注射和保压的相关参数。

ⅳ. 按电机启动键，启动电动机。

ⅴ. 按下关模键做关模动作到关模结束。

ⅵ. 按下注射座前进键，使注射座前进，至喷嘴口与模具的浇口紧贴。

ⅶ. 按储料按钮，使螺杆旋转同时逐渐退回至设定的位置后，自动停止储料；在储料过程中，也可以再次按储料按钮，使储料动作停止。

ⅷ. 按下注射键，开始注射动作和保压动作。

ⅸ. 当保压结束后，松开注射键，按储料键开始下一模的储料。

ⅹ. 当储料结束后，估计冷却时间足够后，按下开模键做开模动作。

ⅹⅰ. 开模结束后做顶出动作，打开安全门，取出制品。

ⅹⅱ. 观察制品的成型情况，相应调整各个有关的参数；重复步骤（ⅳ）～（ⅹⅱ），直至成型出合格的制品。

ⅹⅲ. 制品合格后，按半自动键，可进入自动工作。

③ 完成聚苯乙烯 PS 的注射成型，通用塑料 ABS 的注射成型，不同配比的混合料 PS/ABS 样品（PS 与 ABS 的比例为 0.2，0.4，0.6，0.8 等）。

④ 测定 PS、ABS 和 PS/ABS 制品的拉伸强度、冲击强度、硬度等力学性能。

五、数据记录与处理

记录下试样的拉伸强度、冲击强度、硬度等力学性能。

六、注意事项

① 主机运转时，严禁手臂及工具等硬物质进入料斗内，不得用硬金属工具接触模具型腔。

② 禁止料筒温度未达到规定要求时进行预塑或注射动作，手动操作方式在注射-保压时间未结束时不得开动预塑。

③ 在闭合动模和定模时，应保证模具方位的一致性，避免错合损坏。

④ 喷嘴阻塞时，忌用增压的方法消除阻塞物。

实验十八　聚氯乙烯模压成型实验

一、实验目的

① 了解开放式炼胶（塑）机和平板硫化机的工作原理，并掌握基本操作。

② 理解 PVC 增韧改性的基本原理。

③ 掌握冲片机裁切制品和电子拉力机测定力学性能的基本操作。

二、实验原理

纯的聚氯乙烯（PVC）树脂属于一类强极性聚合物，其分子间作用力较大，从而导致了 PVC 软化温度和熔融温度较高，一般需要 160～210℃才能加工。另外 PVC 分子内含有的取代氯基容易导致 PVC 树脂脱氯化氢反应，从而引起 PVC 的降解反应，所以 PVC 遇热极不稳定，温度升高会大大促进 PVC 脱 HCl 反应，纯 PVC 在 120℃时就开始脱 HCl 反应，从而导致了 PVC 降解。鉴于上述两个方面的缺陷，PVC 在加工中需要加入助剂，以便能够制得各种满足人们需要的软、硬、透明、电绝缘良好、发泡等制品。增塑剂的加入，可以降低 PVC 分子链间的作用力，使 PVC 塑料的玻璃化温度、流动温度与所含微晶的熔点均降低，提高树脂的可塑性。热稳定剂的加入能防止 PVC 的分解。

NBR 是由丁二烯和丙烯腈经自由基乳液聚合法共聚而成的大分子弹性体，NBR 分子链上带有极性的氰基基团，因而赋予其优异的耐油、耐烃类溶剂及耐热老化性能等，但 NBR 的耐臭氧老化性能较差。由于 PVC 与 NBR 的溶解度参数相近，二者具有良好的热力学相容性。NBR 增韧改性 PVC 就是通过用一定品种、一定用量的 NBR 与 PVC 共混，以提高 PVC 的冲击强度。NBR 改性 PVC 所得共混物因具有优异的韧性、弹性、耐油性及加工成型性而备受青睐，在 PVC 改性中占据着非常重要的地位。

三、仪器设备与材料

① 仪器设备：开放式炼胶（塑）机，X（S）K-160 型，无锡市第一橡胶机械厂；平板硫化仪，QLB-P 型，上海橡胶机械厂；表面温度计，WREA-891M，上海自动化仪表三厂；CPJ-25 冲片机，承德试验机厂；CMT4304 电子拉力机，美斯特工业系统有限公司。

② 材料：PVC（聚氯乙烯），工业级；NBR（丁腈橡胶）工业级；三碱式硫酸铅（热稳定剂），化学纯；硬脂酸（脱膜剂），分析纯；DOP（邻苯二甲酸二辛酯，增塑剂），化学纯。

③ 实验配方，如表 3-32 所示。

表 3-32　NBR 改性 PVC 配方

	NBR/g	PVC/g	DOP/mL	三碱式硫酸铅/g	硬脂酸/g
一组	100	0	20	2	2
二组	90	10	20	2	2
三组	80	20	20	2	2
四组	70	30	20	2	2
五组	60	40	20	2	2
六组	50	50	20	2	2

④ NBR 改性 PVC 实验流程，如图 3-19 所示。

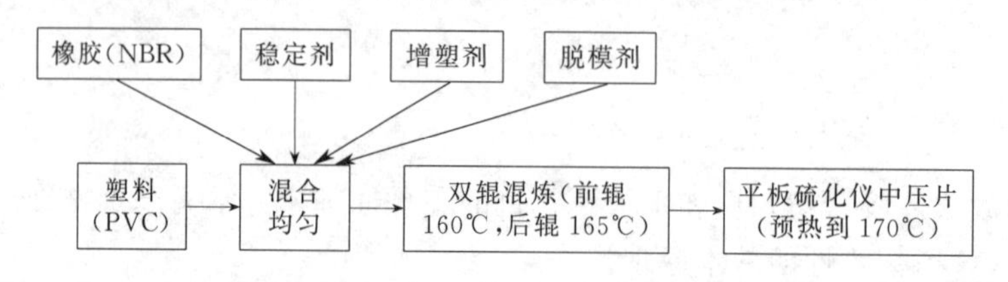

图 3-19　NBR 改性 PVC 实验流程图

四、实验操作

（1）PVC/NBR 共混样品的制备

① 将开放式炼胶（塑）机和平板硫化机进行预热，升温到指定温度。

② 按配方称量材料，将材料混合均匀。

③ 把称量好的物料放入开放式炼胶（塑）机内进行混炼，注意调整辊间距，混炼 5min。

④ 将混炼好的物质放在铺好锡纸并擦好油的模具内，放入平板硫化机上压片成型。压力达到 10MPa 时放气，连续两次。保持压力 10MPa 大约 10min，可取出模具，待冷却后拿出试样。

⑤ 制备不同比例的 PVC/NBR 共混样品。

（2）PVC/NBR 共混样品拉伸强度测定

① 采用 CPJ-25 冲片机，把上述制备完成的试样裁切成哑铃型试样。

② 使用电子拉力机测定试样的应力-应变曲线。

③ 将断裂后的试样放置 3min，再把断裂的两部分吻合在一起；用精度为 0.5mm 的量具测量吻合好的试样的标距，并计算永久变形值。

④ 记录拉伸强度、扯断伸长率；依据曲线分析制品的拉伸性能。

（3）PVC/NBR 共混改性制品撕裂强度测定

撕裂性能是橡塑制品一项重要的物理性能，制品在使用过程中会被破坏，其中橡胶制品表面受到尖锐物撞击，并划破产生裂口是重要的原因之一。目前国际上关于撕裂实验的方法很多，试样形状也不同。我国采用的撕裂方法有两种，即起始型撕裂实验和延续型撕裂实验。直角撕裂强度属起始型撕裂，实验是在材料试验机上，测定试样在一定速度拉伸下试样直角部位被撕裂时的负荷，然后计算其撕裂强度。撕裂强度即单位厚度上所承受的负荷，计算公式如式(3-40)：

$$\Phi_s=\frac{P}{H} \tag{3-40}$$

式中，Φ_s 为起始型撕裂强度，kN/m^2；P 为试样撕裂时最高负荷，kN；H 为试样直角部位割口部位厚度，m。

① 按规定形状及尺寸把制备完成的制品裁切成撕裂试验条样形状。

② 用厚度计测量试样直角部位的厚度和宽度，精确到 0.01mm。

③ 把试样对称并垂直地夹在拉力机的上下夹具上，以每分钟（500±10）mm 的下降速度拉伸，直到撕断为止，记录此时最高负荷 P。

④ 计算撕裂强度，并分析影响撕裂强度的因素有哪些。

五、数据记录与处理

记录下不同比例改性试样的拉伸强度和撕裂强度，分析改性效果。

六、思考题

塑料增韧的方法有哪些？

实验十九　苯乙烯-丙烯酸酯乳液聚合及性能测定

一、实验目的

① 了解乳液聚合的工艺特点和配方。

② 掌握苯丙乳液的制备工艺及乳液基本性能的测定方法。

二、实验原理

乳液聚合是指单体在水介质中，由乳化剂分散成乳液状态进行的聚合。乳液聚合最简单的配方是由单体、水、水溶性引发剂和乳化剂四部分组成的，工业上的实际配方可能要复杂得多。乳液聚合在工业上有十分广泛的应用，合成橡胶中产量最大的丁苯橡胶和丁腈橡胶就是采用乳液聚合法生产的，聚氯乙烯糊状树脂、丙烯酸酯乳液等也都是乳液聚合的产品。乳液聚合产物的颗粒粒径一般为 0.05～1μm，比悬浮聚合产物的粒径（50～200μm）要小得多。苯丙乳液是由苯乙烯和丙烯酸酯（通常为丙烯酸丁酯）通过乳液聚合法共聚而成的，具有成膜性能好、耐老化、耐酸碱、耐水、价格低廉等特点，是建筑涂料、黏合剂、造纸助剂、皮革助剂、织物处理剂等产品的重要材料。丙烯酸丁酯的聚合物具有良好的成膜性和耐老化性，但其玻璃化转化温度仅－58℃，不能单独用作涂料的基料。将丙烯酸丁酯与苯乙烯共聚后，涂层表面硬度大大增加，生产成本也有所下降。为了提高乳液的稳定性，共聚单体中通常还加入少量丙烯酸，丙烯酸是一种水溶性单体，参加共聚后主要存在于乳胶颗粒表面，羧基指向水相，因此颗粒表面呈负电性，使得颗粒不容易凝聚结块，同时适当比例的丙烯酸有利于提高涂料的附着力。用于建筑乳胶漆的苯丙乳液的固体含量为（48±2）%，最低成膜温度为 16℃，成膜后，涂层无色透明。为了使建筑乳胶漆在冬天也能使用，通常还需加入成膜助剂，如苯甲醇等，使涂料的最低成膜温度达到 5℃。

三、仪器设备与材料

仪器设备：四口瓶（250mL）一只，球形冷凝器一只，温度计一支，量筒（100mL）一只，电动搅拌器一套，水浴锅一只，滴液漏斗一只。

材料：苯乙烯，丙烯酸丁酯，丙烯酸，过硫酸钾，十二烷基硫酸钠，司盘-60。

四、实验操作

（1）苯丙乳液的制备。

① 在装有搅拌器、冷凝器、温度计和滴液漏斗的四口瓶中，取0.5g十二烷基硫酸钠、2g司盘-60置于四口瓶中，加70mL蒸馏水，水浴升温至80℃左右，待固体完全溶解（为组分1）。

② 称取0.3g过硫酸钾置于小烧杯中，加水20mL，摇晃使其溶解（得组分2）。

③ 量取苯乙烯30mL，丙烯酸丁酯30mL、丙烯酸2mL，在烧杯中混合均匀（得组分3），装入滴液漏斗。

④ 水浴温度80℃，保温。加入约30%的组分3和30%的组分2，体系逐渐呈乳白色，约30min后，液面边缘呈淡蓝色，同时液面上的泡沫消失，表明聚合反应已开始，保持15min。同时开始滴加组分2和组分3，控制在1h左右滴完，其滴加速度为1∶5，使组分3略先于组分2加完。

⑤ 保温0.5h，撤去热源，搅拌下自然冷却至室温，产品倒入试剂瓶中备用。

（2）乳液主要性能测定

① 聚合物乳液固含量测定。先称量2cm×2cm的铝箔纸的重量m_1；将大约1g的聚合物乳液试样滴在铝箔上，称重得m_2；然后将其置于设有通风装置的烘箱中，在100℃下干燥24h，取出冷却至室温称重得m_3。乳液固含量计算式如式(3-41)。

$$\frac{m_3-m_1}{m_2-m_1}\times 100\% \tag{3-41}$$

② pH值稳定性。pH值代表了聚合物体系中氢离子的浓度，它是乳液放置稳定性的重要影响因素。其测试方法为：取两个同样的试管分别装入5mL待测乳液试样，向该两管中分别逐滴加入1%的盐酸溶液和1%的氢氧化钠溶液，边加边摇动，让其充分混合均匀，观察乳液稳定性变化，找到使被测聚合物乳液稳定的pH值范围。

③ 稀释稳定性。是聚合物乳液应用时加水稀释的一项重要参考指标。测试方法为：将待测乳液稀释到固含量为3%，把30mL稀释后的乳液置入试管中，液柱高度为20cm，放置72h。若无分层现象，则稀释稳定性通过，否则为不通过。清液层高度越高，则稀释稳定性越差。

④ 钙离子稳定性。用聚合物乳液承受钙离子的能力来表征其承受电解质的能力，这种能力叫作钙离子稳定性。测定方法为：在20mL的刻度试管中，加入16mL聚合物乳液试样，再加入4mL 0.5%的$CaCl_2$溶液，摇匀，静置48h，若不出现凝胶，且无分层现象，则钙离子稳定性通过，否则不通过。分层清液高度越高，钙离子稳定性越差。

五、注意事项

聚合反应开始后，有一自动升温过程。聚合过程中液面边缘若无淡蓝色现象出现，产物的稳定性将会不好，若遇到此种情况，实验应重新进行。

实验二十 离子交换树脂制备及交换当量测定

一、实验目的

① 了解悬浮聚合的工艺特点和配方中各组分的作用。

② 掌握离子交换树脂的制备工艺及树脂交换当量的测定方法。

二、实验原理

悬浮聚合是制备高分子合成树脂的重要方法之一，它是在较强烈的机械搅拌力作用下，借分散剂的帮助，将溶有引发剂的单体分散在与单体不相溶的介质中（通常为水）所进行的聚合。悬浮聚合体系一般由单体、引发剂、水、分散剂四个基本组分组成。由于油水两相间的表面张力可使液滴黏结，必须加入分散剂降低表面张力，保护液滴，使形成的小珠有一定的稳定性。一般控制油水比为 1∶1～1∶3，实验室中可更大一些。单体液层在搅拌的剪切力作用下分散成微小液滴，粒径的大小主要由搅拌的速度决定，悬浮聚合物粒径一般在 0.01～5mm 之间。

离子交换树脂是一类带有可离子化基团的三维网状交联聚合物，它的两个基本特性是：①其骨架或载体是交联聚合物，因而在任何溶剂中都不能溶解，也不能熔融；②聚合物上所带的功能基可以离子化。根据所带离子化基团的不同，可分为阳离子交换树脂、阴离子交换树脂和两性离子交换树脂。阳离子交换树脂或阴离子交换树脂又可分为强型和弱型两类。弱酸性阳离子交换树脂最常见的有苯乙烯系和丙烯酸系。制备苯乙烯系阳离子交换树脂常用苯乙烯单体，与二乙烯苯进行自由基悬浮共聚合而得，离子交换树脂制备反应式如图 3-20 所示。

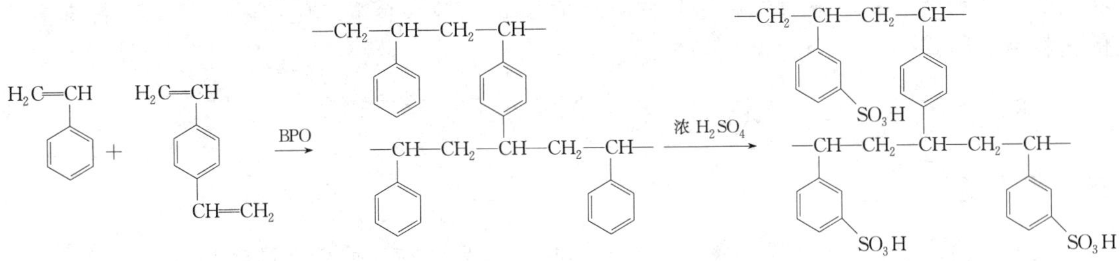

图 3-20 聚合反应式

三、仪器设备与材料

仪器设备：标准磨口三口瓶（250mL），三角瓶 2 只；球形冷凝器，温度计（100℃），恒温水浴槽一台，烧杯，电动搅拌器一套。

材料：苯乙烯，分析级；聚乙烯醇，工业级；过氧化二苯甲酰（BPO），分析纯；二乙烯苯，分析纯明胶，二氯乙烷。

四、实验操作

（1）苯乙烯-二乙烯苯微球的制备

① 加入 1g PVA（聚乙烯醇）和 0.5g 明胶到三口瓶中，加入 100mL 蒸馏水于三口瓶

中，开动搅拌，升温至80～90℃，待PVA溶解，体系透明后，降温至60℃，滴入0.1%次甲基蓝水溶液数滴。准确称取0.2gBPO放于烧杯中，用量筒取20mL苯乙烯，3mL二乙烯苯，3mL二氯乙烷加入到烧杯中，轻轻摇动，待BPO完全溶解于苯乙烯后，将溶液倒入三口瓶。

② 通冷凝水，并控制搅拌器转速恒定，使单体分散成一定大小的颗粒，在20～30min内将温度升至80～90℃，开始聚合反应。

③ 反应1.5～3h后，如果这时珠子已下沉，可升温至95℃反应0.5～1h使珠子进一步硬化，如颗粒已变硬发脆，表明大部分单体已聚合，可结束反应。停止加热，撤出加热器，在搅拌状态下将反应体系冷却至室温。

④ 停止搅拌，取下三口瓶，产品用水洗涤数次，洗去颗粒表面的分散剂和未反应物。

（2）苯乙烯-二乙烯苯微球的磺化

将上述制备的苯乙烯-二乙烯苯共聚物树脂放入三口瓶中，加入20mL二氯乙烷，60℃溶胀15min后缓慢升温至70℃。逐步滴加浓硫酸20mL，1h内滴加完。升温到80～90℃，磺化1h。反应结束后，将三口瓶降温，磺化产物倒入盛水烧杯中，用水洗涤多次，用10mL丙酮洗涤两次，除去二氯乙烷，最后用大量水洗至中性。

（3）树脂交换当量的测定

称取三份1g的湿树脂，一份在烘箱中烘至恒重，用式(3-42)计算湿树脂水分含量：

$$W(H_2O)\%=\frac{W_1-W_2}{W_1}\times100\% \tag{3-42}$$

式中，W_1为湿树脂重量，单位g；W_2为干树脂重量，单位g。

另两份1g左右的湿树脂分别放入三角瓶中，加入0.5mol/L的NaCl溶液50mL，浸泡30min（摇动三角瓶数次），使H型树脂转化为Na型，交换下来的H以HCl存在溶液中。各加酚酞指示剂3滴，用0.05mol/L的NaOH标准溶液滴至微红色，记下NaOH标准溶液的消耗量，用式(3-43)计算交换当量：

$$\text{交换当量}=\frac{C_{\text{NaOH标准溶液1}}\times V_{\text{NaOH标准溶液}}}{W_{\text{树脂}}\times[1-W(H_2O)\%]} \tag{3-43}$$

五、思考题

根据实验体会，指出在悬浮聚合中应注意哪些问题，应采取什么措施。

实验二十一　双酚A型环氧树脂的合成及环氧值测定

一、实验目的

① 了解环氧树脂制备的基本原理。

② 掌握环氧树脂制备方法和环氧树脂环氧值测定的方法。

③ 了解环氧树脂固化的基本原理。

二、实验原理

环氧树脂是指含有环氧基的聚合物，它有多种类型，如环氧氯丙烷与酚醛缩合物反应生成的酚醛环氧树脂，与甘油生成的甘油环氧树脂，与二酚基丙烷（双酚A）反应生成的二丙烷环氧树脂等。

环氧树脂预聚体为主链上含醚键和仲羟基、端基为环氧基的预聚体。其中的醚键和仲羟基为极性集团，可与多种表面之间形成较强的相互作用，而环氧基则可与介质表面的活性基，特别是无机材料或金属材料表面的活性基反应形成化学键，产生强力的黏结，因此环氧树脂具有独特的黏附力，配制的胶黏剂对多种材料具有良好的粘接性能，常称“万能胶”，可用于涂料、浇铸、层压材料、浸渍及模具等。目前使用的环氧树脂预聚体90%以上是由双酚A与过量的环氧氯丙烷缩聚而成，反应式如图3-21所示。

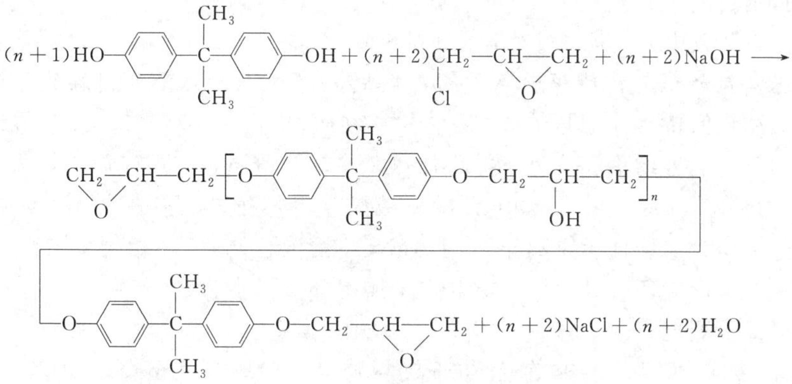

$$(n+1)HO-C_6H_4-C(CH_3)_2-C_6H_4-OH+(n+2)\underset{Cl}{CH_2}-\underset{\diagdown O \diagup}{CH-CH_2}+(n+2)NaOH \longrightarrow$$

$$\underset{\diagdown O \diagup}{CH_2-CH}-CH_2\left[O-C_6H_4-C(CH_3)_2-C_6H_4-O-CH_2-\underset{OH}{CH}-CH_2\right]_n-$$

$$-O-C_6H_4-C(CH_3)_2-C_6H_4-O-CH_2-\underset{\diagdown O \diagup}{CH-CH_2}+(n+2)NaCl+(n+2)H_2O$$

图3-21 环氧树脂合成反应

改变材料配比、聚合反应条件（如反应介质、温度及加料顺序等），可获得不同分子量与软化点的产物。为使产物分子链两端都带环氧基，必须使用过量的环氧氯丙烷。树脂中环氧基的含量是反应控制和树脂应用的重要参考指标，根据环氧基的含量可计算产物分子量，含氧基含量也是计算固化剂用量的依据。环氧基含量可用环氧值或环氧基的百分含量来描述。环氧基的百分含量是指每100g树脂中所含环氧基的质量。而环氧值是指每100g环氧树脂所含环氧基的摩尔数。环氧值采用滴定的方法来获得。

环氧树脂未固化时为热塑性的线型结构，使用时必须加入固化剂。环氧树脂的固化剂种类很多，有多元的胺、羧酸、酸酐等。使用多元胺固化时，固化反应为多元胺的氨基与环氧预聚体的环氧端基之间的加成反应。该反应无需加热，可在室温下进行，叫冷固化，反应式如图3-22所示。

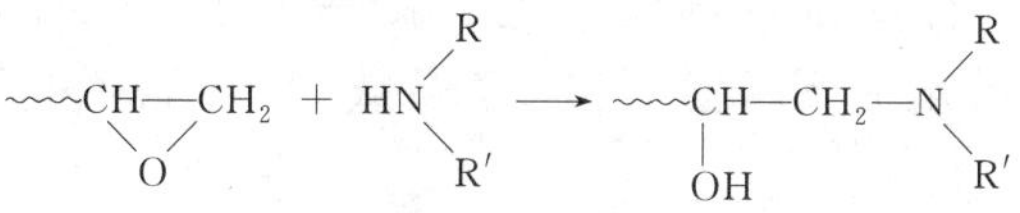

$$\sim\sim\underset{\diagdown O \diagup}{CH-CH_2}+HN(R)(R') \longrightarrow \sim\sim\underset{OH}{CH}-CH_2-N(R)(R')$$

图3-22 环氧树脂仲胺固化反应式

用多元羧酸或酸酐固化时，交联固化反应是羧基与预聚体上仲羟基及环氧基之间的反应，需在加热条件下进行，称为热固化。如用酸酐作固化剂时，反应式：

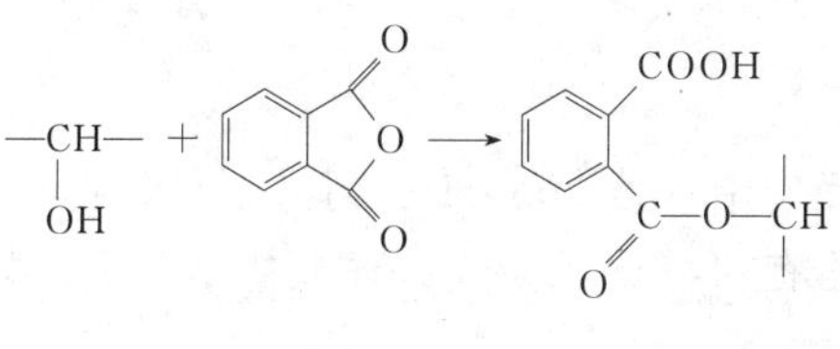

$$-\underset{OH}{CH}-+C_6H_4(CO)_2O \longrightarrow C_6H_4(COOH)-\underset{O}{\overset{\|}{C}}-O-CH$$

三、仪器设备与材料

仪器设备：四口瓶（250mL），电动搅拌器，温度计，回流冷凝管，滴液漏斗（60mL），水浴锅，分液漏斗（250mL），移液管，碘瓶（125mL）。

材料：双酚 A，22.5g；环氧氯丙烷，28g；NaOH 水溶液，8gNaOH 溶于 20mL 水；苯，60mL。

四、实验操作

（1）树脂制备

在合成反应装置中分别加入 22.5g（0.1mol）双酚 A，28g（0.3mol）环氧氯丙烷，开动搅拌，加热升温至 65℃，待双酚 A 全部溶解后，将 NaOH 水溶液自滴液漏斗中慢慢滴加到反应瓶中，注意保持反应温度在 70℃左右，约 0.5h 滴完。在 75～80℃继续反应 1.5～2h，可观察到反应混合物呈乳黄色。停止加热，冷却至室温，向反应瓶中加入 30mL 蒸馏水和 60mL 苯，充分搅拌后，倒入 250mL 的分液漏斗中，静置，移去水层，油层用蒸馏水洗涤数次，直至水层为中性且无氯离子（用 $AgNO_3$ 溶液检测）。油相用旋转蒸发仪除去绝大部分的苯、水、未反应环氧氯丙烷，再真空干燥得环氧树脂。

（2）环氧值的测定

取 125mL 碘瓶两只，各准确称取环氧树脂 1g（精确到 mg），用移液管分别加入 25mL 盐酸-丙酮溶液，加盖摇动使树脂完全溶解。在阴凉处放置约 1h，加酚酞指示剂 3 滴，用 NaOH 乙醇溶液滴定，同时按上述条件作空白对比。环氧值 E 按式(3-44)计算：

$$E=\frac{(V_1-V_2)c}{1000m}\times100=\frac{(V_1-V_2)c}{10m} \tag{3-44}$$

式中，V_1 为空白滴定所消耗 NaOH 溶液的体积，mL；V_2 为样品所消耗 NaOH 溶液体积，mL；c 为 NaOH 溶液的浓度，mol/L；m 为树脂质量，g。

注：盐酸-丙酮溶液由 2mL 盐酸溶于 80mL 丙酮中，现配现用。NaOH 乙醇溶液由 4gNaOH 溶于 100mL 乙醇中，以酚酞作指示剂，用标准邻苯二甲酸氢钾溶液标定，现配现用。

（3）树脂固化

试验树脂以乙二胺为固化剂的固化情况。在一干净的表面皿中称取 4g 环氧树脂，加入 0.3g 乙二胺，用玻璃棒调和均匀，室温放置，观察树脂固化情况，记录固化时间。

五、数据记录与处理

计算所制备环氧树脂的环氧值，根据所测环氧值计算所得聚合产物的分子量，观察并记录树脂的固化过程。

六、思考题

① 在合成环氧树脂的反应中，若 NaOH 的用量不足，将对产物有什么影响？

② 环氧树脂的分子结构有何特点，为什么环氧树脂具有良好的黏结性能？

实验二十二　脲醛树脂制备及性能测定

一、实验目的

① 了解缩聚反应的原理和脲醛树脂的用途。

② 掌握脲醛树脂的制备方法。

二、实验原理

脲醛树脂又称脲甲醛树脂，英文缩写 UF，是尿素与甲醛在催化剂（碱性或酸性催化剂）作用下，缩聚成初期脲醛树脂，然后再在固化剂或助剂作用下，形成不溶、不熔的末期热固性树脂。固化后的脲醛树脂颜色比酚醛树脂浅，呈半透明状，耐弱酸、弱碱，绝缘性能好，耐磨性极佳，价格便宜，它是胶黏剂中用量最大的品种，特别是在木材加工业各种人造板的制造中，脲醛树脂及其改性产品占胶黏剂总用量的 90%左右。

尿素与甲醛的反应是工业上常用的缩聚反应之一，反应式如图 3-23 所示。该反应受 pH 值的影响较大，在中性或弱碱性（pH＝7～8）时，可得第一阶段的一羟甲基脲或二羟甲基脲。

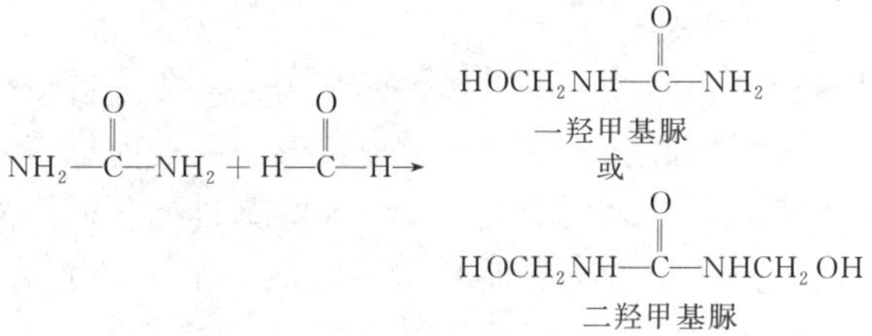

$$NH_2-\overset{\overset{O}{\|}}{C}-NH_2 + H-\overset{\overset{O}{\|}}{C}-H \longrightarrow \begin{array}{c} HOCH_2NH-\overset{\overset{O}{\|}}{C}-NH_2 \\ \text{一羟甲基脲} \\ \text{或} \\ HOCH_2NH-\overset{\overset{O}{\|}}{C}-NHCH_2OH \\ \text{二羟甲基脲} \end{array}$$

图 3-23　脲醛树脂制备反应式

然后羟甲基与氨基或羟甲基脲分子进一步缩合，得到可溶性树脂，反应中尿素与甲醛摩尔比为 1∶(1.6～2) 为宜。脲醛树脂一般为水溶性树脂，较易固化，固化后的树脂无毒、无色、耐光性好，长期使用不变色，热成型时也不变色，可加入各种着色剂以制备各种色泽鲜艳的制品。

三、仪器设备与材料

仪器设备：四口烧瓶，冷凝管，搅拌器，恒温水浴，温度计，玻璃棒，胶头滴管，电子天平，烧杯。

材料：尿素 25g，甲醛（37%）68mL，5%氢氧化钠溶液，20%氯化铵溶液，水，pH 试纸，测试用木板。

四、实验操作

① 在三口瓶中加入 37%的甲醛 68mL，并用 5%的氢氧化钠溶液调节 pH 为 7.0～7.5；再加入 25g 尿素（分成 3 批加入），边搅拌边升温。

② 温度升至 90℃左右，保温反应 30min，此时 pH 降至 6～6.5。

③ 用氯化铵溶液调 pH 值为 4.2～4.5，在 90～92℃下缩聚 30min；当与水混合呈乳白色时，停止反应，用 5%的氢氧化钠溶液中和至 pH 为 6.5～7.0，并冷却至 70℃左右。

④ 将反应液倒入烧杯，用 DV-2 数字式黏度计检测其黏度。

五、数据记录与处理

记录所制备脲醛树脂的黏度。

六、注意事项

尿素分次加入可增加甲醛与尿素反应的机会，减少游离的甲醛；反应过程中严格控制pH值和反应温度；保温期间如发现黏度急增，出现冻胶应立即采取补救措施，使反应液降温，或加入适量甲醛稀释，或加入适量的氢氧化钠水溶液，把pH调到7.0。

实验二十三 低分子量聚丙烯酸（钠盐）的合成及性能

一、实验目的

① 掌握低分子量聚丙烯酸的合成方法。

② 掌握用端基滴定法测定聚丙烯酸分子量的方法。

二、实验原理

聚丙烯酸钠是一种新型的功能高分子材料，外观为无色或淡黄色黏稠液体、凝胶或固体粉末，易溶于水，是一种水溶性高分子化合物。商品形态的聚丙烯酸钠，相对分子质量小到几百，大到几千万。随着相对分子质量增大，聚丙烯酸钠自无色稀溶液至透明弹性胶体乃至固体，性质、用途也随相对分子质量不同而有明显区别。相对分子质量在1000～10000的，可作为分散剂，应用于水处理（分散剂或阻垢剂）、造纸、纺织印染、陶瓷等工业领域。聚丙烯酸是水质稳定剂的主要材料之一，低分子量的聚丙烯酸阻垢作用显著，而高分子量的聚丙烯酸丧失了阻垢作用；高分子量的聚丙烯酸（分子量在几万或几十万以上）多用于皮革工业、造纸工业等。

丙烯酸单体极易聚合，可以通过本体、溶液、乳液和悬浮等聚合方法得到聚丙烯酸，其反应式如图3-24所示。它符合一般的自由基聚合反应规律，实验控制引发剂用量和应用调聚剂异丙醇，合成低分子量的聚丙烯酸，并用端基滴定法测定分子量。

$$n\mathrm{CH_2{=}\underset{\underset{COOH}{|}}{CH}} \longrightarrow \mathrm{\left[CH_2{-}\underset{\underset{COOH}{|}}{CH}\right]_n}$$

图3-24 聚丙烯酸反应式

三、仪器设备与材料

仪器设备：四口烧瓶，冷凝管，搅拌器，恒温水浴，温度计，玻璃棒，胶头滴管，电子天平，pH计，烧杯。

材料：丙烯酸，过硫酸铵，异丙醇等。

四、实验操作

(1) 低分子量聚丙烯酸的合成

① 在带有回流冷凝管和两个滴液漏斗的100mL三口瓶中，加入25mL蒸馏水和0.2g

过硫酸铵，待过硫酸铵溶解后，加入 1g 丙烯酸单体和 1.6g 异丙醇。

② 开动搅拌器，加热使瓶内温度达到 65～70℃。在此温度下，把 8g 丙烯酸单体和 1g 过硫酸铵在 8mL 水中溶解，分别由漏斗渐渐滴入瓶内，由于聚合过程中放出热量，瓶内温度有所升高，反应液逐渐回流，然后在 94℃ 回流 1h，反应即完成，聚丙烯酸分子量一般在 500～4000 之间。

③ 如要得到聚丙烯酸钠盐，在已制成的聚丙烯酸水溶液中，加入浓氢氧化钠溶液（浓度为 30%）边搅拌边进行中和，当溶液的 pH 值达到 10～12 范围内时，即停止，制得聚丙烯酸钠盐。

（2）端基法测定聚丙烯酸分子量

丙烯酸聚合物的酸性较其对应单体要弱，其滴定曲线随中和程度的增加而缓慢上升，当聚丙烯酸只溶于水时，不易被精确地滴定。如果滴定在 0.01～1mol/L 的中性盐类溶液中进行，滴定终点是清楚的，测定是准确的。准确称取 0.2g 样品放入 100mL 烧杯中，加入 1mol/L 的氯化钠溶液 50mL，用 0.2mol/L 的氢氧化钠标准溶液滴定之，测定其 pH 值，用消耗的氢氧化钠标准溶液的毫升数对 pH 值作图，找到终点所消耗的碱量，按式(3-45) 计算聚丙烯酸的分子量。

$$M=\frac{2}{\frac{1}{72}-\frac{VN}{m\times 1000}} \tag{3-45}$$

式中，M 为聚丙烯酸分子量；V 为试样滴定所消耗的氢氧化钠标准溶液毫升数，mL；m 为试样质量，g；1/72 为每克试样所含的羧基克当量的理论值；2 表示聚丙烯酸一个分子链两端各有一个内酯。

五、数据记录与处理

观察并记录制备的聚丙烯酸树脂的外观，计算聚丙烯酸分子量。

六、注意事项

① 样品需经薄膜蒸发器干燥处理或在石油醚中沉淀，沉淀物晾干后在 50℃ 烘箱中烘干，然后再于 50℃ 真空烘箱中烘干。

② 加入盐溶液后的样品浓度，对滴定情况很有影响，如果样品浓度大，加入的中性盐溶液的浓度也相应增大，否则浓度大的样品其滴定曲线终点转折不明显（即不易确定终点），这是因为加入中性盐类，通过减少被电离的羟基周围的电离电偶层的厚度，降低对其相邻羟基的电离效果，从而引起酸强度的增加，中性盐类对电离度的影响，基本取决于它们的浓度及其阳离子的大小，但几乎不受阴离子特性的影响。

实验二十四　聚乙烯醇缩甲醛的制备及性能

一、实验目的

① 了解大分子官能团反应的基本原理。

② 掌握聚乙烯醇缩甲醛的制备工艺。

二、实验原理

聚乙烯醇由聚醋酸乙烯酯经水解或醇解而成，是一种重要的化工材料，无臭、无毒，外观为白色或微黄色絮状、片状或粉末状固体；用于制造聚乙烯醇缩醛、耐汽油管道、聚乙烯醇纤维、织物处理剂、乳化剂、纸张涂层、黏合剂、胶黏剂等。聚乙烯醇分子内含有官能团—OH，是水溶性的聚合物，当其与不同醛类进行缩合反应时就形成缩醛，反应式如图 3-25 所示。这种缩醛反应可以在分子内发生，也可以在分子间发生。

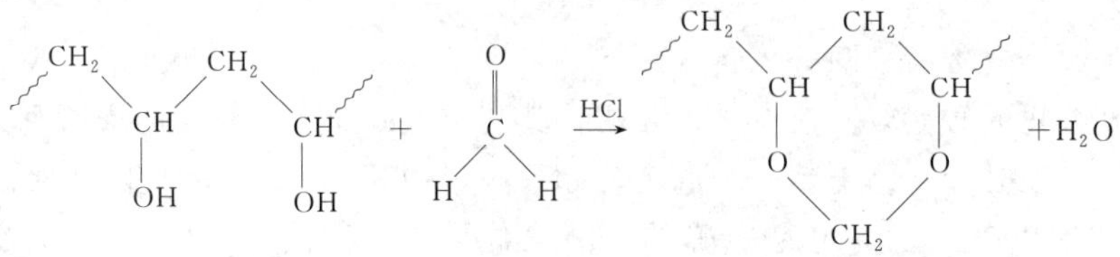

$$\sim CH_2-CH(OH)-CH_2-CH(OH)\sim + HCHO \xrightarrow{HCl} \sim CH_2-CH(O-CH_2-O)CH-CH_2-CH\sim + H_2O$$

图 3-25 聚乙烯醇缩甲醛制备反应式

用甲醛进行缩醛化反应得到聚乙烯醇缩甲醛（PVF），随着缩醛度的增加，水溶性越来越差，性质和用途有所不同。作为维纶用的聚乙烯醇缩甲醛，其缩醛度应控制在 35%左右，不溶于水，是性能优良的合成纤维，又称“合成棉花”。在 PVF 中，如果控制其缩醛度在较低水平，由于分子中含有羟基、乙酰基和醛基，因此有较强的黏结性能，市售的 107 胶水即为聚乙烯醇缩甲醛产物。本实验要合成水溶性的聚乙烯醇缩甲醛胶黏剂，反应过程中需要控制较低的缩醛度以保持产物的水溶性，若反应过于剧烈，则会造成局部缩醛度过高，导致不溶于水的物质存在，影响胶黏剂质量。因此在反应过程中，要特别注意严格控制催化剂用量、反应温度、反应时间及反应物比例等因素。

三、仪器设备与材料

仪器设备：三口瓶（250mL）一只，磨口三角瓶（250mL），球形冷凝器一只，温度计一只，量筒（100mL）一只，电动搅拌器一套，水浴锅一只。

材料：聚乙烯醇，工业级；浓盐酸；甲醛溶液，分析纯；乙醇。

四、实验步骤

① 在 250mL 三口瓶上安装机械搅拌装置和回流冷凝管。将 2.5g 聚乙烯醇加入三口瓶中，加水 30mL。慢慢开启搅拌，水浴加热至 80℃，待聚乙烯醇全部溶解成透明溶液，加入 5 滴浓盐酸，搅拌 5min，测 pH 在 1～2，冷至 50℃，慢慢滴加 0.7mL（约 14 滴）甲醛溶液，加完后缓慢升温并保持 80℃，反应 40min，反应液逐渐变黏，趁热倒至烧杯，降温至 50℃，用 10%NaOH 溶液调解体系的 pH 为 8～9，冷至室温，产品呈透明黏稠状。

② 黏结强度测定：将透明状胶涂于木板表面（2.5cm×2.5cm），将两块木板胶面对接，加重物压实，室温下放置 30min 后，在 80℃烘箱放置 30min，取出后降至室温，用电子拉力机测黏结强度。

③ 缩醛度和酸值的测定：将聚乙烯醇缩甲醛样品经 50℃真空干燥至恒重，准确称取 1g，置于 250mL 磨口三角瓶中，加入 50mL 乙醇，接上冷凝管，加热至 60℃，使样品全部溶解。冷却后，加入 1%酚酞指示剂，用 0.02mol/L 的氢氧化钾-乙醇溶液滴定至微红色。

加入7%盐酸羟胺水溶液25mL，摇匀，并加热回流3h，冷却后加入甲基橙指示剂，用0.5mol/L的氢氧化钾标准溶液滴定至终点由红变黄，同时做一空白试样，按式(3-46)计算酸值，按式(3-47)计算缩醛度。

$$酸值=\frac{(V_2-V_1)c_1\times 56.1}{m\times 1000}\times 100\% \qquad (3\text{-}46)$$

$$缩醛值=\frac{(V_4-V_3)c_2\times 0.08856.1}{m}\times 100\% \qquad (3\text{-}47)$$

式中，V_1 为空白消耗氢氧化钾-乙醇溶液体积，mL；V_2 为样品消耗氢氧化钾-乙醇溶液体积，mL；V_3 为空白消耗氢氧化钾标准溶液体积，mL；V_4 为样品消耗氢氧化钾标准溶液体积，mL；m 为样品质量，g；c_1 为氢氧化钾-乙醇溶液的浓度，mol/L；c_2 为氢氧化钾标准溶液的浓度，mol/L。

五、数据记录与处理

观察树脂的外观，记录下聚乙烯醇缩甲醛胶的黏结强度，计算聚乙烯醇缩甲醛的酸值和缩醛度。

六、思考题

大分子官能团反应有什么特点？

实验二十五　高吸水树脂制备及性能测定

一、实验目的

① 了解高吸水树脂的吸水原理。

② 掌握丙烯酸类高吸水树脂的制备方法。

二、实验原理

高吸水性树脂（SAP）又称超强吸水剂，是一类含有强亲水性基团并通常具有一定交联度的高分子材料。它不溶于水和有机溶剂，吸水能力可达自身重量的500～2000倍，吸水后溶胀成为凝胶，有优良的保水性，即使受压也不易挤出。

SAP一般按材料可分为淀粉系、纤维素系、合成树脂系三大类。合成树脂系产品又依据材料不同分为聚丙烯酸（盐）类和改性聚乙烯醇类。目前，聚丙烯酸（盐）类SAP由于吸水保水性能和耐热性能优异、生产成本较低，且较之淀粉系、纤维素系在工业生产中的后处理、储运和抗霉变等方面有明显的优势，在市场中占据主导地位。以高纯丙烯酸为材料合成的聚丙烯酸盐系SAP的工艺分为反相悬浮聚合、反相乳液聚合和溶液聚合。其中，水溶液聚合是主导工艺，相对反相悬浮聚合工艺而言，溶液聚合工艺不需添加任何分散剂和分散介质，工艺过程相对简单，设备要求较低，连续操作和间歇操作均可，效率高。本实验以单体丙烯酸、丙烯酰胺，中和剂氢氧化钠，交联剂 N,N-二甲基双丙烯酰胺，引发剂过硫酸铵为材料，制备高吸水性树脂。

三、仪器设备与材料

仪器设备：温度计，量筒（100mL），电动搅拌器，水浴锅，烧杯。

材料：丙烯酸，分析纯；氢氧化钠，分析纯；N,N-二甲基双丙烯酰胺，分析纯；过硫酸铵，分析纯；乙醇。

四、实验操作

① 称取20g丙烯酸放入100mL烧杯中，冰水浴下缓缓加入50mL 20%的氢氧化钠溶液，不断搅拌散热。

② 室温下，加入0.2g N,N-二甲基双丙烯酰胺，搅拌溶解。

③ 加入0.1g过硫酸铵，搅拌溶解。

④ 将烧杯置于70℃水浴下，反应一段时间后，观察反应物变成凝胶状后，停止反应。

⑤ 将产物取出，用乙醇洗涤几次，把产物粉碎成小块。

⑥ 产物于70℃烘箱中恒温干燥，即得高吸水性树脂产品SAP。

⑦ 产品吸水倍率测定：准确称取一定量高吸水性树脂，分别放入装有足够量0.9% NaCl水溶液和蒸馏水的干净烧杯中，待树脂吸水饱和后用160目筛滤净其余水分，称重。计算公式如式(3-48)：

$$Q=\frac{m_2-m_1}{m_1} \tag{3-48}$$

式中，Q为吸水倍率，g/g；m_1为树脂净重，g；m_2为吸水后树脂重量，g。

五、数据记录与处理

计算所制备的吸水树脂的吸水倍率。

第4章 自主创新性实验

实验一　Al_2O_3 陶瓷材料的制备

一、实验目的

① 了解 Al_2O_3 陶瓷材料特性及用途。

② 掌握 Al_2O_3 陶瓷材料制备工艺。

③ 掌握陶瓷热压铸成型工艺。

④ 掌握利用 TG-DTA 制定排蜡制度。

二、实验原理

氧化铝为离子键化合物，具有较高的熔点（2050℃），纯氧化铝陶瓷的烧结温度高达1800～1900℃。由于烧成温度高，制备成本高，因此，在保证氧化铝陶瓷使用性能的前提下，有效降低其烧结温度，一直是人们研究的热点之一。

在性能允许的前提下，人们常常采用各种方法降低烧结温度。其中以下三种方法应用比较普遍。

① 尺寸效应。采用超细高纯氧化铝粉体材料，提高反应活性。

② 采用一些新的烧结方法，降低 Al_2O_3 陶瓷的烧结温度，并且改善其各方面性能，这其中包括热压烧结、热等静压烧结、微波加热烧结、微波等离子体烧结等。普通烧结的动力是表面能，而热压烧结除表面能外还有晶界滑移和挤压蠕变传质同时作用。总接触面积增加极为迅速，传质加快，从而可降低烧成温度和缩短烧成时间。

③ 添加烧结助剂。添加剂一般分为两种。a. 与氧化铝基体形成固溶体。TiO_2、Cr_2O_3、Fe_2O_3、Mn_2O_3 等变价氧化物，晶格常数与 Al_2O_3 接近。这些添加剂大多含有变价元素，能够与 Al_2O_3 形成不同类型的固溶体，变价作用增加了 Al_2O_3 的晶格缺陷，活化晶格，使基体易于烧结。b. 添加剂本身或者添加剂与氧化铝基体之间形成液相。通过液相加强扩散，在较低的温度下，就能使材料实现致密化烧结。常用的有高岭土、SiO_2、MgO、CaO 和 BaO 等。传统体系有 $MgO-Al_2O_3-SiO_2$ 系和 $CaO-Al_2O_3-SiO_2$ 系。通过加入烧结助剂，除了能够降低 Al_2O_3 陶瓷的烧结温度外，还可以获得希望的显微结构，如细晶结构、片晶结构等。

Al_2O_3 的成型方法主要有干压成型、热压铸成型、注浆成型和注射成型等多种。在电真空和纺织领域用的 Al_2O_3 陶瓷零部件大都采用热压铸成型工艺制造。

热压铸成型是将瓷料和熔化的蜡类搅拌混合均匀成为具有流动性的料浆，用压缩空气把加热熔化的料浆压入金属模腔，使料浆在模具内冷却凝固成型的一种方法。热压铸成型是生产特种陶瓷较为广泛的一种生产工艺，其基本原理是利用石蜡受热熔化和遇冷凝固的特点，将无可塑性的瘠性陶瓷粉料与热石蜡液均匀混合形成可流动的浆料（蜡浆），在一定压力下注入金属模具中成型，冷却，待蜡浆凝固后脱模取出成型好的坯体。坯体经适当修整，埋入吸附剂中加热进行排蜡处理，然后再将排蜡坯体烧结成最终制品。陶瓷热压铸成型是一种经济的近净尺寸成型技术。它可以成型形状复杂、尺寸精密和表面光洁度高的陶瓷部件。非常适合具有大型、异型尺寸的陶瓷制品。与陶瓷注射成型相比，热压铸成型具有模具损耗小、操作简单及成型压力低等优点。

本实验采用热压铸成型制备 95%氧化铝陶瓷制品。

三、工艺流程及要点

（1）工艺流程

热压铸成型制备氧化铝陶瓷工艺流程如图 4-1 所示。

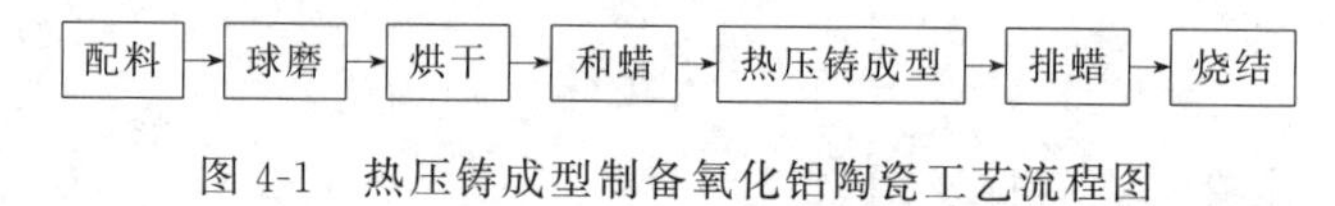

图 4-1　热压铸成型制备氧化铝陶瓷工艺流程图

（2）工艺要点

① 球磨。热压铸成型用的粉料为干粉料，因此球磨采用干磨。干磨时，加入 1%～3%（质量分数）的助磨剂（如油酸）防止颗粒黏结，提高球磨效率。粉料的细度也需进行控制，一般来说，粉料越细，比表面积越大，则需用的石蜡量就越多，细颗粒多蜡浆的黏度也大，流动性降低，不利于注入模具。若颗粒太大，则蜡浆易于沉淀，不稳定。因此，对于粉料来说最好要有一定的颗粒级配。在工艺上一般控制万孔筛的筛余不大于 5%，并要全部通过 0.2mm 孔径的筛。实验证明，若能进一步减小大颗粒尺寸，使其不超过 60μm，并尽量减少 1～2μm 细颗粒，则能制成性能良好的蜡浆和产品。

② 蜡浆的制备。通常蜡浆石蜡含量为 12%～20%。蜡浆粉料的含水量应控制在 0.2%（质量分数）以下。粉料在与石蜡混合前需在 100℃烘箱中烘干，以去除水分，否则水分会阻碍粉料与蜡液完全浸润，导致黏度增大，甚至无法调成均匀的料浆。将热料倒入蜡浆中，充分搅拌。

③ 热压铸成型。将除泡后的蜡浆倒入热压铸机料桶，在空气压力下将热浆压入冷钢模中，快速冷凝成型。蜡浆的温度通常在 65～85℃，在一定温度范围内浆温升高则料浆黏度减小，可使料浆易于充满金属模具。若浆温过高坯体体积收缩加大，表面容易出现凹坑。浆温和坯体大小、形状和厚度有关。形状复杂、大型的、薄壁的坯体要用温度高一些的料浆来压铸，一般浆温控制在 70～80℃之间。模具温度通常为 15～30℃，成型压力通常为 0.4～0.7MPa。

④ 排蜡。由于在热压铸成型中有大量的石蜡（12%～20%）作为有机载体，因而烧结前必须将坯体内有机物排除，即进行排蜡。传统的排蜡方法是将成型出的陶瓷坯体埋入疏松惰性的粉料，也称吸附剂，它在高温下稳定，且不易与坯体黏结，一般用煅烧的 Al_2O_3、MgO 和 SiO_2 粉料，然后按一定升温速率加热，当达到一定温度时，石蜡开始熔化，并向吸附剂中扩散。随着温度的升高和时间的延长，坯体中有机物逐渐减少直至完全排出。排蜡时升温速率须缓慢，因为坯体受热软化后强度低，易发生变形。这一时期

坯体内尚未形成气孔通道，挥发的小分子会因无法排除而在坯体内产生较高压力，坯体产生鼓泡、鼓胀、开裂、分层、变形等各种缺陷。在排蜡过程中，除了使在成型过程中所加入的黏结剂全部挥发跑掉以外，还使坯体具有一定的机械强度。因此制定升温速率和最高温度是排蜡的关键。

四、仪器与试剂

仪器：硅钼棒箱式电阻炉，球磨机，真空除泡机，热压铸成型机，烘箱，电子天平，成型模具，密度测试系统，万能试验机。

试剂：α-Al_2O_3，$CaCO_3$，SiO_2，黏土，石蜡，油酸。

五、实验操作

① 配料：按照表4-1配方进行称料，配料前各种原材料需烘干。

表4-1　95%氧化铝陶瓷配方

材料	Al_2O_3	$CaCO_3$	SiO_2	黏土
占比/%	93.5	3.27	1.28	1.95

② 混料（球磨）：干磨，将料置于球磨罐中，加入1%～3%的油酸作为助磨剂，球磨2h，将球磨好的料放入120℃恒温烘箱中干燥24h，去除水分。

③ 蜡饼的制备：称取14%的石蜡，加热熔化成蜡液，将干燥的粉料和0.5%的表面活性剂加入蜡浆中，充分搅拌，凝固后制成蜡饼待用。

④ 真空除泡：将蜡饼加热熔化成蜡浆，加入少许除泡剂进行真空除泡。

⑤ 成型：将蜡浆倒入热压铸机中的料浆桶，将模具的进浆口对准注机出浆口，脚踏压缩机阀门，用压浆装置的顶杆把模具压紧，同时压缩空气进入浆桶，把料浆压入模内。维持短时间后，停止进浆，把模具打开，将硬化的坯体取出，用小刀削去注浆口注料，修整后得到合格的生坯。

⑥ 排蜡：将成型出的生坯埋入吸附剂中，以5℃/min升温速率升温至300℃，保温30min，再以同样的升温速率升至1100℃，保温1h。

⑦ 烧结：将排蜡后的陶瓷素坯放入坩埚，在电炉中以10℃/min升温速率升温至1100℃，再以5℃/min升温速率升温至1650℃，保温1h。

⑧ 体积密度测试。

⑨ 抗弯强度测试。

六、实验要求

① 查阅参考文献，制订实验方案。

② 制备Al_2O_3陶瓷片（条），并进行性能测试。

③ 实验结束后需提供Al_2O_3陶瓷片（条）一份，讨论工艺参数与试样性能之间的关系，撰写实验总结报告。

思考题

① 排蜡制度是如何制订的？

② 排蜡埋粉用的吸附剂通常是什么材料？其作用是什么？

③ 热压铸成型有什么特点，适合成型哪类陶瓷制品？

④ 简述热压铸成型制备 Al_2O_3 工艺过程。

⑤ 降低 Al_2O_3 陶瓷烧结温度的主要途径有哪些?

实验二 浸渗掺杂技术制备黑色氧化锆陶瓷

一、实验目的

① 了解浸渗掺杂技术在陶瓷制备中的应用。

② 掌握利用液相前驱体浸渗掺杂技术制备黑色氧化锆陶瓷的工艺过程。

③ 掌握陶瓷材料孔隙率的测试方法。

二、实验原理

液相前驱体浸渗(liquid precursor infiltration)是一种可以实现高均匀度掺杂、表面改性、制备复合材料及梯度材料的工艺。该工艺首先需要制备含有连通孔隙结构的坯体,然后将其置入含有改性组元的液相前驱体中,则液相在毛细作用下沿孔隙结构渗入坯体内部。通过控制浸渗参数,如时间、温度、压力、坯体孔隙率、后续干燥制度和循环浸渗次数等,调控浸渗引入组元的量与分布,从而对材料组成和性能进行调控,实现从表面改性到均匀掺杂等各种材料的制备。

液相前驱体浸渗掺杂技术具有以下优点。

① 制备梯度材料和均匀掺杂材料。由于外来组元是从坯体表面逐步进入内部的,浸渗工艺可以很容易地实现深度连续可控的表面改性以及梯度材料的制备。浸渗时使用的坯体材料为具有均匀多孔结构的陶瓷坯体,因此只要保证在完全浸渗的前提下(例如足够长的浸渗时间),就可以让前驱体中的组元在坯体中实现纳米级均匀分布,从而实现高均匀度的掺杂。

② 工艺简便,与陶瓷领域中的传统混合工艺不同,它不是在粉末配料阶段时引入外来组元,而是在坯体阶段。因此该方法具有相当大的灵活性。通过调整浸渗用液相的成分还可以很方便地调整材料的化学组成。因此该工艺在批量试验、调控材料成分方面,具有其他方法不可比拟的高效性和简便性。

坯体厚度、溶液浓度对浸渗效果具有决定性的作用。通常情况下,较厚的坯体以及较高浓度溶液不利于浸渗过程中的孔隙结构的填充以及气体的排出。若要制备均匀掺杂的材料,需使用薄的坯体或者采用低浓度的溶液引入外来组元。此外,因为不同材料成分不一样,使用的前驱体的种类、含量也不同,具有不同的流动特性。因此对于每一个浸渗掺杂的实例,都要进行具体分析。如通过浸渗向 Al_2O_3 中加入 ZrO_2,就需要用浓溶液反复浸渗 5 次以上,才能达到 10%。但是如果要制备半透明氧化铝陶瓷,MgO 的引入量只有 0.05%~0.1%,只需要用低浓度溶液浸渗一次即可。因此若要使用浸渗制备材料,首先应该研究不同种溶液的流动性,并对浸渗过程做出相应的调整。本实验将利用浸渗掺杂技术制备黑色氧化锆陶瓷。

三、工艺流程

浸渗掺杂技术制备黑色氧化锆陶瓷工艺流程如图 4-2 所示。

成型 → 预烧 → 浸渗 → 原位沉淀 → 烧结

图 4-2 浸渗掺杂技术制备黑色氧化锆陶瓷工艺流程图

四、仪器及试剂

仪器：箱式电阻炉，球磨机，干压成型机，恒温烘箱，电子天平，成型模具，密度测试系统，JXA-8230（JEOL公司）型超级电子探针显微分析仪。

试剂：ZrO_2-3Y、Fe（NO_3）$_3$·$9H_2O$、Co（NO_3）$_2$·$6H_2O$、Ni（NO_3）$_2$·$6H_2O$、50%硝酸锰溶液、5%的聚乙烯醇（聚合度1500）水溶液、无水乙醇。

五、实验步骤

① 着色剂浸渗液的配制：分别用去离子水配制浓度为0.7mol/L的硝酸铁、硝酸钴、硝酸镍和硝酸锰溶液，按照 $w(Fe_2O_3):w(CoO):w(NiO):w(MnO_2)=43\%:7.5\%:19.5\%:30\%$配制，置磁力搅拌装置上搅拌20min待用。

② 成型：采用干压成型，坯体直径为10mm，厚度约1mm，800kgf压力下保压20s。

③ 预烧：将坯体以5℃/min的速率升温至1000℃，保温1h。

④ 冷却至室温取出立即进行称量，得到质量M_1，以避免长时间放置后吸收空气中的水分带来质量误差。然后测量其厚度、直径，通过几何法估算出孔隙率。

⑤ 将预烧后的坯体在步骤①配制的混合溶液中浸渗4h。

⑥ 浸渗后将样品取出，迅速用饱和浸液的绸布擦拭样品表面多余的附着溶液，晾干（原位沉淀：取出浸渗样品后，迅速用饱和浸液的绸布擦拭样品表面多余的附着溶液，将其置于氨水溶液中浸渗10min进行原位沉淀处理）。

⑦ 将样品放入烘箱中120℃干燥2h后，取出立即对样品进行称量，得到质量M_2，然后通过$(M_2-M_1)/M_2$，可以算出浸渗引入着色剂的量（如果浸渗量没有达到预定的量，可重复步骤⑤）。

⑧ 烧结：放入箱式炉中进行烧结，以5℃/min的速率升温至1500℃，保温2h。

⑨ 体积密度测试。

⑩ 利用电子探针测试浸渗掺杂的均匀性。

六、实验要求

① 查阅参考文献，制订实验方案。

② 采用干压成型制备ZrO_2试片，然后用浸渗掺杂技术浸渗色剂并烧结成瓷，最后进行性能测试。

③ 实验结束后需提供黑色ZrO_2陶瓷片一份，讨论工艺参数与试样性能之间的关系，撰写实验总结报告。

七、思考题

① 简述浸渗掺杂技术，通常利用浸渗掺杂技术制备哪些材料？

② 如何实现高均匀度的掺杂？主要调控哪些参数？

实验三 化学液相合成ZrO_2粉体与试样的制备

一、实验目的

① 掌握化学液相合成纳米粉体的工艺原理和方法。

② 了解粉体合成、干燥及热处理过程中的物理、化学反应过程。

③ 掌握陶瓷烧成工艺与烧结性测试方法。

二、实验原理

(1) 粉体制备

在液相法中，液相沉淀法是液相法制备陶瓷粉体的主要方法之一。主要是以无机盐为材料，采用氨水或尿素等碱性试剂为沉淀剂，生成无定形的金属盐水合物，再将生成的沉淀过滤、洗涤、干燥后，经一定温度热处理，即可得到超细金属氧化物。

本实验主要是通过化学液相沉淀法——共沉淀法制备纳米 Y-ZrO_2 粉体，在混合的盐溶液中加入沉淀剂使阳离子完全沉淀。代表反应式可表示为：

$$Y^{3+} + 3OH^- \longrightarrow Y(OH)_3 \downarrow$$

$$Zr^{4+} + 4OH^- \longrightarrow Zr(OH)_4 \downarrow$$

在反应过程中，反应物浓度、反应温度、反应 pH 等因素都会影响产物的性能。例如浓度过高，沉淀粒子较大，而浓度过低则不易成核；反应温度过低，易形成大的粒径，而温度过高，晶核形成过快，晶粒过小，易造成凝胶化。因此必须严格控制反应条件，才能得到粒度小、分散均匀、形貌规则的 ZrO_2 粉体。

(2) 烧结

烧结是将陶瓷坯体加热到高温，使其发生一系列物理化学反应，然后冷却至室温，使坯体具有足够的密度、强度和物理化学性能的过程。决定粉体能否致密化、制品能否烧结成功的关键是温度和保温时间的选择。温度过高、保温时间过长，导致坯体变形或晶粒粗大；温度过低、保温时间太短，制品密度和强度不足。

三、仪器设备及材料

设备：粉体制备装置如图 4-3 所示，另需仪器和设备包括氧化铝坩埚，研钵，标准筛，烧杯，瓷盘，布氏漏斗，电子天平，循环水泵，干燥箱，马弗炉，硅钼棒电阻炉，球磨机，硬度仪等。

试剂：$ZrClO_2$，$Y(NO_3)_3$，氨水，无水乙醇，聚乙烯醇等。

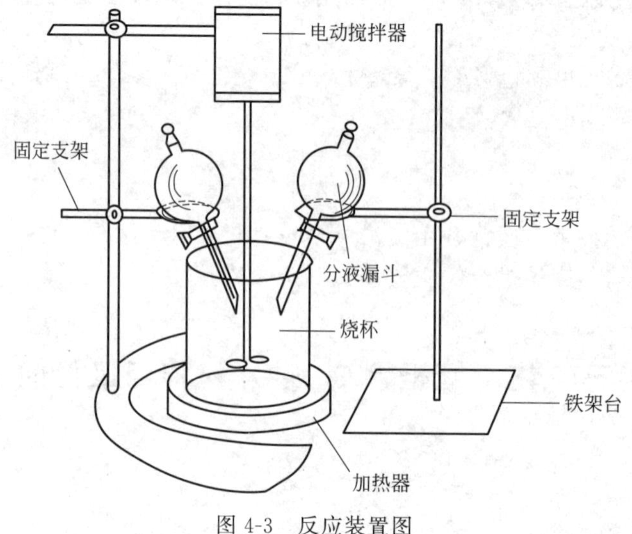

图 4-3　反应装置图

四、实验操作

① $ZrClO_2$ 溶液的配制。计算 1.0mol 的 $ZrClO_2$ 质量（纯度为每 100g 工业级 $ZrClO_2$ 含 37gZrO_2），并配制成浓度为 1.0mol/L 的溶液；按 ZrO_2 理论产量的 3%计算 Y^{3+} 的加入量，并折算出应加入的 $Y(NO_3)_3$ 的质量，称取后加入到 $ZrClO_2$ 溶液中，搅拌溶解。

② 氨水溶液的配制。将 200mL 的浓氨水（25%）加入到 270mL 的去离子水中，配制成 6mol/L 的氨水溶液。

③ 粉体的合成。按图 4-3 安装好反应装置，在烧杯中加入适量去离子水作底液，加热至 40℃，然后同时滴加 $ZrClO_2$ 溶液和氨水溶液，控制滴加速度使反应液的 pH 值保持在 8 左右，此过程中应开启电动搅拌器进行搅拌，并使温度保持在 40℃左右。滴加完毕后继续保温搅拌 0.5h，使反应更加充分。然后将粉体水洗、干燥、球磨、过筛、热处理。

④ 将制备好的 ZrO_2 粉体和聚乙烯醇混合后，先干压成型后制成圆片或试样条，再进行等静压成型。等静压成型时将试样装入密闭的容器（通常用橡胶材料，可用指套代替）内在一定的压力下施压。

⑤ 将成型后的试样放入高温炉中，按一定的烧成制度进行烧结（可通过查阅文献，选择适当的烧结温度）。

⑥ 对样品进行硬度、气孔率、密度、断裂韧性等性能测试，性能测试数据应该同时测 3 组，取平均值。

五、实验任务要求

① 查阅参考文献，制订实验方案和计划。

② 通过液相法制备出超细 Y-ZrO_2 粉体，并将其制备成 ZrO_2 陶瓷片，进行性能测试。

③ 实验结束后需提供 Y-ZrO_2 粉体和 ZrO_2 陶瓷片试样各一份，并对粉体制备工艺参数与陶瓷试样性能之间的关系进行讨论，最终以论文的形式提交实验总结报告。

六、注意事项

① $ZrClO_2$ 具有强酸性，若溶液沾在手上，应及时用清水洗涤。

② 抽滤时为了避免物料流失，滤纸应略小于漏斗的底面积，抽滤前要确保滤纸紧密地贴在布氏漏斗的底部，可滴加少量水浸湿滤纸以增加滤纸与布氏漏斗底部的紧密度。

③ 烘干过程中应及时打散滤饼，避免干燥过程中团聚的形成。

④ 球磨时，应先放氧化锆球，再放入粉体，最后放入无水乙醇。

⑤ 等静压时，应将指套中的空气排空，以防止加压时指套破裂，污染试样。

七、思考题

① 加入 Y_2O_3 对 ZrO_2 晶型结构有何影响？

② 制备温度对 ZrO_2 性能有什么影响？

③ 干燥温度对 ZrO_2 粉体团聚有什么影响？

④ 热处理温度的选择对 ZrO_2 粉体的性能有何影响？

实验四　液相沉淀法制备 TiO_2 光催化剂

一、实验目的

① 了解液相法制备 TiO_2 纳米粉体的工艺过程。

② 掌握粉体制备过程的工艺流程和工艺参数的制定与控制。

二、实验原理

液相沉淀法是在溶液状态下，加入适当的沉淀剂，使某种离子生成前驱体沉淀物，再将沉淀物进行洗涤、干燥、煅烧，从而制得相应的粉体颗粒。

在体系中物质的数量一定，因此可以通过瞬间形成大量的晶核而得到极小粒子，所以在纳米粉体制备时在成核阶段需要一定的过饱和度，在大量核生成后，使溶液沉淀组分浓度迅速降低至临界析出物质浓度，使得新核不再生成，从而得到细小的颗粒。因此可以通过控制反应物浓度、反应温度等工艺参数制备纳米级 TiO_2 粉体。

采用液相法制备 TiO_2 粉体时，可采用钛盐为材料，通过中和反应生成 TiO_2 水合物。在热处理过程中 TiO_2 水合物失去吸附水和化学结构水，成为 TiO_2 粉体。

$$Ti^{4+} + 4OH^- \longrightarrow Ti(OH)_4 \downarrow \xrightarrow{加热} TiO_2$$

三、仪器设备及材料

设备：电动搅拌器，循环水泵，干燥箱，箱式电阻炉，普通天平，磁力搅拌器等。

试剂：$TiOSO_4$，氨水，无水乙醇，甲基橙等。

四、操作步骤

(1) 溶液的配制

① 将 $TiOSO_4$ 溶于去离子水中，待其完全溶解后，加去离子水配制成 1.0mol/L 浓度的 $TiOSO_4$ 溶液。

② 配制 6mol/L 浓度的氨水溶液。

(2) 粉体的合成

① 将烧杯放在加热器（或温煲）上，在烧杯中加入适量去离子水作底液，加热至一定温度，然后同时滴加 $TiOSO_4$ 溶液和氨水溶液，控制滴加速度使反应液的 pH 值保持在 5 左右，此过程中应开启电动搅拌器进行搅拌，并使温度控制在 40℃。

② 滴加完毕（以 $TiOSO_4$ 溶液滴加完毕为准），继续保温搅拌 0.5h，使反应更加充分。

③ 反应结束后，用循环水泵进行抽滤。

④ 待滤饼抽干后，将其取出，重新放入烧杯中，加入适量去离子水，将滤饼打散后，搅拌加热至 40℃，搅拌洗涤 0.5h。

⑤ 重复步骤③、④，洗涤滤饼 3 次。

(3) 干燥

将洗净的滤饼放入磁盘中，置于烘箱中烘干。

(4) 研磨和过筛

粉体干燥后，放入研钵中研磨，然后将磨好的粉体过筛。

(5) 处理

将粉体放入坩埚中，用箱式电阻炉 400℃热处理 1h。

(6) 光催化活性检测

将热处理后的粉体放入一定浓度的甲基橙溶液中，在灯光下进行照射，记录甲基橙溶液的脱色时间，测试数据应该同时测 3 组，取平均值。

五、实验要求

① 制备的 TiO_2 光催化剂粉体具有较高的活性，在可见光下 0.5g 粉体可以在 10h 内使 30mL 的甲基橙溶液（10mg/L）完全脱色。

② 实验结束，提交粉体试样一份。

③ 提交实验报告一份。

六、注意事项

① $TiOSO_4$ 适于低温溶解，温度过高时会发生水解，因此配制 $TiOSO_4$ 溶液时应常温溶解。

② 抽滤时为了避免物料流失，滤纸应略小于漏斗的底面积，抽滤前要确定滤纸紧密地贴在布氏漏斗的底部，可滴加少量水浸湿滤纸以增加滤纸与布氏漏斗底部的紧密度。

③ 烘干过程中应及时打散滤饼，避免干燥过程中团聚的形成。

④ TiO_2 在氧分压低时，易造成欠氧，因此在热处理时，不能将炉门关严。

七、思考题

① 为什么溶解后的 $TiOSO_4$ 先过滤再稀释至一定浓度，而不是稀释后再过滤？

② 怎样避免物料的流失？

③ 避免粉体制备过程中发生团聚的措施主要有哪些？

④ 避免发生 TiO_2 粉体欠氧的方法有哪些？

实验五　高性能混凝土制备与性能测试

一、实验目的

① 掌握配制 C50、C60、C70、C80 高性能混凝土的设计原则与方法。

② 掌握混凝土原材料（水泥、砂、石、减水剂和矿物外加剂）、新拌混凝土、硬化混凝土性能测试原理和试验方法。

二、实验原理

高性能混凝土是指采用常规材料和工艺生产，具有混凝土结构所要求的各项力学性能，且具有高耐久性、高工作性和高体积稳定性的混凝土。

(1) 实验准备

本实验要求学生从材料组成设计开始，通过查阅大量文献材料，结合所学知识，进行实验方案的设计，列出实验方案的设计依据，如理论基础、实验的可行性等。通过材料的组成、结构、制备与性能测试，使学生掌握其测试方法和基本原理，提高学生综合运用知识、独立分析解决问题、动手和综合数据记录与处理的能力。在实验中培养学生严肃认真的态度和踏实细致、实事求是的作风。

(2) 高性能混凝土组成材料的选择

① 水泥的选择。a. 选择 C_3A 及 C_3S 含量低，C_2S 含量较高的水泥可以降低水化热，降低单方混凝土的用水量，也可以降低水灰比（W/C）；b. 改善水泥颗粒的粒形，降低单方混凝土的用水量；c. 改善颗粒的粒度分布，降低孔隙率；d. 掺入矿物质超细粉，降低胶凝材料中水泥的用量。

② 粗细骨料的选择。a. 高性能混凝土采用的细骨料应选择质地坚硬、级配良好的中、粗河砂或人工砂。b. 配制 C60 以上强度等级高性能混凝土的粗骨料，应选用级配良好的碎石或碎卵石。岩石的抗压强度与混凝土的抗压强度之比不宜低于 1.5，或其压碎值 Q_a 宜小于 10%。粗骨料的最大粒径不宜大于 25mm。宜采用 15～25mm 和 5～15mm 两级粗骨料配合。粗骨料中针片状颗粒含量应小于 10%。同时由于我国水泥含碱量较高，应选择无碱活性的骨料。

③ 矿物微细粉的选择。高性能混凝土中活性矿物掺和料是必要的组分之一，它可以降低温升，改善工作性能，增强后期强度，并可以改善混凝土内部结构，提高混凝土耐久性和抗侵蚀能力。尤其是矿物掺和料对碱-骨料反应的抑制作用引起了人们的重视。建议使用粉煤灰、硅粉、磨细矿渣粉、天然沸石粉、偏高岭土粉等作为掺和料。

高性能混凝土中，矿物微细粉等量取代水泥的最大用量宜符合下列要求：硅粉不大于 10%；粉煤灰不大于 30%；磨细矿渣粉不大于 40%；天然沸石粉不大于 10%；偏高岭土粉不大于 15%；复合微细粉不大于 40%。

④ 化学外加剂的选择。高性能混凝土中采用的外加剂宜为高效减水剂，其减水率不应低于 20%。

(3) 配制高性能混凝土的技术路线

采用的技术路线是：低水胶比、高性能减水剂和矿物微细粉掺和料的复合技术。目的是使混凝土在保证良好施工性能条件下尽可能降低水胶比，最大限度地减少水泥石中毛细管孔隙与混凝土中骨料与水泥间的界面缝隙。高效减水剂起到降低水胶的作用，改善坍落度。超细活性掺和料（矿物外加剂）的主要作用是提高体积稳定性，提高后期强度，降低水化热，降低含碱量等。

三、仪器设备

(1) 混凝土制备及养护设备

水泥胶砂搅拌机，水泥胶砂振实台，跳桌，顶击式振筛机，规准仪，石子压碎值测定仪，箱式电阻炉，卧轴式混凝土搅拌机，电磁式混凝土振动台，混凝土含气量测定仪，混凝土坍落度筒，混凝土压力泌水率测定仪，混凝土绝热温升测定仪，“V”型漏斗，混凝土贯入阻力测定仪，混凝土抗冻实验箱，混凝土抗渗仪，混凝土碳化实验箱，压力试验机，水泥电动抗折仪等。

(2) 水泥物理性能测试设备

水泥维卡仪，行星式水泥净浆搅拌机，李氏比重瓶，勃氏透气比表面积测定仪，激光粒度仪，负压筛析仪，沸煮箱，干燥箱，干燥器，水泥标准养护箱，水泥标准养护室。

四、实验操作

① 高性能混凝土配合比设计。
② 抗碳化耐久性设计。
③ 抗冻害耐久性设计。
④ 抗硫酸盐腐蚀耐久性设计。
⑤ 抑制碱-骨料反应设计。
⑥ 配制混凝土并养护。
⑦ 进行混凝土性能测试。

五、数据记录与处理

① 掺矿渣、粉煤灰、高效减水剂对混凝土流动性能的影响。
② 不同强度等级水泥、不同粒径石子、不同掺量石子和砂率对混凝土强度的影响。
③ 单掺矿渣、粉煤灰和复掺矿渣和粉煤灰对混凝土强度的影响。
④ 不同 W/C、龄期和矿物外加剂对混凝土抗渗性的影响。
⑤ 硅灰、矿渣和粉煤灰对混凝土断裂性能的影响。

六、思考题

① 混凝土各组成材料与新拌混凝土及硬化混凝土的关系如何?
② 影响水泥与化学外加剂适应性的因素有哪些?如何评价水泥与化学外加剂适应性?
③ 评价现有的高性能混凝土渗透性测试方法的优缺点。
④ 简述高性能混凝土配合比设计原则。
⑤ 谈谈你对整个综合实验的体会。

实验六　固体废弃物性能测试及综合利用

一、实验目的

① 掌握固体废弃物性能测试方法。
② 掌握固体废弃物作为水泥混合材、混凝土矿物掺和料的实验方法。
③ 掌握固体废弃物制备墙体材料、新型墙板的实验方法。

二、实验任务要求

① 固体废弃物化学组成测试:要求学生掌握粉煤灰、矿渣的化学成分测试方法。

② 固体废弃物的物理性质测试:要求学生掌握粉煤灰、矿渣、脱硫石膏等的细度、比表面积测试方法。

③ 固体废弃物的矿物组成测试:要求学生掌握粉煤灰、矿渣、脱硫石膏等的 XRD 测试原理与方法。

④ 固体废弃物的显微结构观察与岩相分析:要求学生掌握岩相分析光片的制作方法,掌握偏光、反光显微镜下粉煤灰、矿渣、脱硫石膏等的形貌与岩相观察方法。

⑤ 固体废弃物作为水泥混合材实验：要求学生掌握各种掺有混合材的通用硅酸盐水泥的混合材掺量及其制备方法、性能测试方法。

⑥ 固体废弃物制备新型墙板：要求学生掌握脱硫石膏制备加气砌块的工艺与过程，掌握板材的性能测试方法。

⑦ 固体废弃物作为混凝土矿物掺和料实验：要求学生掌握掺有粉煤灰等矿物掺和料的混凝土配合比设计方法，新拌混凝土性能测试方法等。

⑧ 固体废弃物制备墙体材料：要求学生掌握粉煤灰砖的制备工艺与过程，掌握压制成型方法、掌握蒸压养护方法，了解粉煤灰的力学性能测试。

三、仪器设备

(1) 水泥性能测试设备

水泥胶砂搅拌机，水泥胶砂振实台，跳桌，顶击式振筛机，规准仪，石子压碎值测定仪，箱式电阻炉，卧轴式混凝土搅拌机，电磁式混凝土振动台，混凝土含气量测定仪，混凝土坍落度筒，混凝土压力泌水率测定仪，混凝土绝热温升测定仪，“V”型漏斗，混凝土贯入阻力测定仪，混凝土抗冻实验箱，混凝土抗渗仪，混凝土碳化实验箱，压力试验机，水泥电动抗折仪等。

(2) 固体废弃物及水泥物理性能测试设备

水泥维卡仪，行星式水泥净浆搅拌机，李氏比重瓶，勃氏透气比表面积测定仪，激光粒度仪，负压筛析仪，沸煮箱，干燥箱，干燥器，水泥标准养护箱，水泥标准养护室，偏光显微镜，Ultima IV 型 X 射线衍射仪等。

四、材料

52.5 级普通硅酸盐水泥，42.5 级普通硅酸盐水泥，标准砂，无水煤油，中砂，5～31.5mm 碎石，硅灰，粉煤灰，磨细矿渣，脱硫石膏，聚羧酸系高效减水剂，生石灰，柠檬酸，羧甲基纤维素钠，铝粉等。

五、实验操作

① 固体废弃物物理、化学性能测试

ⅰ. 固体废弃物化学组成测试——粉煤灰、矿渣的化学成分等。

ⅱ. 固体废弃物的物理性质测试——粉煤灰、矿渣、脱硫石膏等的细度、比表面积等。

ⅲ. 固体废弃物的矿物组成测试——粉煤灰、矿渣、脱硫石膏等的 XRD 测试。

ⅳ. 固体废弃物的显微结构观察与岩相分析——粉煤灰、矿渣、脱硫石膏等的形貌与岩相等。

② 固体废弃物作为水泥混合材实验——掺有粉煤灰、矿渣等混合材的水泥的制备与性能测试。

③ 固体废弃物制备新型墙板——脱硫石膏制备加气砌块。

④ 固体废弃物作为混凝土矿物掺和料实验——掺有粉煤灰等固体废弃物的混凝土配合比设计、坍落度测试、力学性能测试等。

六、数据记录与处理

① 掺矿渣、粉煤灰等废弃物对水泥性能的影响。

② 谈谈你对整个综合实验的体会。

实验七　功能高分子的制备

一、实验目的

设计型实验是以指定方向、自行设计、自行操作、共同探究的方式进行的，是巩固和补充课堂理论知识和基本实验技能的必要环节。目的是学生通过完成这类实验，能受到一次较全面的、严格的、系统的科研训练，能系统和切实地了解和掌握功能高分子材料制备的一般方法，使学生对科学研究产生兴趣，培养学生的综合能力和创新意识。

二、背景知识

功能高分子是指当有外部刺激时，能通过化学或物理的方法做出相应的反应的高分子材料。功能高分子材料于20世纪60年代末开始得到发展，是高分子材料中研究、开发和应用非常活跃的领域之一。功能高分子材料的制备是通过化学或物理的方法，按照材料的设计要求将功能基与高分子骨架相结合，从而实现预定功能。目前已达到实用化的功能高分子有：离子交换树脂、分离功能膜、光刻胶、感光树脂、高分子缓释药物、人工脏器等。

离子交换树脂是一类带有功能基的网状结构的高分子化合物，其结构由三部分组成：不溶性的三维空间网状骨架，连接在骨架上的功能基团和功能基团所带的相反电荷的可交换离子。离子交换树脂可分为凝胶型和大孔型树脂两类。根据树脂所带的可交换的离子性质，离子交换树脂可大体上分为阳离子交换树脂和阴离子交换树脂。带有酸性功能基，能与阳离子进行交换的聚合物叫阳离子交换树脂；带有碱性功能基，能与阴离子进行交换的聚合物叫阴离子交换树脂。而根据所带基团酸碱性的强弱，可分为强酸型、弱酸型、强碱型、弱碱型等种类。其主要性能测试有树脂的粒径、堆积密度、含水量、化学稳定性、交换速率、交换当量。

吸附型树脂又称聚合物吸附剂，它是一类以吸附为特点，对某些物质具有浓缩、分离作用的高分子聚合物。在化学结构上有些不带任何功能基，有些则带有不同极性的功能基。带有强极性功能基的吸附树脂很难与离子交换树脂严格区分，因此这类吸附树脂有时也叫离子交换树脂。按照树脂的表面性质，吸附树脂一般分为非极性、中极性和极性三类。按照树脂内容结构的不同，吸附树脂可分为凝胶型，大孔型等种类。其主要测试性能包括树脂的粒径、堆积密度、比表面积、化学稳定性、吸附速率、吸附量。

高吸水性树脂是一种新型功能高分子材料。它是一种具有松散网络结构的低交联度的强亲水性高分子化合物，既不溶于水，也难溶于有机溶剂，能通过水合作用迅速地吸收聚合物自重几十倍乃至上千倍的液态水，溶胀以后具有凝胶化性质，即使在加压下也具有保水性，并在干燥的空气中缓慢地释放出所吸水分的一种高分子聚合物。通常聚合反应由热分解引发剂引发、氧化还原体系引发或混合引发体系引发。目前采用的聚合反应主要有溶液聚合和反相悬浮聚合两种方式。根据树脂所用基材不同，可分为淀粉系、纤维素系、丙烯酸系等种类。吸水量与交联度和交联方式关系密切，是影响产品质量的关键因素。聚甲基丙烯酸是重要的工业材料，经过适度交联和皂化后，可以得到高吸水性树脂。其主要测试性能有树脂的外观、化学稳定性、吸水量、吸水速率、失水速率。

敏感性水凝胶是一种具亲水性但不溶解于水的高分子交联网络，它可感知环境细微变化（如pH值、离子强度、温度、光场、电场等的影响），并通过体积的溶胀和收缩来响应这些来自外界的刺激，同时水凝胶吸水后还具有生物材料“软而湿”的形态，这些特点是设计仿生材料、力化学体系、药物释放体系的基础，利用这种特性可将其作为传感器、执行元件、开关和记忆材料。根据所响应外界刺激的变化可分为温度敏感性、pH 值敏感性等。其主要测试性能有树脂的外观、化学稳定性、刺激响应速率、智能转变点等。

三、实验内容与要求

① 查找相关资料，拟定实验路线，内容包括所制备树脂的类型，树脂的制备、表征、性能测试及应用分析等。

② 确定实验方案，要求至少做 3 组配方，拟定实验步骤，准备实验药品。

③ 进行树脂的制备实验，实事求是，做好实验记录。

④ 进行所制备树脂性能的测定，要求性能测试全面，做好数据记录。

⑤ 整理实验数据，补做欠缺的实验和数据，完成实验报告一份，提交所制备功能树脂一份。

四、参考仪器设备

多功能电动搅拌器，电热恒温水浴，水浴锅，升降台，四口瓶，温度计，球形冷凝管，烧杯，锥形瓶，玻璃棒，量筒，蒸发皿，电热真空干燥箱等。

五、实验报告要求

（1）实验项目概况

① 实验目的：以……和……为材料，采用……方法，制备了……材料（或乳液，树脂等），考察……因素对材料……性能的影响，以期优化实验条件，得到性能优良的材料。

② 基本原理：所制备材料的性能、用途、分类、常用制备方法及优缺点等。

③ 耗材明细：实验所使用的各种材料均要列出，注明试剂等级、厂家等。

④ 仪器设备：实验所使用的仪器均要列出，注明型号、厂家等。

（2）实验方案及进度

① 实验采用的原理，设计的合成路线，尽量列出路线图。

② 分组制备的配方比例，尽量列出表格，要进行的各种性能测试。

③ 安排的进度计划等，并附列相应的参考文献 5～10 篇。

④ 该部分不要求写数据记录与处理。

（3）实验过程及结果分析

记录实际的实验步骤、过程和数据，包括各种图片和实际测试结果等。尽量列成表格或线图。并对数据进行分析对比，得出其规律性，并试图分析原因。

（4）参加实验的体会与建议

实验过程中获得的体会以及对实验的建议等。

实验八　建筑乳胶涂料制备

一、实验目的

该实验是以指定方向、自行设计、自行操作、共同探究的方式进行的，是巩固和补充课堂理论知识和基本实验技能的必要环节，目的是学生通过完成此类实验，能受到一次较全面的、系统的科研训练，能切实地了解和掌握建筑乳胶涂料制备的一般方法和性能评价手段，使学生对科学研究产生兴趣，培养学生的综合能力和创新意识，并为毕业论文设计打下良好的基础。

二、背景知识

涂料是指涂覆于物体表面，能与物体表面粘接在一起，形成连续性涂膜，对物体起到装饰、保护作用，或使物体具有某种特殊功能的材料。由于涂料最早是以天然植物油脂、天然树脂（如亚麻子油、桐油、松香、生漆等）为主要材料，因而涂料在过去被称为油漆。随着石化工业的发展，合成树脂的产量不断增加，且性能优良，已大量替代了天然植物油和天然树脂，并以合成有机溶剂为稀释剂，甚至以水为稀释剂，再称为油漆已不确切，因而改称涂料。建筑涂料作为化学建材四大材料之一，广泛用于建筑物的美化、装饰，起着保护和一定功能作用。按建筑涂料使用部位分类，可分为外墙建筑涂料、内墙建筑涂料、地面建筑涂料、顶棚涂料、屋面防水涂料等；按建筑使用功能分类，可分为装饰性涂料、防火涂料、保温涂料、防腐涂料、防水涂料、抗静电涂料、防结露涂料、闪光涂料、幻彩涂料等。

涂料的组成主要包括四部分：主要成膜物质、次要成膜物质、稀释剂和助剂。

① 主要成膜物质又称基料，其作用是将涂料中其他组分黏结在一起，并能牢固附着在基层表面，形成连续均匀、坚韧的保护膜。分为无机和有机两大类。主要成膜物质需要具备以下特点。a. 较好的耐碱性：建筑涂料经常用于水泥砂浆或水泥混凝土的表面，而这些材料的表面一般为碱性（含有氢氧化钙等碱性物质），因而基料应具有较好的耐碱性。b. 常温下良好的成膜性：基料应能在常温下成膜，即基料应能在常温下干燥硬化或交联固化，以保证建筑涂料能在常温（5～35℃）下正常施工并及时成膜。c. 较好的耐水性：用于建筑物屋面、外墙面、地面以及厨房、卫生间内墙面等的涂料，经常遇到雨水或水蒸气的作用，因而基料在硬化或固化后应具有良好的耐水性。d. 良好的耐候性：由于涂膜，特别是外墙面和屋面上的涂膜，直接受大气、阳光、雨水及一些有害物质的作用，因而基料应具有良好的耐候性，以保证涂膜具有一定的耐久性。e. 经济性：由于建筑涂料的用量很大，因而基料还应具有来源广泛、价格低廉或适中等特点。

② 次要成膜物质是构成涂膜的组成部分，并以微细粉状均匀地分散于涂料介质中，不能离开主要成膜物质而单独组成涂膜。其作用是赋予涂膜以色彩、质感，使涂膜具有一定的遮盖力，减少收缩，还能增加膜层的机械强度，防止紫外线的穿透作用，提高涂膜的抗老化性、耐候性。包括颜料和填料。

③ 溶剂：又称稀释剂，是涂料的挥发性组分。

④ 辅助材料（又称助剂），作用是进一步改善或增加涂料的某些性能。其掺量较少，一般只占涂料总量的万分之几到百分之几，但效果显著。

目前我国建筑涂料所用的主要成膜物质大多以合成树脂为主。按构成涂料的主要成膜物质分类，可分为聚乙烯醇系列建筑涂料、丙烯酸系列建筑涂料、氯化橡胶外墙涂料、聚氨酯建筑涂料、水玻璃、硅溶胶建筑涂料等。a. 水玻璃，包括钠水玻璃、钾水玻璃及其两者的混合物。钾水玻璃的耐水性及耐候性优于钠水玻璃。加入磷酸盐等可获得良好的耐水性。可用于内外墙涂料。b. 硅溶胶，为二氧化硅胶体溶液。硅溶胶的性能优于水玻璃，具有较高的渗透性，与基层的粘接力高，耐水性及耐候性高。主要用于外墙涂料。c. 聚乙烯醇，属于水溶性树脂，性能较差，特别是其不耐水、不耐湿擦，适用于内墙涂料，也可作为其它乳液型涂料的胶体保护剂。d. 聚乙烯醇缩甲醛，由聚乙烯醇和甲醛在酸性介质中缩聚而成，属于水溶性树脂，性能优于聚乙烯醇，但耐水性仍较差。适用于内墙涂料，也可用于外墙涂料。采用丁醛替代甲醛时（即聚乙烯醇缩丁醛），耐水性会有较大的提高。e. 聚醋酸乙烯乳液，性能优于聚乙烯醇和聚乙烯醇缩甲醛，但较其他常用共聚物乳液差，主要用于内墙涂料。f. 丙烯酸树脂与丙烯酸乳液，具有优良的耐候性、耐光性、耐热性、耐水性、耐洗刷性、保色性和黏附力，主要用于外墙涂料，也可用于内墙涂料。g. 环氧树脂具有优良的耐候性、耐热性、耐水性、耐磨性、耐腐蚀性和黏附力，但在阳光作用下易变黄，且价格高，主要用于地面涂料和仿瓷涂料等。h. 醋酸乙烯-丙烯酸酯共聚乳液简称乙-丙乳液，耐水性、耐洗刷性、黏附力较高，优于聚醋酸乙烯，主要用于内墙涂料。i. 苯乙烯-丙烯酸酯共聚乳液简称苯-丙乳液。性能稍差于丙烯酸乳液，但价格低于丙烯酸乳液，主要用于外墙涂料，有时也用于内墙涂料。j. 聚氨酯树脂具有优良的耐候性、耐热性、耐水性、耐磨性、耐腐蚀性和黏附力，可获得光亮、坚硬或柔韧的涂膜。主要用于外墙涂料、地面涂料和仿瓷涂料等。

三、实验内容与要求

应用所学的理论知识和实验技术，查阅与本设计课题相关的文献资料，进行建筑涂料用乳液合成及乳胶涂料设计。完成配方设计、乳液合成、涂料制备实验，并依据建筑涂料国标进行相关的检测，对影响建筑乳胶涂料性能的因素进行分析评价。以小论文形式提交实验报告，提交涂料样品一份。

① 查找相关资料，拟定实验路线，内容包括所制备涂料类型，涂料树脂的制备、表征、性能测试及应用分析等。

② 确定实验方案，要求至少做 5 组配方，拟定实验步骤，准备实验药品。

③ 进行涂料的制备实验，实事求是，做好实验记录。

④ 进行所制备涂料性能的测定，要求性能测试全面，做好数据记录。

⑤ 整理实验数据，补做欠缺的实验和数据，完成实验报告一份，提交所制备涂料一份。

四、参考仪器设备

多功能电动搅拌器，电热恒温水浴，高速搅拌机，数字式黏度计，水浴锅，升降台，四口瓶，温度计，球形冷凝管，烧杯，玻璃棒，量筒，电热真空干燥箱等。

五、实验报告要求

参考实验“功能高分子的制备”。

实验九　建筑胶黏材料制备

一、实验目的

该实验是以指定方向、自行设计、自行操作、共同探究的方式进行的，是巩固和补充课堂理论知识和基本实验技能的必要环节，目的是学生通过完成此类实验，能受到一次较全面的、系统的科研训练，能切实地了解和掌握建筑胶黏剂制备的一般方法和性能评价手段，使学生对科学研究产生兴趣，培养学生的综合能力和创新意识，并为毕业论文设计打下良好的基础。

二、背景知识

胶黏剂是在一定条件下通过黏附作用把被粘物结合在一起的物质，胶黏剂又名黏合剂，黏结剂及黏着剂等，俗称胶。胶黏剂和胶接技术与传统的铆接、螺接、焊接等连接技术相比有很多优点。a. 使用范围广。胶接不受被胶接材料类型、几何形状的限制。厚、薄，硬、软，大、小均可，材质亦可不同。b. 胶接应力分布均匀，很少产生传统连接常出现的应力集中现象，可以提高抗疲劳强度。比采用机械连接更易得到更轻、更牢的组件。c. 胶接可以减轻结构件重量、节约材料。采用胶接可使飞机重量下降 20%以上，成本下降 30%以上。胶黏剂的使用量是现代汽车水平的一个重要标志。d. 胶接的密封性能优良，并且具有耐水、防腐和电绝缘等性能，可以防止金属的电化学腐蚀。e. 胶接可以实现精细加工和独特组装，也可功能性胶接，如集成电路、人体组织胶接。f. 胶接工艺简单，设备投资少，易实现机械化，生产效率高。

胶黏剂的应用领域如下：木材加工行业，70%以上的木制品使用胶黏剂，木材加工业是胶黏剂用量最大的行业；建筑工业是胶黏剂和密封剂最大的应用市场之一；制鞋工业，包装工业；用于航空航天工业，胶黏剂的使用使航天器的结构轻量化、合理化，推力大为提高；电子工业和仪器仪表的制造，在国外，10%～20%胶黏剂用于电子工业。

胶黏剂通常是一种混合料，由基料、固化剂、填料、增韧剂、稀释剂以及其他辅料配合而成。

① 基料：亦称黏料，是构成胶黏剂的主要成分。胶黏剂按基料分类可分为无机胶黏剂和有机胶黏剂。无机胶黏剂可分为硅酸盐、磷酸盐、氧化铅、硫黄等种类。有机胶黏剂按来源可分为天然类和合成类，其中天然树脂类又分为动物胶、植物胶、矿物胶等；合成类又分为合成树脂型、合成橡胶型、合成橡胶树脂型。合成树脂型又包括热塑性和热固性两类。合成橡胶类又包含氯丁橡胶、丁苯橡胶、丁基橡胶等。热塑性树脂胶黏剂常为一种液态胶黏剂，通过溶剂挥发，溶体冷却，有时也通过聚合反应，使之变成热塑性固体而达到粘接的目的。其力学性能、耐热性能和耐化学性能均比较差，但使用方便，有较好的柔韧性。聚醋酸乙烯胶黏剂是用醋酸乙烯制备的聚合物，聚合反应为自由基反应，反应一般需要在室温以上进行，聚合度 n 一般在 500～1500。聚醋酸乙烯及其共聚物胶黏剂其具有良好的初始粘接强度，能任意调节黏度，易于和各种添加剂混溶，使用方便，价格便宜。

② 固化剂：亦称硬化剂，作用是使粘接具有一定的机械强度和稳定性。选择固化剂时要慎重，用量要严格控制。

③ 填料：为了改善胶黏剂的某些性能，同时又可降低成本的一类固体状态的配合剂。常用的有金属粉末、金属氧化物、矿物粉末和纤维。例如，提高胶黏剂的耐冲击强度：用石棉纤维、玻璃纤维、铝粉及云母做填料；提高硬度和抗压：用石英粉、瓷粉、铁粉等做填料。添加的填料用量一般应满足：控制胶黏剂到一定黏度；保证填料能润湿；达到各种胶接性能要求。

④ 增韧剂：提高胶黏剂的柔韧性，改善胶层抗冲击性的物质。增韧剂是一种单官能团或多官能团的物质，能与胶料反应，成为固化体系的一部分。增韧剂是结构胶黏剂的重要组分之一。一般情况下随着增韧剂用量的增加，胶的耐热性、机械强度和耐溶剂性均会相应下降。

⑤ 稀释剂：是一种能降低胶黏剂黏度的、易流动的液体，加入它可以使胶黏剂有好的

浸透力，改善胶黏剂的工艺性能。稀释剂分为两类：参与固化反应的为活性稀释剂；非活性为常用的溶剂，不参与反应，仅起到机械混合和降低黏度的作用。

⑥ 偶联剂：是一种既能与被粘材料表面发生化学反应形成化学键，又能与胶黏剂反应提高胶接接头界面结合的一类配合剂，可增加胶层与胶接表面抗脱落和抗剥离能力，提高接头的耐环境性能。

⑦ 触变剂：利用触变反应，使胶液静态时有较大的黏度，从而防止胶液流失的一类配合剂，常用的触变剂是白炭黑。

⑧ 增塑剂：是能够增进固化体系的物质，能提高弹性和改进耐寒性，多用于环氧型和橡胶型胶黏剂中。

胶黏剂选用的一般原则，主要从以下几方面考虑：被粘物的种类和性质；胶黏剂的性能；粘接的目的与用途；粘接件的受力情况；粘接件的使用环境；工艺上的可能性；是否经济和来源的难易。

三、实验内容与要求

应用所学的理论知识和实验技术，查阅与本设计课题相关的文献资料，进行建筑胶黏剂设计。完成胶黏材料配方设计、制备、性能检测，并对影响胶黏材料性能的因素进行分析评价。以小论文形式提交实验报告，提交胶黏材料样品一份。

① 查找相关资料，拟定实验路线，内容包括所制备胶黏剂类型，胶黏剂树脂的制备、表征、性能测试及应用分析等。

② 确定实验方案，要求至少做 3 组配方，拟定实验步骤，准备实验药品。

③ 进行胶黏剂的制备实验，实事求是，做好实验记录。

④ 进行所制备胶黏剂性能的测定，要求性能测试全面，做好数据记录。

⑤ 整理实验数据，补做欠缺的实验和数据，完成实验报告一份，提交所制备胶黏剂一份。

四、参考仪器设备

多功能电动搅拌器，电热恒温水浴，高速搅拌机，数字式黏度计，水浴锅，升降台，四口瓶，温度计，球形冷凝管，烧杯，玻璃棒，量筒，电热真空干燥箱等。

五、实验报告要求

参考实验“功能高分子的制备”。

实验十　化学建材成型

一、实验目的

该实验是以指定方向、自行设计、自行操作、共同探究的方式进行的，是巩固和补充课堂理论知识和基本实验技能的必要环节，目的是学生通过完成此类实验，能受到一次较全面的、系统的科研训练，能切实地了解和掌握化学建材成型加工的一般方法，使学生对科学研究产生兴趣，培养学生的综合能力和创新意识，并为毕业论文设计打下良好的基础。

二、背景知识

化学建材是一类以合成有机高分子材料为主生产的建筑材料，包括合成建筑材料和建筑用化学品（用以改善材料性能和施工性能的各种建筑化学品）之类的化学材料。化学建材成为继钢材、水泥、木材之后的我国第四大类的建筑材料。化学建材是一种环保节能型建筑材料，可以替代木材、黏土等宝贵的天然资源，其产品的生产能耗也远远低于传统建材。化学建材的特点：组成上以有机高分子材料为主；都是化工合成产品；构成直接使用的材料的物理形态的主体，这些材料构成建筑物的某一部分。目前，我国化学建材产品年产值已达千亿元。化学建材按应用范围分类如下。

① 塑料门窗：主要品种PVC门窗，发达国家达到50%以上，我国近年来发展迅速，有全塑的，也有在钢骨架外面包塑料的，花色多样，耐久性好，又节省木材。

② 塑料管材：PVC、UPVC、PE、PP、PB、ABS、FPR、PP－R、金属塑料复合管等。可代替钢管和铸铁管用作供水、排水、通风及燃气管道，既便于施工，又不会生锈。

③ 建筑涂料：PVAc乳胶涂料、苯丙乳液内墙涂料、环氧树脂地面涂料、聚氨酯地面涂料等。

④ 建筑防水材料：主要有高分子防水卷材、防水涂料、建筑密封材料。

⑤ 建筑胶黏剂：壁纸，墙布胶黏剂、塑料地板胶黏剂、防水卷材胶黏剂、塑料管道胶黏剂等。塑料壁纸有涂塑、压花、复合、彩色套印和织物型等许多品种，对加强室内装饰效果有重要作用。

⑥ 建筑保温材料，通常是指有机隔热保温材料，包括聚氨酯、PS、PE、PVC等泡沫塑料制品，广泛用于房屋外墙与屋顶的保温隔热及管道保温，有利于节能。到2020年，我国绿色建筑占新建建筑比例有望超过30%，国家力推绿色建筑，将推动化工建材产业转型升级。

高分子材料加工成型的过程不仅可以决定高分子材料制品的外观形状和质量，还可以影响高分子材料最终的结构和性能，使之具有更好的性能和使用价值，提高相关产品的生产效率，降低企业的经营成本。一般来讲，除胶黏剂、涂料无需加工就可以直接使用外，橡胶、纤维、塑料等常用的高分子材料都需要采用成型加工技术。高分子材料成型加工常见的工艺和技术有如下几种。

① 挤出成型技术。挤出成型技术是一种通过作用于模具本身的成型方式，将物料从模具内挤出，并在受热塑化的同时利用螺杆操纵推出，在机头的作用下将物料制成不同截面的成品或者半成品，一般可分为加料、压缩、熔融以及定压成型等不同的阶段。此加工成型生产工艺具有可连续生产、效率高且操作简单的特点，在塑料加工中应用较为普遍，适用范围较广。

② 吹塑成型技术。吹塑成型技术主要是用来制作各种中空制品，它可以借助于气体压力使闭合在模具中的热熔型坯体受热软化，并使得吹胀面紧贴于模具内壁，冷却后就可以得到相应的成品模型，具有设备造价较低、适应性较强、可成型性能好的特点，是一种常见的，也是发展较快的塑料成型方法。一般来讲，吹塑方法会受材料、加工要求以及制造成本的影响。

③ 注塑成型技术。注塑成型技术是一种注射兼模塑的成型方法，它可以在一定的温度条件下将螺杆搅拌均匀，并将熔融的塑料材料高压注入模具，冷却固化后就可以获得高分子材料的合成成品，具有生产速度快、效率高、可自动化操作与生产等特点。利用注塑成型技术，可以对成品花色品种、形状繁简及尺寸大小进行调节，保证制作成品尺寸精确。注塑成型技术更新换代速度快，经常用于大规模生产以及形状复杂产品的成型加工中。

④ 压延成型技术。压延成型技术是将熔融塑化的热塑性塑料在多个平行异向旋转辊筒间隙进行挤压、延展和拉伸，以达到产品所要求的尺寸规格和质量要求的成型工艺，常用于

塑料薄膜或片材的生产与加工中。

⑤ 激光成型技术。激光快速成型技术结合了计算机辅助设计、计算机辅助制造、数控车床、激光、精密伺服驱动和新材料等技术优势，可应用于对互换性要求较高的原型复制生产中，并且实现了制造工艺与制造原型几何形状关系的脱离，加工周期短、制造费用大幅降低，在很大程度上节约了生产成本，是一种综合性能很强的制造技术。

随着科学技术的发展，化学建材和高分子材料开始向着高性能、生物化以及高效率方向不断发展，高分子材料的成型加工技术也随之发生了很大的变化，朝着高度集成化、高度精密化方向发展，在很大程度上提高了高分子材料制品的性能，推动了我国工业产业的发展和国民经济的进步。高分子材料的应用已经渗透到国民经济的各个领域，其加工成型技术的研究和发展对高分子材料的发展和应用具有重大的意义。

三、实验内容与要求

应用所学的理论知识和实验技术，查阅与本设计课题相关的文献资料，选定某一化学建材品种，对其进行设计。完成该化学建材的配方设计、加工制备、表征与性能检测，并对影响其材料性能的因素进行分析评价。以小论文形式提交实验报告，提交化学建材样品一份。

① 查找相关资料，拟定实验路线，内容包括所制备化学建材类型，化学建材的制备、表征、性能测试及应用分析等。

② 确定实验方案，要求至少做 3 组配方，拟定实验步骤，准备实验药品。

③ 进行化学建材的制备实验，实事求是，做好实验记录。

④ 进行所制备化学建材性能的测定，要求性能测试全面，做好数据记录。

⑤ 整理实验数据，补做欠缺的实验和数据，完成实验报告一份，提交所制备的化学建材一份。

四、参考仪器设备

塑料注射成型机、开放式炼胶机、平板硫化仪、电子拉力机、冲片机、摆锤冲击试验机、多功能电动搅拌器，电热恒温水浴，高速搅拌机、数字式黏度计、水浴锅，升降台，四口瓶，温度计，球形冷凝管，烧杯，玻璃棒，量筒，电热真空干燥箱等。

五、实验报告要求

参考实验“功能高分子的制备”。

实验十一　建筑保温防火材料制备

一、实验目的

该实验是以指定方向、自行设计、自行操作、共同探究的方式进行的，是巩固和补充课堂理论知识和基本实验技能的必要环节，目的是学生通过完成此类实验，能受到一次较全面的、系统的科研训练，能切实地了解和掌握建筑保温防火材料制备的一般方法和性能评价手段，使学生对科学研究产生兴趣，培养学生的综合能力和创新意识，并为毕业论文设计打下良好的基础。

二、背景知识

建筑保温隔热材料是顺应节能、环保、舒适等特点应运而生的建筑材料，通常质地疏松、热导率小，因而能够节省大量的维持舒适环境所需的能耗。围绕建筑保温隔热，提高居民入住舒适度，对建筑结构提出了更高的要求。在推进绿色、节能建筑发展的过程中，如何在保温节能的同时做到防火安全有效，是建筑保温材料共同关注的问题。

建筑保温隔热材料的基本性能指标如下。

① 热导率：热导率是保温隔热的关键指标，通常来说材料的热导率越小越好，优先选择热导率低的材料是保证保温隔热的关键。

② 材料自重：高层建筑对材料的自重要求很高，通常来说建筑材料自重越小越好，因而在选择高层建筑的隔热材料时要控制材料的自重，以便容易施工和满足高层建筑的要求。

③ 强度：建筑隔热材料一定程度上充当了墙体的作用，因而要具有一定的强度，而且要能抵抗材料运输中因为外力产生的变形和损坏。

④ 耐热性和使用温度：一般的建筑隔热和保温对材料的使用温度提出了要求，而且不同温度下保温隔热材料的隔热效果不同，有必要建立在满足建筑材料使用温度和耐热性的前提下，发挥保温隔热材料的最佳效果。

⑤ 吸水率：隔热材料的一个很显著的特点是吸水后保温效果降低，如果是金属材料或者接触金属构件，将导致金属构件的锈蚀，影响结构的整体性能，因而建筑隔热材料要求材料的吸水率要低，根据不同建筑功能有效分配建筑保温隔热材料。

保温系统分为内保温系统和外保温系统。由于内保温系统存在以下缺陷：因室内外温差，内墙易产生结露、受潮、发霉、长毛等现象；室内二次装修易破坏原有保温层，降低保温效果；外墙内侧悬挂固定件较困难；墙体与保温层易开裂；同能条件下，内保温系统造价高于外保温系统；因材料自身因素，存在火灾隐患。因此外保温系统在实际工程中应用较为广泛。外保温系统的节能计算与当地的气候条件、主导风向有关，还与建筑物的功能、朝向、层数、平面布局、立面造型等因素有关，同时还与保温材料的热导率有关。

外保温系统的保温材料分为有机材料和无机材料。有机材料以 EPS（模塑聚苯乙烯板）、XPS（挤塑聚苯乙烯板）、PUR（硬泡聚氨酯）和改性酚醛树脂为主。无机材料以矿棉板、岩棉板、STP 板（以无机纤维芯材和高阻隔真空复合膜为骨料，通过超强真空处理）、YT 无机活性保温砂浆（以耐高温天然无机轻质材料为骨料，加入蛋白纤维、多种无机改性和无机固化材料）为主。不同的建筑对保温材料的燃烧性能有不同的要求。A 级材料属于不燃材料，火灾危险性很低，不会导致火焰蔓延，因此在节能设计中尽量选择 A 级保温材料。B2 级材料属于普通燃烧材料，在火源功率较大或者有较强热辐射时，容易燃烧且火焰传播速度较快，有较大火灾危险性，因此在节能设计中不宜采用 B2 级保温材料。B3 级材料属于易燃材料，很容易被低能量的火源或电焊渣点燃，且火焰传播速度极为迅速，有非常高的火灾危险性，因此在节能设计中严禁采用 B3 级保温材料。通常无机材料被认定为 A 级不燃材料，有机材料被认定为 B2 级可燃材料，经过特殊处理后的 XPS 板、PUR 板和酚醛板被认定为 B1 级难燃材料，如添加阻燃剂的 XPS 板或以胶粉聚苯颗粒保温砂浆为代表的有机-无机复合型保温材料。

有机保温材料保温效果好，质量轻。其缺点是防火安全性差，易于老化，容易燃烧，燃烧时烟雾大，并且在燃烧的过程中容易产生毒性气体，燃烧时熔融滴落物多。添加阻燃剂，仅提高了燃烧难度，但并不能阻止毒性气体的产生。当建筑外墙发生火灾时，有超过 90% 比例的人死于毒性气体和烟熏。现在的高楼层数较多，火灾发生时人员想要逃亡时需要一定的时间，并且烟气上行。有数据显示，垂直方向的燃烧速度是水平方向燃烧速度的 10 倍以上。这就是为什么火灾发生时燃烧速度快、施救难度大的主要原因。目前市场上有机保温材料燃烧性能一般在B级（GB 8624—2016），通过适当改性和添加阻燃剂，材料的燃烧性能可以达到新标准规定的B1级要求（GB 8624—2012）。因此，依据目前的技术水平，不应过高地要求有机保温材料的燃烧性能，而应通过更合理的技术手段降低明火产生的可能性，合理施工，从工程管理上严格要求。

无机保温材料是高温熔融后的产物，从膨胀珍珠岩、玻化微珠等粉末状材料到玻璃棉、岩棉等纤维状材料，均是经过高温处理而制成的不燃材料。这类材料基本能满足燃烧性能A1级或A2级（GB 8624—2006）的要求，若按新标准也能达到A级的要求（GB 8624—2012）。这类材料最大的缺点就是保温效果及耐水耐冻融性能较差。膨胀珍珠岩保温材料在搅拌时容易破碎，导致密度大，保温效果较差，很早就已经被淘汰。玻化微珠保温砂浆虽为闭孔颗粒，但是对于我国冬冷夏热地区的保温还是很难达到65%的要求，所以该种材料适合在南方冬冷夏热地区作为隔热材料来使用。岩棉是目前唯一被社会所广泛认可的集保温和防火性能于一体的无机保温材料，目前尚处于推广应用初期，需要经过一段时间的考验。将岩棉板与无机板复合不失为一种改良做法。

有机-无机复合体系分两类：一类是有机保温板（EPS、XPS、PUR等）直接复合无机板（硅钙板等）类型的，暂且称为复合板体系；另一类是无机保温板复合保温浆料（玻化微珠、胶粉聚苯颗粒等）体系，包括前几年出现的“LBL”三明治做法。前者，在施工过程中，无机板起到了隔离的作用，从而降低火灾风险；后者，在施工后期及以后具有较好的防火作用，可以起到降低着火速度的作用。复合体系一方面解决了施工效率的问题，另一方面降低了火灾风险，在将来的保温市场应该能占据一席之地。

在外保温系统节能设计时，必须保证保温系统的基层墙体和屋面板符合《建筑设计防火规范》（GB 50016—2014）的有关规定。同时还应从外保温材料的燃烧性能入手，合理区分不同燃烧性能的保温材料所适用的建筑。

三、实验内容与要求

应用所学的理论知识和实验技术，查阅与本设计课题相关的文献资料，进行建筑保温防火材料设计。完成保温防火材料配方设计、制备、性能检测，并对影响保温防火材料性能的因素进行分析评价。以小论文形式提交实验报告，提交保温防火材料样品一份。

① 查找相关资料，拟定实验路线，内容包括所制备建筑保温防火材料类型，建筑保温防火材料的制备、表征、性能测试及应用分析等。

② 确定实验方案，要求至少做3组配方，拟定实验步骤，准备实验药品。

③ 进行建筑保温防火材料的制备实验，实事求是，做好实验记录。

④ 进行所制备建筑保温防火材料性能的测定，要求性能测试全面，做好数据记录。

⑤ 整理实验数据，补做欠缺的实验和数据，完成实验报告一份，提交所制备建筑保温防火材料一份。

四、实验参考设备

复合保温板制备成套实验装置，开放式炼胶机，平板硫化仪，多功能电动搅拌器，电热恒温水浴，高速搅拌机、升降台，四口瓶，温度计，球形冷凝管，烧杯，玻璃棒，量筒，电热真空干燥箱等。

五、实验报告要求

参考实验“功能高分子的制备”。

第5章 工程实践类案例

案例一 浅谈建筑卫生陶瓷色料调配技术

一、陶瓷颜料工艺条件

在陶瓷企业中，各种陶瓷产品所使用的各种色料与颜料应该能够满足其生产工艺要求，能够形成预期的装饰效果，提高产品的档次。目前建筑卫生陶瓷产品使用的陶瓷色料与陶瓷颜料，要比日用陶瓷等更为丰富。建筑卫生陶瓷产品的装饰在彩饰方法上已经分为釉下彩、釉中彩、釉上彩、色瓷胎、色釉及色化妆土等几个方面。不过，色料的装饰技法种类虽然很多，但效果与选择范围各有利弊，在使用时应该加以选择。比如釉下彩色料是进行釉下彩饰的，上面再覆盖一层透明釉料，呈色纹饰花面处在釉下，装饰的玻璃质感好。但由于烧成温度高（1200～1320℃），可选择的色料品种范围反而较窄；釉上彩则是将色料绘在釉表面，采用低温烧成后，色料附着于釉表面，由于彩烤温度低（650～830℃），具有可供选用的色料种类广泛的优点。不过由于其色料在釉面上，易产生色料中的金属化合物熔出问题；釉中彩技术界于釉上彩与釉下彩之间（烧成温度为1100～1200℃），色料的颗粒处在釉层的中间，色调形成一种朦胧的美感，但所用色料种类亦受一定限制；呈色瓷胎采用了将色料掺配入坯料内，从而使产品瓷质形成出色效果，瓷胎表面一般上透明穗色釉，是将色料与颜料直接引入釉料内，使釉料形成色釉（烧成温度在1150～1280℃）；还有一种将色料加入不溶性高岭土中，制成陶衣（亦称化妆土）用于陶瓷制品装饰，称之为色化妆土，此种化妆土可以遮盖瓷砖不洁的砖坯，作用很大，但仍需要在色料化妆土表面再施一层透明釉料（烧成温度为1150～1250℃），增加保护与光亮作用。不同的陶瓷色料与颜料有不同的烧成范围，温度过高与过低都会给成色带来不利影响。有的颜料烧成范围很宽，如铬锡红、海碧蓝之类，既可用于高温釉下彩烧成，又可用于釉上彩低温烧成，它们的成色效果皆佳。而有些色料的成色范围固定，使用时忌讳很多，如锑酸铅颜料，就只可用于釉上彩及低温色釉产品的装饰，如果温度过高，则失去颜色。除了烧成温度外，还有相当多的色料与颜料对烧成时窑内火焰气氛非常敏感，如氧化铜颜料，在氧化焰时呈现绿色，而在还原焰时则呈现红色，色彩的变化非常大。在充分了解各种陶瓷颜料的工艺性能后，还应该对颜料的其他方面进行了解，例如陶瓷颜料的成色（常用的色料种类）问题、使用温度范围及火焰气氛特点等。

二、常规陶瓷颜料及其使用条件

建筑卫生陶瓷产品的色釉装饰趋于丰富多彩，采用的颜料种类也越来越多。随着科技的进步，现代陶瓷工业采用的颜料产品不断出现新的种类与新的使用方法，如近年来出现的稀土陶瓷颜料及纳米陶瓷颜料等，带给人们耳目一新的感觉。这里仅将陶瓷颜料的常规种类与使用效果介绍如下，因为这些颜料仍然是当前最主要的装饰材料品种。

① 黄色颜料种类。在古代中国，黄色属于尊贵之色，曾经为皇帝与宫廷所专用。如今黄色颜料成为建筑卫生陶瓷使用最广泛的色料品种。黄色颜料品种丰富，其主要种类有锆钒黄、锆镨黄、锑酸铅黄、钛黄、铬黄、镉黄等。它们的使用温度与气氛要求如下。

锆钒黄和锆镨黄两者使用温度范围较宽，低温 800～1000℃；中温 1200℃，最高使用温度为 1280～1300℃。两者不同的是锆钒黄可以同时用于氧化焰和还原焰，而锆镨黄仅能用于氧化焰，不能用于还原焰。

锑酸铅黄和钛黄属于低温颜料，局限于低温使用场合。使用温度为 800～1000℃，只能用于氧化焰烧成，而不能用于还原焰。

镉黄是在低温陶瓷颜料中使用温度最低的色料，使用温度为 800℃，对火焰气氛无特别要求。

② 红色颜料种类。红色象征着热烈与生命的跳跃。现在建筑卫生陶瓷产品中，红色陶瓷颜料品种有锰红、铬锡红、铬铝红、铬银红、铬铁红及硒铬红等。红色颜料的使用温度与气氛要求如下。

锰红、铬铝红及铬铁红三种陶瓷颜料，它们使用时的烧成温度与火焰气氛条件十分接近。它们的最低烧成温度为 800～1000℃，中温为 1200℃，最高烧成温度为 1280～1300℃。这三种颜料都只能用氧化焰气氛，而不能用还原焰烧成条件。

铬锡红、铬银红这两种陶瓷颜料的烧成温度范围为：最低温度 800℃，中温 1000～1200℃，最高温度 1280℃。但是两者的使用气氛却有所区别，铬锡红仅能用氧化焰烧成条件，而铬银红颜料既可用氧化焰，又可用还原焰烧成。

硒镉红是一种低温陶瓷色料，其烧成温度在 800℃以下。

③ 棕色陶瓷颜料种类。棕色陶瓷颜料呈色沉着、稳重。目前使用的棕色颜料有铁铬锰锌棕、铁铬锌棕、铁铬棕及铁铬锌铝棕等。这四种陶瓷颜料的烧成温度范围很广，从最低烧成温度 800℃，到中温 1000～1200℃，以及最高温度 1280～1300℃。在烧成气氛方面，既可用氧化焰，也可用还原焰。

④ 绿色陶瓷颜料种类。绿色陶瓷颜料呈色清新明快，现在已经形成铬绿、孔雀绿、镨钒绿等品种。它们的使用温度范围均为低温 800℃，中温 1000～1200℃，最高温度 1280～1300℃。在烧成气氛方面，不受氧化焰或还原焰的局限。

⑤ 蓝色陶瓷颜料品种。建筑卫生陶瓷产品中，蓝色陶瓷颜料呈色高雅、华贵。目前使用最多的是钴蓝、深蓝、海碧蓝、锆钒蓝及硅酸锌蓝等种类。除了硅酸锌蓝外，钴蓝、深蓝、海碧蓝与锆钒蓝四种陶瓷颜料烧成温度范围广泛，可以满足最低温度 800℃直到最高温度 1300℃间的烧成范围。硅酸锌蓝的烧成温度最高为 1280℃。在烧成火焰气氛上，蓝色陶瓷颜料可以满足还原焰及氧化焰的烧成条件。

⑥ 紫色陶瓷颜料种类。紫色陶瓷颜料现在有钕硅紫及钕铝紫等品种。它们的烧成温度范围在 800～1280℃，对火焰气氛无特别要求，可以满足氧化焰及还原焰烧成。

⑦ 灰色陶瓷颜料种类。灰色陶瓷颜料现有锡锑灰及锆灰两种色料。锡锑灰烧成温度在

800～1280℃。锆灰烧成温度范围在800～1300℃。两者都适用于氧化焰烧成条件，但不能用还原焰烧成。

⑧ 黑色陶瓷颜料种类。黑色颜料及黑釉的使用历史最为古老，其呈色元素为氧化铁。经过改进目前形成了镍铬铁钴黑、铁铬钴锰黑等新品种，因此呈色更加纯正与稳定。镍铬铁钴黑色料的使用温度广，可满足800～1300℃的烧成条件。就烧成气氛而言，铁铬钴锰黑能够在氧化焰及还原焰气氛中烧成，但镍铬铁钴黑仅能用氧化焰烧成。

三、陶瓷颜料的粒度

陶瓷颜料中的颗粒度即人们常讲的细度，对于色料的呈色与色调影响很大。目前大多数经过煅烧的色料颗粒，其平均粒径为1～10μm。在筛分（325目）时，应该选择最适宜的粒径分布，因为并不是色料的粒径越小呈色效果越好。颜料在熔融釉内的溶解程度表现为单位体积色料的表面体积函数，色料表面积与粒径成反比。由于颜料颗粒度越细，在釉中的溶解程度越大，就会造成被釉料溶解，形成“釉吃色”的不良影响。如含钴类的颜料最容易被釉溶解而出现流钴的现象，这样呈色釉料就会形成色调不均匀的缺陷。此外也应该控制颜料颗粒最大粒径，以杜绝颜料颗粒形成不均匀的表面。有些企业在颜料加工时形成经验，认为经过加工的颜料的最大颗粒尺寸以低于釉层的1/10为宜，普通的釉料颗粒尺寸大约为20μm为佳。在制作颜料时，煅烧后采用磨细的方法以决定颜料的细度。但某些颜料在磨细后反而使呈色强度减弱，其原因在于细磨后颜料的颗粒露出新的不能呈色的表面，其中锆基色料最易出现此现象，因此在颜料的使用中，应该选择最佳的颜料颗粒尺寸，以保证其具有充分的分散度和最好的呈色强度。

四、颜料调色的均匀性

在建筑卫生陶瓷产品的生产过程中，釉料所用的颜料都是经过调配而成的。许多色料品种虽然都已经过专业色料公司的调配定型，但企业的技术人员也应该对其有深入了解，尤其颜料的调配与使用中存在许多技术方面的因素与部分禁忌。除了釉上彩装饰外，其他采用颜料的装饰方法（如色釉中存在的颜料的A色与B色能否相互调配而形成预期的颜色和色调等）也存在诸多问题，这些均需要严格与准确的工艺技术选择和工艺技术调控。

有些陶瓷色料不容易满足进行大批量的重复性生产使用，每次烧成后产品色釉颜色不同或色调不一，从而无法保证企业产品的一致性。目前发现的难以重复与批量性使用的色料种类，如维多利亚绿、锰铝粉红、铬锡粉红等均会产生上述现象。工艺解决方法是在呈色浅的颜料中引入少量的呈色力强的色料组分，以解决上述问题。在色料的调配中，有些企业采用以黑色和白色乳浊剂制作灰色的方法，结果不仅不能收到很好的效果，还远不如直接采用钴-镍灰方镁石灰色颜料呈色效果好。氧化铜类颜料对于火焰的气氛非常敏感，在氧化焰中呈现绿色，而在还原焰中呈现红色，表现出很大的差异，故以此颜料和其他色料进行调色时也应该注意意外影响。

在建筑卫生陶瓷产品需要的高温烧成中，陶瓷颜料与釉料发生相互熔化与交融。因此要想展示出颜料的呈色功能，必须要求颜料组分与釉料组分有较高的相容性与适应性。实际上通常的釉料是由单纯釉料、乳浊剂及其他添加剂等几部分组成，因此釉料与颜料的相容实际上是颜料和单纯釉料、乳浊剂及添加剂的各自相容。建筑卫生陶瓷的锆系乳浊剂釉料与所有锆系颜料相配适。氧化钛系乳浊剂釉料则与钛系列颜料相适宜。含氧化锡的颜料如锡钒黄、铬锡粉红色料则可以和含锡氧化物乳浊剂相配合使用。

总之，建筑卫生陶瓷产品的色釉装饰技术正在不断取得进步。企业及时掌握世界陶瓷颜料发展的新动向与新技术至关重要，因为采用颜料与色釉技术来提高产品的价值与技术含量，已经成为国际建筑卫生陶瓷行业生产高档产品的新潮流。

五、思考题

① 简述陶瓷颜料分类及使用条件。

② 简述陶瓷颜料的粒度对色料呈色及色调的影响。

案例二　陶瓷色料在炻瓷无光釉中的应用

本案例以中温钙钡无光釉为基础釉，以陶瓷色料为着色剂，研究系列陶瓷色料在炻瓷无光釉中的发色情况，并探讨了影响色料发色的因素。

一、实验部分

基础釉用材料的化学组成如表 5-1 所示，基础釉料配方如表 5-2 所示，各色料的加入量、烧后色度值与釉面外观如表 5-3 所示。

表 5-1　基础釉用材料化学组成　　单位：%

化学组成	SiO_2	Al_2O_3	Fe_2O_3	CaO	MgO	K_2O	Na_2O	BaO	ZrO_2	B_2O_3	烧失量	合计
钠长石	67.89	19.61	0.14	0.35	0.05	2.5	9.02					99.56
石英粉	99.00	0.50	0.10	0.15	0.25							100
高岭土	45.62	39.13	0.05	0.23	0.08	0.49	0.21				14.21	100.02
硅酸锆	31.30			0.10					65.37			96.77
碳酸钡					工业纯							
碳酸钙					工业纯							
氧化铝粉					工业纯							

表 5-2　基础釉料配方

材料	石英	钠长石	高岭土	碳酸钙	碳酸钡	氧化铝	硅酸锆	熔块	合计
含量/%	11	41	14	18	6.5	3.5	2	4	100

以 100g 基础釉为基准，按表 5-2 所示的比例分别加入相应的色料，然后再加入 60mL 的 CMC 水溶液（在 1000mL 水中加入 10g 低黏度的羧甲基纤维素钠，经搅拌溶解后获得），用快速球磨机混合 10min，倒入烧杯中备用。实验所用坯体为普通炻瓷坯体，为方便施釉和测量颜色，坯体选用平板状的。喷釉前将坯体打磨并清洁干净，手工喷釉，控制釉层厚度为 0.8～1.2mm。喷釉后的坯体经干燥后放入电炉中烧成，设置升温时间为 180min，匀速升温至 1200℃，保温 30min，然后关闭电源，不打开炉门，使其自然冷却。烧成后的试样采用进口色度仪测量其色度值 L、a、b，结果取三次测量的平均值，测试结果见表 5-3。

表 5-3　色料的加入量、烧后色度值与釉面外观

颜色及组成系统	加入量/%	色度值			发色情况和釉面外观
		L	a	b	
铬绿(Cr-Al)	4	28.96	−8.34	8.94	发色正常、釉面良好
孔雀绿(Co-Cr-Al-Zn)	4	23.42	−10.32	−3.62	发色好、釉面好
墨绿(Co-Cr-Fe)	4	19.66	−1.18	1.4	颜色偏黑、釉面良好
墨绿(Co-Cr-Fe)	2	19.65	−1.17	2.21	发色正常、釉面良好
蓝绿(Co-Cr)	4	23.99	−8.88	−4.41	发色正常、釉面良好
锆钒蓝(Zr-Si-V)	6	48.29	−9.42	−18.76	颜色基本正常、釉面良好
锆镨黄(Zr-Si-Pr)	6	70.62	−8.81	36.94	发色正常、釉面良好
锆铁红(Zr-Si-Fe)	6	36.85	17.77	11.77	发色正常、釉面良好
锆钒黄(Zr-V)	6	61.52	2.44	29.48	发色正常、釉面好
钴蓝(Co-Al-Sn-Zn)	4	25.43	14.11	−35.53	发色正常、釉面良好
海蓝(Co-Cr-Al)	4	24.97	−2.42	−8.10	发色正常、釉面略有不平
深蓝(Co-Al)	3	25.08	12.97	−31.26	颜色及釉面都很好
宝蓝(Co-Si)	4	16.94	12.43	−25.88	发色正常、釉面好
钴黑(Co-Cr-Fe-Ni)	4	18.30	−0.77	−0.20	黑色纯正、釉面良好
无钴黑	4	20.25	0.54	0.37	发色略偏红、釉面良好
灰色(Zr-Si-Ni-Co)	4	30.73	0.08	−0.60	发色基本正常、釉面好
蓝灰(Zn-Sb)	4	36.80	−0.92	−11.10	发色正常、釉面良好
黑棕(Fe-Cr-Zn)	6	20.63	1.03	1.79	颜色偏黑、釉面良好
黑棕(Fe-Cr-Zn)	3		—		正常黑棕色、釉面良好
6%黑棕(Fe-Cr-Zn)+3%ZnO	—		—		颜色偏红黄、釉面良好
栗棕(Fe-Cr-Al-Zn)	6	31.32	14.18	12.28	颜色偏红、棕调不足、釉面良好
6%栗棕(Fe-Cr-Al-Zn)+3%ZnO	—	28.55	11.72	6.78	发色正常、釉面好
黄棕(Fe-Cr-Zn)	6	46.99	11.00	18.28	发色不正常、釉面良好
6%黄棕(Fe-Cr-Zn)+3%ZnO	—	44.47	16.67	19.33	发色好、釉面好
桃红(Cr-Zn-Ca-Si)	6	52.08	22.31	2.84	发色正常、釉面良好
玛瑙红(Cr-Zn-Ca-Si)	6	34.21	16.75	3.54	发色正常、釉面良好
紫色(Cr-Sn)	6	49.26	17.06	−5.86	发色浅、釉面有大量白斑
大红(Zr-Si-Cd-Se-S)	6	36.32	29.17	10.84	发色正常、釉面良好
大红(Zr-Si-Cd-Se-S)	10	32.23	35.15	13.13	发色好、釉面基本正常

二、数据记录与处理分析

(1) 各色料在钙无光釉中的发色情况

从烧后试样的外观看，含铬的铬绿、孔雀绿、墨绿和蓝绿四种色料发色情况较好，釉面质量良好；墨绿的加入量由4%降为2%后，釉面已不偏黑，为较好的墨绿色；铬绿与蓝绿色料的发色均较浑厚，色调足。

锆系三原色（锆钒蓝、锆镨黄、锆铁红）在釉中发色正常，只是色调稍暗淡一些，不够鲜艳明快；锆钒黄色料发色良好，釉面正常，未发现釉面缺陷。

含钴的蓝色色料发色均正常，釉面基本正常。钴黑在此釉中的发色纯正，黑度和深度都较好；无钴黑灰色和蓝灰色料在该釉中的发色也都正常，釉面质量良好。

由于此无光釉中不含氧化锌，棕色色料的发色受到明显影响，色调与正常颜色有较大偏差。黑棕色料的加入量为6%时，发色偏黑，加入量由6%降为3%后，发出正常黑棕色，釉面良好；栗棕色料和黄棕色料在此基础釉中发色均不正常，加入3%的氧化锌后，两者均发色纯正，釉面也较好；但在黑棕色料中加入3%的氧化锌后，其发色明显不正常，色调偏红黄。

铬锡红系列色料在该釉中发色正常，釉面良好，但铬锡紫色料在此釉中发色不好，发色

明显偏浅，且釉面有不规则白斑。

包裹红色料在此釉中发色正常，釉面平整无缺陷，但大红色料的发色不够鲜艳，红调不足；深红色料发色明显偏暗。包裹红色料的加入量由6%增加至10%后，红色调很足，颜色鲜艳，但釉面质量比6%时略差；橘黄色料虽然发色比较鲜艳，但釉面不平整，含有封闭的气泡；橘黄色料加入量增加至10%时，釉面起泡现象更为严重，这说明橘黄色料不适合在此釉中使用。

(2) 几种色料的颜色差别

从外观看，墨绿、黑棕、钴黑和无钴黑都是黑色，但通过比较可发现颜色差别很明显：钴黑是纯正的黑色，发色深，颜色纯正；与钴黑相比，无钴黑发色明显偏浅，色调偏红，黑度不够；墨绿是灰黑色，色调比钴黑浅、偏绿；黑棕则明显偏红，差别最大。另外，从色度值上也可以看出三者之间的发色差别。

虽然孔雀绿和蓝绿的色度值比较接近，但通过目测还是可以看出颜色的差别：孔雀绿色料发色偏黄、偏艳，蓝绿色料偏深、偏蓝。

钴蓝和深蓝的发色也非常接近，从外观看，深蓝色料的发色偏红一些，釉面更细腻；钴蓝色料的发色则偏蓝一些，釉面略显粗糙。

(3) 基础釉化学组成对色料发色的影响

色料的发色与所用基础釉的化学组成有直接关系，色料要发色正常，必须要有化学组成与之匹配的基础釉，否则，色料与基础釉相互作用，会使呈色发生很大的变化。对于铬绿色料，基础釉中应尽量避免加入ZnO；对于钴黑和无钴黑色料，基础釉中要控制ZnO、MgO的含量，含量过多影响发色；棕色色料一般适合在含锌的基础釉中使用；铬锡红色料和铬锡紫色料在含ZnO、MgO、Li_2O的基础釉中发色不好。

(4) 烧成制度对无光釉的影响

烧成制度对无光釉的釉面效果影响很大，要获得良好的无光釉，必须严格控制烧成制度，具体包括以下三方面。

① 最佳的釉料烧成温度。温度过高可能会使釉面有光泽，而温度过低则釉面质量会变差。实验发现：烧成温度提高到1235℃时，釉面失去无光效果，变成了光泽釉；烧成温度降低到1170℃时，釉面粗糙。

② 高温下恰当的保温时间。保温时间过长（如保温1h以上），既浪费资源又可能导致缺陷的产生（如针孔、气泡等）；而保温时间太短（如保温10min），则坯体和釉的烧结程度低，未完全瓷化，导致釉面粗糙、光泽度低、坯体吸水率高，且易出现针孔等缺陷而降低釉面质量。

③ 合适的冷却速度。为使无光釉中过剩的氧化物有充分的析出时间，应尽可能减慢无光釉的冷却速度。实验证实，无光釉不适合快速冷却工艺。

三、分析点评

无光釉是一种釉面细腻平滑、光泽度相对较低的陶瓷釉，属于艺术釉的一种，能营造宁静、柔和的环境氛围。无光釉是一种微晶釉，通常采用使釉料析晶的方法获得无光效果，且一般都具有一定的乳浊效果，其乳浊程度取决于晶相的数量和晶粒尺寸的大小。国内外市场上的无光釉陶瓷产品很多，多数为炻瓷。本案例分析了陶瓷色料在炻瓷无光釉中的发色情况，并探讨基础釉化学组成对色料发色的影响及烧成制度对无光釉的影响，实验发现钙钡铝复合无光釉适合大部分色料的发光，釉面质量良好；无光釉的化学组成对色料的发色有很大的影响，且合适的烧成制度对无光釉很重要。

四、思考题

① 讨论影响陶瓷色料发色的因素。

② 陶瓷颜料和陶瓷色料的主要区别是什么？

案例三　磷矿渣用于陶瓷坯料试验研究

山西某县磷矿渣废料产量很大，且当地贮有丰富的劣质黏土材料——风化土，根据其组成特点，利用这两种材料进行釉面砖的试制具有重大的经济价值。

一、材料

磷矿渣为该县某化工厂废料，其化学组成以 SiO_2、CaO 为主。风化土为当地一种铁杂质含量较高的高岭石类劣质黏土材料。根据材料组成情况，考虑到产品的成型性能及烧成性能要求，又选用了紫木节、石灰石、煅烧C级铝矾土（以下简称烧C）等与之配合。坯用材料的化学组成如表5-4所示。

表5-4　坯用材料的化学组成　　单位：%

材料	SiO_2	Al_2O_3	Fe_2O_3	TiO_2	CaO	MgO	K_2O	Na_2O	P_2O_5	烧失量	合计
磷矿渣	54.29	0.91	0.67		37.24	0.71	0.95	0.29	0.87	3.08	99.01
风化土	52.38	15.54	8.62	0.72	6.30	3.10	2.74	1.56		9.01	99.97
紫木节	46.75	34.01	0.52		1.23	0.43	0.45	0.28		15.98	99.65
石灰石	0.42	0.79			53.66	2.22				42.91	100.00
烧C	40.80	56.56	0.53	0.86	0.36	0.24	0.35	0.30			100.00

二、试验过程

采用正交试验方案，分两步进行。选用 L_4（2^3）正交表安排试验，以坯用料为试验因素，材料用量为水平，为保证配方总量为100%，选取其中一种材料，如风化土为不独立因素，因素水平选取见表5-5，试验方案及测试结果见表5-6。将考核指标增加为吸水率与烧成收缩两项，并引入适量石灰石，进行第二次正交试验，因素水平选取见表5-7，试验方案及测试结果见表5-8。

表5-5　第一次坯料配方试验因素水平表　　单位：%

因素	磷矿渣	紫木节	烧C
1	40	35	10
2	30	30	0

表5-6　第一次坯料配方实验方案及测试结果　　单位：%

编号	磷矿渣	紫木节	烧C	风化土	吸水率
1	1(40)	1(35)	1(10)	15	16.35
2	1(40)	2(30)	2(0)	30	15.60
3	2(30)	1(35)	2(0)	35	15.00
4	2(30)	2(30)	1(10)	30	16.55

表 5-7　第二次坯料配方试验因素水平表　　单位：%

因素	风化土	石灰石	磷矿渣
1	40	20	0
2	50	25	10

表 5-8　第二次坯料配方实验方案及测试结果　　单位：%

编号	风化土	石灰石	磷矿渣	紫木节	吸水率	烧成收缩
5	1(40)	1(20)	1(0)	40	20.25	1.9
6	1(40)	2(25)	2(10)	25	22.76	0.8
7	2(50)	1(20)	2(10)	20	23.46	2.0
8	2(50)	2(25)	1(0)	25	22.42	1.0

坯体制备工艺流程如图 5-1 所示。

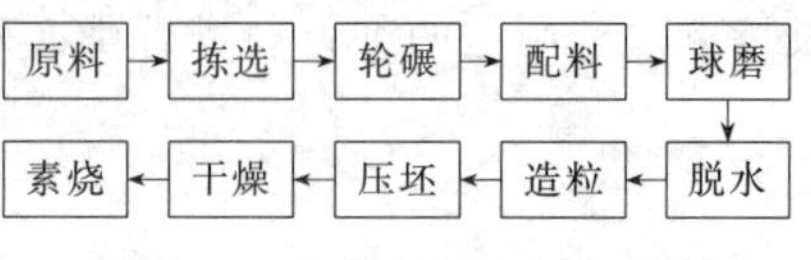

图 5-1　坯体制备工艺流程

各工序工艺控制与主要工艺参数如下。①磷矿渣先过 100 目筛，筛下细粉弃去不用，以保证其成分的稳定；其余材料经轮碾机粉碎，过 18 目筛备用。②球磨采用试验用瓷瓶球磨机，料：球：水＝1：2：0.8，细度控制为万孔筛 0.5%～1%，出磨过 80 目筛。③坯料脱水采用电热鼓风干燥箱，待完全干燥后于自制的造粒设备中进行增湿造粒，团粒水分控制为 5%～6%。④采用液压压力机压制成型。⑤坯体成型后在电热鼓风干燥箱内干燥至水分 2%以下入窑。⑥采用硅碳棒电阻炉素烧，根据试验情况确定其烧成温度为 1100℃。

第一次试验的极差计算分析见表 5-9，第二次试验的极差计算分析见表 5-10。

表 5-9　第一次试验的极差计算分析　　单位：%

考核指标	极差计算	磷矿渣	紫木节	风化土
吸水率	K1	15.975	15.675	16.45
	K2	15.775	16.075	15.30
	R	0.20	0.40	1.15

表 5-10　第二次试验的极差计算分析　　单位：%

考核指标	极差计算	因素		
		风化土	石灰石	磷矿石
吸水率	K1	21.51	21.86	21.34
	K2	22.94	22.59	23.11
	R	1.43	0.73	1.77
烧成收缩	K1	1.35	1.95	1.45
	K2	1.50	0.90	1.40
	R	0.15	1.05	0.05

根据极差计算分析结果，可以获得以下几点结论。①烧 C 对产品的吸水率影响很大，且随着其用量的增加，产品的吸水率增大。这是由于烧 C 在坯体中属于骨料，其用量越多，产品致密度越低。②紫木节对吸水率的影响程度相对较弱，随紫木节用量的增加，产品的结合程度增强，致密度提高，吸水率下降。③磷矿渣对产品性能指标的影响规律为：随着其用量的增加，吸水率增加，而烧成收缩率略有下降，但变化不明显。这是因为磷矿渣在试验的烧成温度下，自身化学变化很少，在坯体中充当骨架材料，其作用与烧 C 类似。④石灰石的用量增多，产品吸水率增加，而烧成收缩率明显减小。这是由于石灰石在高温下分解放出气体后，在坯体中留下了一定数量的气孔，从而导致在坯体外观尺寸几乎不变的情况下吸水

率增加。⑤随风化土用量的增加产品烧成收缩率增加，这是由于它在高温下产生液相，促进了制品的致密化。

根据上述试验情况，考虑到坯体的成型性能以及产品的性能要求，最后确定坯料配方见表5-11，化学组成如表5-12所示。

表5-11　坯料配方

材料名称	磷矿渣	风化土	紫木节	烧C	石灰石	合计
质量分数/%	40	20	25	10	5	100

表5-12　坯料化学组成

化学组成	SiO_2	Al_2O_3	Fe_2O_3	TiO_2	CaO	MgO	K_2O	Na_2O	P_2O_5	烧失量	合计
含量/%	51.92	15.67	2.17	0.23	15.96	1.14	1.58	1.53	0.45	9.18	99.83

由于坯料中Fe_2O_3等着色成分较多，坯体颜色较深，呈棕褐色，故采用高强乳浊釉对坯体进行有效的遮盖，为提高乳浊效果，采用硼锆熔块釉，以锆英石为乳浊剂，经过多次试验，确定熔块配方如表5-13所示。

表5-13　熔块配方

材料名称	石英	长石	硼砂	硼酸	氧化锌	锆石英	碳酸钙	烧滑石	合计
质量分数/%	21.00	30.00	13.00	8.00	2.50	11.50	9.00	5.00	100.00

釉料配方：熔块95%，苏州土5%；釉烧温度：1040℃。

三、分析点评

山西某县磷矿渣废料产量很大，且当地贮有丰富的劣质黏土材料——风化土，根据其组成特点，利用这两种材料进行釉面砖的试制具有重大的经济价值及企业效益。将优选出的坯釉配方进行产品试验，结果测得产品总收缩率为0.4%～0.75%，吸水率为18.37%～21.28%，釉面白度80%，热稳定性合格，外观规整度较好。显然，试验的磷矿渣及风化土完全可以用于釉面砖类制品的生产，其在坯料配方中的用量总和达60%，这将有益于工业废渣的回收利用与环保工程，同时由于风化土质劣价低，坯料成本可明显下降，经济效益可观。

四、思考题

研究山西某县磷矿渣废料试验有什么经济意义？

案例四　油滴釉制作工艺的研究

本案例运用陶瓷工艺原理和现代制釉技术，合理控制工艺条件，以普通陶瓷矿物材料为主，添加适量的化工材料制釉，在电炉中以氧化气氛烧制成功油滴晶斑规则、大小分布均匀、釉面平滑光润、品质优良的油滴天目釉器物。

一、坯料

以江西景德镇地区广泛使用的陶瓷材料宁村瓷石为主，与一定量的高岭土、长石配合制坯，坯体含铁量低，白度较高。坯料的化学组成见表5-14所示。

表 5-14 坯料的化学组成

化学组成	SiO_2	Al_2O_3	Fe_2O_3	CaO	MgO	K_2O	Na_2O	灼减量	合 计
含量/%	68.34	20.91	0.51	0.25	0.29	3.67	0.21	5.58	99.76

其坯式为：

$$\left.\begin{array}{l}0.187K_2O\\0.016Na_2O\\0.022CaO\\0.035MgO\end{array}\right\}\left.\begin{array}{l}0.985Al_2O_3\\0.015Fe_2O_3\end{array}\right\}5.46SiO_2$$

二、釉用材料

试验中，釉料配方所用的矿物材料及其化学组成见表 5-15。化工材料有工业纯或化学纯的氧化铁、碳酸锰、轻质氧化镁、氧化钴、氧化铜、氧化钛、氧化锌等。

表 5-15 釉用矿物材料化学组成 单位：%

名 称	SiO_2	Al_2O_3	Fe_2O_3	CaO	MgO	K_2O	Na_2O	Li_2O	灼减量	合 计
含锂长石	72.92	17.00	0.10	—	—	2.36	7.15	0.82	0.33	100.68
石英	97.95	0.53	0.19	0.33	0.63	—	0.44	—	0.29	100.36
高岭土	45.05	38.73	0.04	0.31	—	0.13	0.02	—	15.66	99.94
方解石	2.48	0.10	0.51	53.13	1.57	—	—	—	44.55	102.34
烧滑石	66.19	0.23	0.21	0.53	32.16	0.60	0.05	—	—	99.97

三、釉料配方

在釉料的配方研究中，以中国科学院上海硅酸盐研究所对宋代 9 种有代表性的天目釉化学组成的分析结果为参考，借助以往成功的油滴釉经验配方，并加以理论上的调整。在研制过程中，以变动釉料化学组成和材料种类来配成一系列配方，通过制备、烧成、对比烧后试样的釉面特征，找到釉料配方范围，再运用正交试验法求得优化配方。本试验最优釉料配方的化学组成详见表 5-16。

表 5-16 最优釉料配方的化学组成

化学组成	SiO_2	Al_2O_3	Fe_2O_3	CaO	MgO	K_2O	Na_2O	Li_2O	MnO	烧失量	合 计
含量/%	63.07	12.06	7.01	2.76	3.08	1.43	4.28	0.48	1.81	4.57	100.55

其釉式为：

$$\left.\begin{array}{l}0.0603K_2O\\0.2744Na_2O\\0.0637L_2O\\0.1959CaO\\0.3038MgO\\0.1019MnO\end{array}\right\}\left.\begin{array}{l}0.4710Al_2O_3\\0.1744Fe_2O_3\end{array}\right\}4.1737SiO_2$$

经计算，该釉酸度系数 C·A＝1.42，$SiO_2/(R_2O+RO)=4.2$，$SiO_2/Al_2O_3=8.9$。从上述釉式和各项计算结果，可以判断该釉在软质瓷釉之列，烧成温度在 1250～1280℃之间，属于易熔釉与光泽釉。

四、工艺过程

① 坯体采用注浆或手工拉坯成型方式，经干燥、修坯、素烧（850～900℃）后备用。

② 釉料制备。将粉状矿物材料分别过 120 目筛，按配方称量配料，以 m(料)∶m(球)∶m(水)为 1∶1.5∶1 的比例，装入球磨罐，湿法快速研磨 20min，釉料细度为 250 目筛，筛余 0.05%～0.08%。

③ 施釉。分别采用喷釉、浸釉、浇釉等方法施釉。为便于控制釉层厚度，可采取浸釉与喷釉相结合或多次喷釉的方法。釉浆相对密度控制在 1.25～1.34 之间，釉层厚度为 0.6～1.5mm。

④ 烧成。将优化配方的干釉粉制成 ϕ10mm ×10 mm 的圆柱形试样 10 个，置于坯体试片上入电炉烧成。在升温过程中，从 1160～1200℃每隔 20℃，1200℃以后每隔 10℃取一次试样。观察釉料熔融情况，以判定其熔融温度范围。试验结果见表 5-17。

表 5-17　釉料熔融温度范围　　单位：℃

始熔温度	半球温度	流动温度	熔融温度范围
1200	1250	1270	1250～1270

上述测试结果表明，优化配方的烧成温度可在 1250～1270℃之间选取，与计算结果相吻合。

⑤ 烧成方法。由于所施釉层较厚，为了增强施釉前坯体的强度和吸水率，便于施釉，故采用低温素烧、高温釉烧的二次烧成工艺。素烧与釉烧均在实验室电炉中以氧化气氛烧成。素烧温度为 850～900℃，釉烧温度为 1250～1270℃。釉烧时从室温至最高温度，烧成时间为 5～5.5h，其中高温保温 30min，然后关闭或开启炉门自然冷却。

⑥ 关键技术。油滴釉的形成是基于釉中氧化铁在高温下分解出氧气，在釉中形成气泡，并以气泡为中心集结微细晶粒所致。为了探明氧化铁含量对油滴釉形成的影响，在固定其它工艺参数不变的前提下，改变氧化铁的用量，进行对比试验。试验结果见表 5-18。

表 5-18　釉中氧化铁含量的影响

Fe_2O_3 含量/%	油滴大小	油滴数量	釉面状况
2.1	无油滴	无油滴	光亮平整，具有金属光泽
4.1	直径约 1.5 mm	较多	光亮平整，较黑，油滴分布均匀，效果较好
6.0	直径一般为 2～3 mm	多	光亮平整，较黑，油滴分布均匀，效果较好
7.9	直径一般为 4～5 mm	较少	光泽弱，油滴晶斑较大，有少量凹坑
9.7	不规则	非常少	光泽暗，油滴晶斑几乎连成一片，并有铁锈出现

将制备好的釉料施于素烧坯上，控制釉层厚度分别为 0.4mm、0.9mm、1.3mm，烧后对比油滴晶斑生成情况。试验结果见表 5-19。

表 5-19　釉层厚度对烧成后釉的外观的影响

釉层厚度/mm	每块试片上油滴斑的相对数量	油滴的相对大小 ϕ/mm
0.4	比较少	0.3 左右
0.9	较多	1～1.5
1.3	少	2～3

试验中，最高烧成温度分别定为 1240℃、1260℃、1280℃，每个温度分别按二种升温速度（A：室温～1100℃，260℃/h；1100℃～最高温度，150℃/h。B：室温～最高温度，250℃/h）以及二种保温时间（10 min 和 30 min）烧成，关闭炉门冷却。烧后观察油滴生成

与釉面质量情况，详细情况见表 5-20。此外，还对关闭炉门或开启炉门的冷却效果进行了对比试验，试验结果见表 5-21。

表 5-20　烧成制度试验安排及试验结果

编号	烧成温度/℃	升温速度	保温时间/min	试验结果					
				油滴形貌	油滴大小	油滴分布	釉面光泽	有否凹坑	无油滴区域呈色
3-1#	1240	A	10	不规则	不均匀	不均匀	暗	少量	浅黑色
3-2#			30				较强		黑色
3-3#		B	10				暗	较多	浅黑色
3-4#			30				较强		黑色
3-5#	1260	A	10	雪花状、圆形	均匀	均匀	强	无	黑色
3-6#			30				较强		
3-7#		B	10	雪花状、不规则状	不均匀	不均匀	强	无	黑色
3-8#			30				较强		
3-9#	1280	A	10	雪花状、条纹状	不均匀	不均匀	强	无	黑色
3-10#			30				较强		
3-11#		B	10	条纹状、不规则状	不均匀	不均匀	强	无	黑色
3-12#			30				较强		

表 5-21　冷却方式试验结果

冷却方式	油滴形貌	油滴大小/mm	油滴分布	釉面光泽	是否有凹坑	无油滴区呈色
关闭炉门冷却	圆形、雪花状	1～3	均匀	强	无	黑色
开启炉门冷却	雪花状	1～2.5	均匀	较强	无	黑色

据有关资料介绍，油滴呈色与烧成气氛和着色氧化物的引入有关。为了进一步探明配料中着色氧化物对油滴晶斑呈色的影响，本试验在优化釉料配方的基础上，再分别加入几种着色氧化物进行试验。试验结果见表 5-22。

表 5-22　着色氧化物对油滴结晶体呈色的影响

编　号	油滴形貌	油滴颜色	油滴大小 ϕ/mm	釉面光泽	无油滴区呈色
4-1#(含 Fe_2O_3 基础配方)	雪花状	红褐色	1.5 左右	强	黑色
4-2#(外加 Co_2O_3 0.6%)	圆形	银白色	1 左右	浅	深黑色
4-3#(外加 CuO 2%)	圆形、雪花状	光亮银灰色	1～3	泛金属光泽	浅黑色
4-4#(外加 ZnO 1.5%)	圆形	红棕色	0.5～2	光泽暗	棕褐色
4-5#(外加 $MnCO_3$ 3%)	圆形	银灰色	0.5 左右	强	乌黑色
4-6#(外加 TiO_2 1.5%)	雪花状	浅黄色	1.5 左右	浅	黄褐色

五、分析点评

油滴黑釉器在国际上被称为油滴天目，油滴釉古称“油滴珠”，它是我国宋代福建水吉镇生产的一种名贵的铁结晶釉，其外观特征是在黑色釉面上散布有银灰色或赭色金属光泽的星斑，似浮在水面上的油滴，因而得名。油滴釉作为茶盏久负盛名，深受人们的喜爱。而今利用普通陶瓷矿物材料，添加适量的化工材料，在实验室采用箱式电炉，以氧化气氛成功烧制油滴天目釉为广大陶艺爱好者提供了参考依据。

六、思考题

① 试解释油滴釉形成原因？

② 查阅文献了解宋代建窑的有关历史与产品特点。

案例五　快速烧成结晶釉关键技术的研究

本案例利用正交试验法研究釉料配方，缩短了结晶釉的烧成时间，通过预埋晶种，缩短保温时间，最终确定出最佳工艺制度。

一、实验材料

所选用的天然矿物材料主要有高岭土、石英、玻璃粉、长石、方解石、滑石、锂辉石；其他材料有氧化锌、碳酸钡。上述材料均为粉状物料，实验所用材料的化学组成见表 5-23 所示。

表 5-23　材料化学组成　　单位：%

	SiO_2	Al_2O_3	K_2O	Na_2O	Fe_2O_3	TiO_2	CaO	MgO	Li_2O	烧失	合计
高岭土	47.28	37.41	2.51	0.23	0.78	—	0.36	0.10	—	12.03	100.70
石英	99.48	0.36	—	—	0.01	—	—	—	—	0.03	99.88
玻璃粉	72.47	2.71	0.85	11.70	0.13	0.05	8.13	4.38	—	—	100.42
长石	65.52	18.59	12.22	2.64	0.17	—	0.58	—	—	0.21	99.93
方解石	1.20	0.16	—	—	0.04	—	54.52	1.21	—	42.41	99.54
滑石	59.56	1.51	0.02	0.05	0.38	0.11	0.40	32.37	—	5.99	100.39
锂辉石	64.58	27.40	—	—	—	—	—	—	8.02	—	100.00

二、实验过程

(1) 工艺流程

该实验所用的工艺流程如图 5-2 所示。

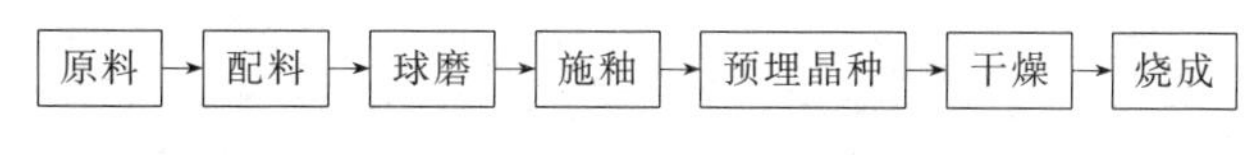

图 5-2　结晶釉制备流程图

(2) 釉料制备及烧成工艺参数

m(料)∶*m*(球)∶*m*(水)=1.0∶2.0∶0.6。

球磨时间：20min。

球磨细度：万孔筛筛余在 0.2%以下。

釉层厚度：比普通釉略厚为 0.3～0.5mm。

(3) 确定釉料配方

实验应用正交试验设计确定釉料成分，从而确定配方。在前期大量的实验基础上，确定了各个成分的 3 个水平，每种成分以克（g）为单位，如表 5-24 所示。选用 L27（313）的正交表，试验设计过程如表 5-25 所示。

表 5-24　釉料配方正交水平设计　　单位：g

	高岭土	石英	玻璃粉	长石	方解石	滑石	锂辉石	氧化锌	碳酸钡	保温时间/min
水平 1	85.10	0.00	21.25	161.27	50.56	15.24	1.94	140.25	—	20
水平 2	102.24	98.59	83.78	316.95	120.43	45.21	5.86	201.76	40.64	30
水平 3	121.53	214.63	233.45	420.54	182.21	103.74	20.93	281.53	82.38	40

表 5-25　正交实验设计表　　单位：g

	高岭土	石英	玻璃粉	长石	方解石	滑石	锂辉石	氧化锌	碳酸钡	保温时间(水平)
实验 1	1	1	1	1	1	1	1	1	1	1
实验 2	1	1	1	1	2	2	2	2	2	2
实验 3	1	1	1	1	3	3	3	3	3	3
实验 4	1	2	2	2	1	1	1	2	2	2
实验 5	1	2	2	2	2	2	2	3	3	3
实验 6	1	2	2	2	3	3	3	1	1	1
实验 7	1	3	3	3	1	1	1	3	3	3
实验 8	1	3	3	3	2	2	2	1	1	1
实验 9	1	3	3	3	3	3	3	2	2	2
实验 10	2	1	2	3	1	2	3	1	2	3
实验 11	2	1	2	3	2	3	1	2	3	1
实验 12	2	1	2	3	3	1	2	3	1	2
实验 13	2	2	3	1	1	2	3	2	3	1
实验 14	2	2	3	1	2	3	1	3	1	2
实验 15	2	2	3	1	3	1	2	1	2	3
实验 16	2	3	1	2	1	2	3	3	1	2
实验 17	2	3	1	2	2	3	1	1	2	3
实验 18	2	3	1	2	3	1	2	2	3	1
实验 19	3	1	3	2	1	3	2	1	3	2
实验 20	3	1	3	2	2	1	3	2	1	2
实验 21	3	1	3	2	3	2	1	3	2	1
实验 22	3	2	1	3	1	3	2	2	1	3
实验 23	3	2	1	3	2	1	3	3	2	1
实验 24	3	2	1	3	3	2	1	1	3	2
实验 25	3	3	2	1	1	3	2	3	2	1
实验 26	3	3	2	1	2	1	3	1	3	2
实验 27	3	3	2	1	3	2	1	2	1	3

（4）预埋晶种

釉中 ZnO 含量对析晶起决定性作用，在熔块及釉料中只有含一定数量的 ZnO 才能产生较大晶花，但含量较低时不利于析晶，含量较高时则产生无光釉。根据前期实验，确定 $m(\mathrm{ZnO}):m(\mathrm{SiO_2})=74:26$ 的晶种配方，于研钵内混合均匀，充分研磨后，用坯上埋晶种法预先埋定晶种。

三、数据记录与处理

按照序号依次进行实验，将烧成的试样按照 QB/T 1503—2011《日用陶瓷白度测定方法》测定釉面白度，根据国家标准 GB/T 3295—1996《陶瓷制品 45°镜向光泽度试验方法》测光泽度。通过试样在 15～145℃进行 5 次循环来测定抗热震性。再根据国家标准 GB/T 3532—2009 来确定釉面的合格程度，结合观察结晶釉的外观，为每组实验样品评定一个合理的分值，便于正交试验直观分析，数据记录与处理见表 5-26。

表 5-26　数据记录与处理分析

	白度/%	光泽度/%	抗热震性	有无结晶	晶花外观	数据记录与处理/min
实验 1	69	79	有裂痕	无	无	60
实验 2	87	94	无裂痕	有	晶花大而完整，晶莹透亮	98
实验 3	82	80	有裂痕	有	晶花过大，有熔化现象	84

续表

	白度/%	光泽度/%	抗热震性	有无结晶	晶花外观	数据记录与处理/min
实验 4	85	88	无裂痕	有	晶花大而完整	93
实验 5	85	89	无裂痕	有	晶花过大	90
实验 6	77	86	有裂痕	无	无	60
实验 7	79	86	有裂痕	有	晶花过大，有熔化现象	88
实验 8	84	89	无裂痕	有	晶花较小，完整	91
实验 9	85	84	无裂痕	有	晶花大而完整	92
实验 10	83	88	无裂痕	有	晶花过大，有熔化现象	89
实验 11	83	86	有裂痕	有	晶花较小	89
实验 12	86	91	无裂痕	有	晶花大而完整，晶莹透亮	96
实验 13	85	92	无裂痕	有	晶花完整	95
实验 14	88	93	无裂痕	有	晶花大而完整，晶莹透亮	99
实验 15	87	93	无裂痕	有	晶花过大	94
实验 16	86	91	无裂痕	有	晶花大而完整，晶莹透亮	96
实验 17	83	89	无裂痕	有	晶花过大	90
实验 18	79	88	有裂痕	无	无	60
实验 19	80	90	无裂痕	有	晶花大而完整	94
实验 20	80	90	无裂痕	有	晶花过大	90
实验 21	84	93	无裂痕	有	晶花较小，完整	92
实验 22	85	88	无裂痕	有	晶花过大	93
实验 23	85	89	无裂痕	有	晶花较小，完整	93
实验 24	77	89	无裂痕	有	晶花大而完整	95
实验 25	76	88	无裂痕	有	晶花较小，完整	94
实验 26	73	86	无裂痕	有	晶花大而完整	94
实验 27	75	85	有裂痕	有	晶花过大，有熔化现象	88

(1) 正交表直观分析

根据表 5-26 的分析结果，对每个配方进行直观分析（见表 5-27）。由表 5-27 可以看出，当高岭土为 3 水平，石英为 2 水平，玻璃粉为 3 水平，长石为 3 水平，方解石为 2 水平，滑石为 2 水平，锂辉石为 2 水平，氧化锌为 3 水平，碳酸钡为 2 水平时，为最佳配方，其中保温 30min 时最佳。求算各物质的质量百分比，最后可求得配方（见表 5-28）。

表 5-27　直观分析表

	高岭土	石英	玻璃粉	长石	方解石	滑石	锂辉石	氧化锌	碳酸钡	保温时间/min
均值 1	84.0	88.0	85.4	89.6	89.1	85.3	88.2	85.2	85.9	81.6
均值 2	89.8	90.2	88.1	85.0	92.7	92.7	90.0	88.7	92.8	95.2
均值 3	92.6	88.1	92.8	91.8	88.3	88.3	88.1	92.4	87.7	89.6
极差	8.6	2.2	7.3	6.8	7.3	7.3	7.2	7.2	6.9	13.7

表 5-28　分析结果

	高岭土	石英	玻璃粉	长石	方解石	滑石	锂辉石	氧化锌	碳酸钡	保温时间/min
最优水平	3	2	3	3	2	2	2	3	2	2(水平)
具体条件/g	121.53	98.59	233.45	420.54	120.43	45.21	5.86	281.53	40.64	30(min)
最优配方/%	7.58	7.31	17.31	31.19	8.93	3.35	0.43	20.88	3.01	—

从表 5-28 的极差可得出，在实验范围内，保温时间长短对结果的影响最大，其次高岭土的含量对结果也具有较大影响。

(2) 釉式

根据表5-28中的最优配方可得釉式为：

$$\left.\begin{array}{l}0.1069K_2O\\0.0357Na_2O\\0.1034L_2O\\0.0857CaO\\0.0249MgO\\0.2258BaO\\0.4176ZnO\end{array}\right\}\left.\begin{array}{l}0.9723Al_2O_3\\0.0012Fe_2O_3\end{array}\right\}4.3826SiO_2$$

(3) 最佳工艺

若采用原有配方在1000℃的温度下烧制质量比较稳定的结晶釉是不可能实现的。此次实验通过调整配方将最佳烧成温度由原来的1280℃降低到1000℃，烧成时间由400min缩短到200min，大幅缩短了烧成时间。

通过预埋晶种，熔制过程会发生如下化学反应：

$$SiO_2+2ZnO \longrightarrow Zn_2SiO_4$$

即在硅酸锌系釉熔块中产生了成晶物质——晶核。使晶花更容易形成，也使保温时间由原来的120min缩短到30min。

因此烧成制度可确定为：烧成温度由室温25℃升高至500℃，所用时间为1h；500℃到950℃，升温速率为300℃/h；950℃到最高温度1000℃的升温速率为150℃/h，在1000℃保温5min，快速降温至900℃，保温30min后自然冷却。

烧成周期也由原来的6h缩短至3h，达到快速烧成结晶釉的目的。

(4) 保温时间对数据记录与处理的影响

保温时间对晶花的形成有重要影响。保温时间越长，形成的晶花越大，但若保温时间过长，晶花则会产生熔化现象；保温时间过短，晶花则不易形成，因此确定保温时间为30min是最佳的。

四、分析点评

陶瓷制品在烧制过程中，由于釉料中含有过量的结晶剂，经熔融后结晶剂处于过饱和状态，在缓冷过程中形成析出晶体。我国古代的结晶釉都是高温铁结晶釉，在冷却过程中析出氧化铁晶体，其中最著名的就是宋代的建窑。目前，熔质除铁外，还有锌、锰、钛等也能产生结晶，我们把它们作为一种装饰性强的艺术釉。从艺术角度来说，结晶釉不是人工彩绘能达到的，一旦烧制成功，就不必再彩饰、彩烧，亦无铅毒之害。结晶釉虽已发展到商品化生产，但仍然还停留在工艺陈列陶瓷的圈子里，究其原因主要是：结晶釉成熟温度窄，析晶温度范围窄，釉料高温黏度低，极易造成流釉，使生产成品率低。如果结晶釉实现工业化生产，急待解决的问题主要有：扩大结晶釉的成熟温度范围；选择和确定适宜的结晶温度范围；提高黏度，降低流釉；晶花定形、定位及预定颜色；研究开发新的结晶釉体系；改进结晶釉的生产工艺。

五、思考题

① 试解释氧化锌结晶釉形成原理？

② 查阅文献了解宋代建窑的有关历史与产品特点。

案例六　混凝土轻骨料的制备

轻骨料混凝土是指采用轻骨料的混凝土，其表观密度不大于1950kg/m^3。轻骨料混凝土具有轻质、高强、保温和耐火等特点，并且抗震性能良好，弹性模量较低，在一般情况下收缩和徐变也较大。

轻骨料混凝土按其在建筑工程中的用途，分为保温轻骨料混凝土、结构保温轻骨料混凝土和结构轻骨料混凝土。此外，轻骨料混凝土还可以用作耐热混凝土，代替窑炉内衬。以天然多孔轻骨料或人造陶粒作粗骨料，天然砂或轻砂作细骨料，用硅酸盐水泥、水和外加剂（或不掺外加剂）按配合比要求配制而成干表观密度不大于1950kg/m^3 的混凝土。

混凝土轻骨料的制备是工程实践类，主要包括物料粉磨系统、物料输送系统、细粉收集系统、粉料储存和计量喂料系统、物料混合系统、轻骨料成型系统、轻骨料煅烧、冷却和储存系统以及废气处理系统等九部分。

一、实验要求

① 了解仪器设备的基本概况以及主要用途和使用方向。

② 考察使用部门对仪器设备的主要性能、指标的检测情况。

③ 了解各个设备的结构、工作原理、重要的技术参数、运行操作程序、安全注意事项及常见问题的解决措施。

④ 了解整条生产线的操作运行程序和控制，窑炉高温运行和燃气使用的安全注意事项。

二、仪器设备

辊式磨，天然气加热回转窑，成球机，脉冲袋收尘器，计量配料系统，竖式冷却机。

三、实验操作

① 材料粉磨。材料通过料仓、振动给料器进入立磨中进行粉磨（图5-3），立磨选粉系统选出的合格粉料随气体进入袋式除尘器进行收集，粗粉在磨内继续粉磨。

图5-3　立磨

② 输送。收集的粉料通过螺旋输送机输送至斗式提升机，被提升至粉料仓。合格的气体通过风机排入烟囱。粉料经仓下卸料装置进入螺旋输送机，再喂到斗式提升机。

③ 搅拌。从斗式提升机出来的粉料进入双轴搅拌机进行搅拌，若物料水分不够可加水搅拌。

④ 成球。混合料被喂入盘式成球机成球。

⑤ 煅烧。料球通过大倾角皮带输送机输送到回转窑进行煅烧（图5-4）。

⑥ 冷却。煅烧后的成品陶粒通过竖式冷却机进行冷却。

⑦ 储藏。被冷却后的陶粒通过斗式提升机进入成品仓储

藏（图 5-5）。窑尾烟气通过空气冷却器进行降温和收尘，然后再回立磨加热材料达到节能的效果。

图 5-4　回转窑图

图 5-5　成品仓

四、思考题

① 如何测定轻骨料的表观密度？

② 轻骨料混凝土的性能特点有哪些？

案例七　碳纤维布加固混凝土方法

碳纤维布加固采用同一方向排列的碳纤维织物，在常温下用环氧树脂胶粘贴于混凝土结构表面，让其紧密粘着于混凝土表面，使二者作为一个新的整体，共同受力，是一种非常简单且优良的加固补强方法。与传统的粘钢加固不同，碳纤维布加固在不增加结构物荷重的前提下达到高效加固的目的。

碳纤维布加固特点：施工简便（不需大型施工机构及周转材料）、快捷，没有湿作业，易于操作，经济性好；能提高结构的强度、耐腐蚀性及耐久性；能够适合任何形状的结构加固。适用范围广，施工工期短。

碳纤维布加固适用于对钢筋混凝土构件的抗弯、抗剪、抗震加固及砌体结构的抗震加固施工。

碳纤维布及胶黏剂的性能指标分别见表 5-29 和表 5-30。

表 5-29　碳纤维布的性能指标

材料名称	拉伸强度/(N/mm^2)	弹性模量/(N/mm^2)	设计厚度/mm	伸长率/%
碳纤维布	＞3000	2.3×10^5	0.167	＞1.5

表 5-30　胶黏剂的性能指标

材料名称	拉伸强度/(N/mm^2)	抗弯强度/(N/mm^2)	伸长率/%	适用温度/℃
胶黏剂	＞40	＞50	＞1.5	5～40

一、仪器设备

卧轴式混凝土搅拌机，电磁式混凝土振动台，微机液压万能试验机。

二、实验操作

（1）施工准备

认真阅读施工图纸，根据被加固构件混凝土的实际情况拟订施工方案和计划，对所使用的碳纤维片材、配套树脂、机具等做好施工前的准备工作，并按加固设计部位放线定位。

（2）混凝土表面处理

① 混凝土表面出现夹渣、空鼓、蜂窝、腐蚀等缺陷部位应予以清除，对于较大面积的劣质层在清除后应用环氧砂浆进行修补。

② 除去混凝土表面的浮浆、油污等杂质，被粘贴的混凝土表面要打磨平整，尤其是表面的凸起部位要磨平。

③ 混凝土表面清理干净，并保持干燥。

（3）涂刷底胶

配制底胶，将底胶均匀涂刷于混凝土表面，待胶固化后（固化时间视现场气温而定，以指触干燥为准）立即进行下一工序施工。

（4）找平

待底胶固化后即可转入下道工序。配制并涂刷修补胶，修补拼缝及表面缺损，使砼表面平整。如果砼表面凹凸不平较严重，可将无灰尘的干砂子混入修平树脂中，使砼表面基本平整，然后用修补胶抹平表面，转角粘贴处要进行倒角处理，并打磨成光滑的圆弧，其曲率半径应不小于20mm。

（5）涂刷浸渍树脂（粘贴树脂）

配制浸渍树脂并均匀涂抹于待粘贴的部位，在搭接、混凝土拐角等部位要多涂刷一些。涂刷厚度要比底胶稍厚。严禁出现漏刷现象，特别注意要粘贴碳纤维布的边缘部位。

（6）粘贴碳纤维布

① 裁剪碳纤维布。

② 在粘贴碳纤维布之前，按加固部位放线定位。

③ 在确定所粘贴部位无误后铺贴单层碳纤维布，然后用滚子沿纤维方向重复滚压，挤出气泡，并使浸渍胶浸透碳纤维布。再在碳纤维布表面均匀涂刷一遍浸渍胶，并用滚子或软刮板重复滚压压实。注意纤维编织方向。

待碳纤维布上的浸润树脂基本凝胶后，均匀刷一层表面处理树脂。

④ 多层粘贴（层数不宜超过五层，否则将导致混凝土结构的脆性破坏）应重复上述步骤，待碳纤维布表面指触干燥方可进行下一层的粘贴。

⑤ 在最后一层碳纤维布的表面均匀涂抹浸渍胶。

（7）表面养护防护

粘贴后碳纤维布需在规定温度下养护72h，为了防止加固后的混凝土构件表面受损，提高耐久性必须进行外部防护，一般可采取抹水泥砂浆等措施。

三、分析点评

碳纤维布具有较高的弹性模量，而且拉伸强度高，碳纤维布抗老化性强，与水泥基材料结合得较好，能够大幅度提高混凝土的拉伸强度。碳纤维板一般用于建筑加固和补强工程。本案例中用碳纤维布加固混凝土梁的结果证明，碳纤维布与混凝土两者的界面黏结得非常好，加固效果良好。

案例八　助磨剂在水泥粉磨中的作用和应用

在水泥生产期间，水泥粉磨是主要的项目与内容，水泥粉磨作业主要通过球磨机依靠冲击和研磨作用来实现粉碎。粉碎作用通过研磨体的表面传递给物料的颗粒，单颗粒粉碎的偶然性使大量能量消耗在研磨体之间以及研磨体与磨机衬板之间的碰撞和磨损上，因而粉磨效率很低。因此怎样提升粉磨期间能源转化率成了亟待解决的主要问题。有研究显示，添加适量助磨剂可有效促进其粉磨效率与能量利用率的快速提升，所以需要对助磨剂在水泥粉磨过程中的作用以及影响进行分析，促进水泥生产质量的全面提升。

水泥助磨剂是在水泥粉磨过程中向系统内添加的化学药剂的总称，主要是由一些表面活性剂、分散剂、激发剂等组成。在粉磨过程中加入助磨剂能显著降低粉体表面自由能，防止水泥颗粒的团聚，从而提高粉磨效率和能量利用率，同时具有改善和优化水泥颗粒的分布，提高水泥强度、改善水泥性能等作用。

一、助磨剂的主要作用

（1）提高水泥粉磨效率

助磨剂的分散作用，可防止水泥颗粒在磨机内团聚，磨细的水泥颗粒被及时通过篦板输送出磨，减少了过粉磨现象，提高了磨机的粉磨效率，助磨剂的分散作用可使磨内糊球、糊衬板现象得到很大的改善，从而减少了“糊层”的缓冲作用对粉磨效率的负影响，提高了磨机电能转化为机械冲击能的效率。在保持水泥颗粒分布不变的情况下，可使磨机产量得以提升，水泥粉磨电耗降低。助磨剂的提产效果明显，且在相同混合材掺量时，还使水泥的强度有了增加。山西中条山新型建材有限公司统计得出使用助磨剂后平均台效提高了3～5t/h，且在相同混合材掺加量条件下，水泥强度提高了1～3MPa，粉磨效率提升明显。

（2）改善水泥流动性，减少水泥输送能耗

由于助磨剂的分散作用，在水泥颗粒表面形成的薄膜削弱了水泥颗粒之间的团聚力和对水泥输送储存设备的黏附力，水泥的流体力学性能得以改善。通用在水泥中掺加助磨剂以后，其流动性有所提高。随着水泥流动性的改善，粉磨效率得以提高。

① 水泥流动阻力减小不易挂壁、结块，增加了水泥库的库容，且不用经常清库，节约清库成本，提高了水泥库的使用效率。

② 水泥流动阻力减小，可缩短水泥的输送和装卸时间，加快了水泥的运输速度。

③ 可减少长途运输车辆的水泥挂壁和袋装水泥的结块现象而造成的浪费，尤其是袋装水泥的结块会给用户造成不必要的浪费。

(3) 提高水泥比表面积，提升产品质量

高效复合水泥助磨剂可以提高水泥比表面积，加快水泥水化速度。复合助磨剂增强激发成分的作用，能够有效提高水泥强度。

二、助磨剂的使用注意事项

(1) 助磨剂添加方法的控制

助磨剂添加方法包括两方面的内容：一是添加点的选择；二是添加量的控制。如果以每吨水泥使用300g的量来考虑，假定水泥的勃氏比表面积为$300m^2/kg$，一吨水泥颗粒的表面积总量约$3\times10^5m^2$。为了使助磨剂发挥作用，必须使它们均匀扩散到这些颗粒表面的所有反应部位，即在粉磨过程中其表面的电价键被分开的地点，应尽量选用液体助磨剂，并进行适当的稀释。添加助磨剂溶液时要尽可能接近磨机，如有可能，直接加入磨内，最理想的情况是把助磨剂添加到磨机细磨仓的细物料上。同时，要避免助磨剂的损失。

助磨剂添加量的控制主要是指要保证助磨剂添加量的均匀性和合理性。助磨剂应根据磨内物料量的变化均匀地增加或减少，并保持合理的掺量。不均匀添加或助磨剂添加过量容易导致磨机操作的不稳定，不但不能提高产量，反而影响了正常生产。

(2) 磨内物料停留时间的控制

磨内物料停留时间的控制，主要是针对开流磨生产中助磨剂的使用。在开流磨中，由于一次性完成粉磨作业，因此控制物料流速非常重要。在一般情况下，添加助磨剂使物料的流速加快，物料细度相对流速的变化更加敏感。添加助磨剂后一定要同步测量物料细度的变化情况，以判断磨内物料的流速，以保证磨内停留时间在合理的范围内，不要使停留时间缩短过多。必要的情况下可采取一定的措施来适当延长停留时间，如封闭一部分卸料篦板的篦缝，或加入少量可允许添加的最小尺寸的研磨体来增加装球量。

一般在磨机产量不变的情况下，添加助磨剂的水泥早期及后期强度与空白水泥相比，有2～5MPa的提高幅度。在水泥质量不变的情况下，水泥磨机产量提高15%左右，或者使混合材的掺加量增加4%～10%。

(3) 循环负荷的合理控制

在闭路磨机系统中，添加助磨剂后循环负荷量减少，因为助磨剂的助磨作用使粉磨过程中产生更多的细颗粒，当喂入磨机的物料量恒定时，较多细颗粒作为成品卸出就使得循环负荷量减少。这时，就可适当增加喂料量以使磨机的循环负荷量逐渐恢复到原来水平，实际上就是增加了磨机的产量。

要使添加助磨剂前后整个粉磨系统运行平衡，必须保持相同的循环负荷，以使选粉机的喂料量相同，从而保证助磨剂在闭路粉磨中的最佳使用效果。在一般情况下，只要磨机运行状况良好，循环负荷合理，助磨剂就可以达到预期的助磨效果。

三、助磨剂的应用

(1) 水泥配比及助磨剂掺加量

水泥配比：未掺助磨剂时的熟料∶粉煤灰∶矿渣∶石灰石∶石膏=50∶29∶11∶5∶5(质量比)；掺助磨剂时的熟料∶粉煤灰∶矿渣∶石灰石∶石膏=45∶31∶10∶9∶5(质量比)，助磨剂掺加量为水泥总质量的0.1%。

(2) 使用效果

助磨剂使用前后水泥性能比较见表5-31。而且，增强型助磨剂的经济效益也相当可观。

表 5-31 助磨剂使用前后水泥性能比较

项目	80μm筛余/%	45μm筛余/%	比表面积/(m^2/kg)	初凝/min	终凝/min	稠度/%	安定性	抗折强度/MPa		抗压强度/MPa	
								3d	28d	3d	28d
未掺助磨剂	2.64	10.3	392	230	295	27.6	合格	2.5	7.9	14.8	35.4
掺加助磨剂	1.12	9.6	410	224	282	28.0	合格	3.8	8.3	15.6	36.6

四、分析点评

提高粉磨效率有两种途径：一方面，可通过改进粉磨系统的设置及内部装置，如采用节能衬板、可调隔仓板、高效选粉机等有效地降低磨机能耗，提高粉磨效率；另一方面，就是对被粉磨物料进行表面改性，改善物料自身的易磨性及与研磨介质的作用模式。在粉碎过程中，当水泥颗粒的粒度减小至微米级后，颗粒的质量趋于均匀，缺陷减少，强度和硬度增大，粉磨难度大大增加。同时因比表面积及比表面能显著增大，微细颗粒相互团聚（形成二次颗粒或三次颗粒）的趋势明显增强，这时粉磨效率将下降，单位产品能耗将明显提高。助磨剂的掺入既可减少颗粒的团聚，又有利于破碎过程中颗粒裂纹的扩展。一方面是因为助磨剂中的表面活性物质能铺展吸附于颗粒表面，而颗粒在研磨介质的冲击下会产生裂纹，在裂纹扩展的过程中，吸附于其表面的助磨剂可通过表面张力向裂纹内渗透，进入新生裂纹内部的助磨剂分子引起了劈契作用，使裂纹逐渐扩展，直到最后颗粒裂为几个更小的颗粒。另一方面助磨剂的加入降低了颗粒的表面能，即减小了颗粒间黏附力，并有效地阻止了颗粒间的团聚，使颗粒易于滑动，增大了物料间的流动性；复合助磨剂中无机盐的使用可以迅速提供外来电子或分子，平衡因粉碎而产生的不饱和价键，防止颗粒再度聚结，从而抑制粉碎逆过程的进行；改善了磨内工作状况，最终有效地提高了粉磨效率。

五、思考题

① 试述水泥助磨剂的主要作用。

② 颗粒粉磨到一定细度为什么会团聚？

案例九 800 密度等级的渣土陶粒制备

建筑渣土是指在建筑工程、装饰工程、修复和养护工程的过程中所产生的建筑垃圾和工程渣土。当前，渣土的处置方式主要是简单的堆放和填埋，这不仅造成了大量的土地被占用，而且还造成了严重的环境污染问题，进而影响了人类的生存。将渣土制备成陶粒是对其建材资源化利用的有效途径之一。针对当前市场高强陶粒较为缺乏的现状，天津城建大学材料学院研制了 800 密度等级、粒径不同的渣土陶粒，并研究材料配方和烧制工艺对渣土陶粒性能的影响规律，从而确定其最优配方和工艺，然后通过超景深光学显微镜和扫描电镜对不同粒径渣土陶粒的性能进行了研究分析。

一、试验

（1）原材料

渣土：取自天津市地铁 6 号线盾构产生的渣土。粉煤灰：取自天津火电厂锅炉燃烧的废弃物。污泥：取自天津咸阳路污水处理厂经压滤过的脱水污泥。秸秆：取自天津蓟县农用废弃物。

（2）试验方案

烧制高强陶粒的材料化学成分范围：SiO_2 为 53%～79%，Al_2O_3 为 10%～25%，熔剂之和为 13%～26%。在结合实验所用原材料并尽可能多利用渣土的情况下，初步采用预热温度 500℃，预热时间 20min，焙烧时间 15min，焙烧温度 1150℃的烧制工艺。

（3）试验方法

渣土陶粒的宏观性能（堆积密度、表观密度、筒压强度、吸水率、烧失量）测试方法按标准《轻集料及其试验方法 第 2 部分：轻集料试验方法》（GB/T 17431.2—2010）进行。

采用型号 VH-Z500R 超景深光学显微镜和 JSM-7800F 扫描电镜对渣土陶粒的微观结构进行观察分析。

二、结果与讨论

（1）初步材料配方对渣土陶粒堆积密度的影响

① 随着粉煤灰掺量的增大，渣土陶粒的堆积密度逐渐降低，烧制的渣土陶粒不会产生熔化现象，粒度比较均匀。用粉煤灰掺入到渣土中制得的陶粒强度比较大。

② 随着污泥掺量的增大，陶粒的堆积密度变小，但是幅度不大。利用污泥做辅料掺入到渣土中制备渣土陶粒并不能得到理想要求下的陶粒。

③ 在试验原材料中加入秸秆后，陶粒烧制过程中能够产生大量的气体，从而引起陶粒体积膨胀。不过在试验材料中掺入秸秆确实能够降低陶粒的堆积密度，但是对试验过程不好控制，熔剂物质不能及时包裹住表面，导致表面粗糙，不能成釉，从而导致陶粒的强度变小。在加秸秆的料球烧制过程中，其有机物燃烧还会产生大量有刺激性气味的烟气，对环境产生一定的污染，也对人的身体健康产生一定的影响。因此，材料中掺入秸秆的方法也不可采用。

④ 陶粒的堆积密度随污泥掺量的增加先降低后减小，不呈线性变化，并且当 m(渣土)∶m(污泥)＝60∶40，外加 10%的秸秆时，在 1150℃下陶粒会熔化，得不到符合标准的渣土陶粒，进一步说明污泥不适合作为制备渣土陶粒的材料。

综上所述，利用渣土掺加固体废弃物制备渣土陶粒的最佳辅料是粉煤灰。

（2）温度优化对渣土陶粒堆积密度的影响

焙烧温度是烧制符合性能要求陶粒的主要因素。因此选取粉媒灰为辅料的实验组来寻找最佳温度，以陶粒不烧熔化为最佳温度标准，保持预热温度、预热时间、焙烧时间不变，改变焙烧温度，于是得到不同比例下渣土与粉煤灰制备的陶粒最佳焙烧温度（表 5-32）。

表 5-32　陶粒最佳焙烧温度　　单位：℃

m(渣土)∶m(粉煤灰)	90∶10	80∶20	70∶30	60∶40
最佳焙烧温度/℃	1160	1180	1200	1230

（3）配方优化对渣土陶粒堆积密度的影响

在保证温度不变的条件下，对陶粒的配方进一步优化，同时保持预热温度、预热时间、焙烧时间不变，选择 m(渣土)∶m(粉煤灰)＝75∶25，焙烧温度为 1190℃，进行试验，最终得到 800 密度等级的渣土陶粒。

（4）渣土陶粒性能

① 宏观性能。800 密度等级渣土陶粒的宏观性能如表 5-33 所示。

表 5-33　800 密度等级渣土陶粒的宏观性能

密度等级	粒径/mm	筒压强度/MPa	堆积密度/(kg/m^3)	表观密度/(kg/m^3)	1h 吸水率/%	烧失量/%
800	10～15	5.2	760	1483	1.6	1.4
800	15～25	4.6	729	1329	1.7	1.4

由表 5-33 可知，该密度等级的渣土陶粒随着粒径的增大，筒压强度、堆积密度和表观密度逐渐降低，1h 吸水率和烧失量变化不明显。

② 微观性能。对所制得的 800 密度等级（10～15mm，15～25mm）粒径的渣土陶粒用扫描电镜观察其内部微观结构可知，10～15mm 粒径渣土陶粒内部结构较疏松，孔隙较多，并且孔径较大。

（5）渣土陶粒成本分析

当前市场上常见 800 密度等级、粒径 8～20mm 粉煤灰陶粒出厂价为 240 元每立方米，本试验制备的密度等级渣土陶粒，由于掺加的粉煤灰掺量为 20%～30%，其余为渣土（不收取费用），由此可以预估渣土陶粒出厂价在 48～72 元之间每立方米，远远低于市场上销售的粉煤灰陶粒，经济效益突出。

三、结论

本试验研制了 800 密度等级，粒径不同（10～15mm，15～25mm）的渣土陶粒。探究了材料配方、烧制工艺对渣土陶粒性能的影响规律，同时采用超景深光学显微镜和扫描电镜对渣土陶粒的微观结构进行了分析，得出的主要结论如下。

① 渣土：粉煤灰质量配比为 75：25 时，预热温度 500℃，预热时间 20min，焙烧时间 15min，焙烧温度 1190℃条件下，可制备出不同粒径（10～15mm，15～25mm）的 800 密度等级渣土陶粒。

② 不同粒径下的渣土陶粒微观结构均比较疏松，其中小粒径渣土陶粒内部结构相比大粒径较疏松，孔隙较多，孔径较大。

参 考 文 献

[1] 伍洪标．无机非金属材料实验（第二版）[M]．北京：化学工业出版社，2011.
[2] 王瑞生．无机非金属材料实验教程 [M]．北京：冶金工业出版社，2004.
[3] 吴音、刘蓉翾．新型无机非金属材料制备与性能测试表征 [M]．北京：清华大学出版社，2016.
[4] 曹文聪，杨树森．普通硅酸盐工艺学 [M]．武汉：武汉理工大学出版社，2008.
[5] 宋晓岚．无机材料工艺学（第一版）[M]．北京：冶金工业出版社，2007.
[6] 陈运本，陆洪彬．无机非金属材料综合实验 [M]．北京：化学工业出版社，2007.
[7] 黄新友．无机非金属材料专业综合实验与课程实验 [M]．北京：化学工业出版社，2018.
[8] 刘维良，喻佑华．先进陶瓷工艺学 [M]．武汉：武汉理工大学出版社，2004.
[9] 刘康时．陶瓷工艺学 [M]．北京：中国建筑工业出版社，1981.
[10] 张长森．无机非金属材料工程案例分析 [M]．上海：华东理工大学出版社，2012.
[11] 李计元，马玉书．利用高温物性测试仪测定釉料熔融温度范围的几点说明 [J]．科技创新导报，2014，(35)：1-2.
[12] 李计元．浅析利用高温物性测试仪研究釉的熔融性能 [J]．中国陶瓷工业，2017，24 (1)：27-30.
[13] DIN 52312 (2)—75．玻璃黏度的测定．旋转式黏度计测定法．
[14] 南京玻璃纤维研究设计院．玻璃测试技术 [M]．北京：中国建筑工业出版社，1987.
[15] JC/T 679—1997．玻璃平均线性膨胀系数试验方法 [B].
[16] JC/T 16535—1996．工程陶瓷线膨胀系数试验方法 [B].
[17] GB/T 17669.3—1999．建筑石膏．力学性能的测定 [B].
[18] QB/T 1639—2014．陶瓷模用石膏粉 [B].
[19] 彭毅．氧化铝陶瓷热压铸压成型与颗粒尺寸分布关系的研究 [J]．陶瓷工程，2000，34 (2)：7-10.
[20] 谢昌平，周彩楼，王圆，等．热压铸成型陶瓷反射体坯体低温脱脂和烧成工艺研究 [J]．陶瓷学报，2011，32 (2)：187-191.
[21] 王鹤锟，雅菁，周彩楼，等．陶瓷注射成型注射和脱脂工艺关键参数的控制 [J]．天津城市建设学院学报，2010，16 (1)：48-51.
[22] 周彩楼，毛燕青，吴楠．二氧化锆陶瓷注射成型工艺研究 [J]．天津城建大学学报，2015，21 (3)：210-214.
[23] 谢昌平，周彩楼，陈涛．陶瓷注射成型混料工艺及坯体产生缺陷研究 [J]．材料导报，2012，26 (8)：133-136.
[24] 欧阳胜林．黑色氧化锆陶瓷刀的研制 [J]．现代技术陶瓷，2008，(4)：10-12.
[25] 千粉玲，谢志鹏，孙加林，等．非均匀沉淀法制备黑色氧化锆陶瓷 [J]．硅酸盐学报，2011，39 (8)：1290-1294.
[26] 邵忠宝，王伟．用保护共沉淀法制备纳米 ZrO_2 (Y_2O_3) 粉体 [J]．材料研究学报，2002，16 (2)：210-213.
[27] 吴其胜．醇水加热水热法制备稳定 Y-Ce-ZrO_2 纳米粉体 [J]．硅酸盐学报，2004，32 (9)：1170-1173.
[28] 鄂磊，徐明霞，汪成建．Ag/TiO_2 光催化剂的性能及其光催化机理的研究 [J]．稀有金属材料与工程，2003，32：578-581.
[29] 鄂磊，徐明霞．贵金属修饰型 TiO_2 的催化活性及费米能级对其光催化性能的影响 [J]．硅酸盐学报，2004，32 (12)：1536-1541.
[30] 王芬．硅酸盐制品的装饰及装饰材料 [M]．北京：化学工业出版社，2004.
[31] 汪良贤．关于无光釉的几个问题 [J]．中国陶瓷工业，2001，8 (1)：43-45.
[32] 刘志国．浅谈建筑卫生陶瓷色料调配技术 [J]．陶瓷科学与艺术，2005 (2)：22-24.
[33] 秦威．陶瓷色料的调配方法 [J]．佛山陶瓷，2005 (5)：15-16.
[34] 翟新岗．陶瓷色料在炻瓷无光釉中的应用 [J]．佛山陶瓷，2009 (22)：8-11.
[35] 翟新岗．浅谈影响陶瓷色料呈色的因素 [J]．砖瓦，2007 (10)：30-31.
[36] 郭强．油滴釉的仿制实验 [J]．中国陶瓷，2000，36 (5)：12-14.
[37] 邵明梁，付兴华，章希胜．低温快烧结晶釉的研制 [J]．河北陶瓷，1998，(1)：3-6.
[38] 裴新美，刘小娟．低温快烧结晶釉的研制 [J]．中国陶瓷，2008，44 (3)：55-57.
[39] 王金锋．磷矿渣用于陶瓷坯料试验研究 [J]．江苏陶瓷，2001，34 (4)：20-22.
[40] 缪松兰，马光华，资文化．油滴釉制作工艺的研究 [J]．中国陶瓷工业，2002，9 (2)：5-13.
[41] 陈显求，黄瑞福，陈士萍，等．宋代天目名釉中液相分离现象的发现 [J]．景德镇陶瓷，1984，(1)：4-12.
[42] 叶巧明，张其春．烧成制度与结晶釉相关性的研究 [J]．陶瓷，2002，(1)：37-38.

[43] 张译文，邵明梁，孔祥明，等．快速烧成结晶釉关键技术的研究 [J]．陶瓷，2016，(8)：37-41.
[44] 王春晓，张希艳．现代材料分析与测试技术 [M]. 北京：国防工业出版社，2010.
[45] 吕彤．材料近代测试与分析实验 [M]. 北京：化学工业出版社，2015.
[46] 陈泉水等．无机非金属材料物性测试 [M]. 北京：化学工业出版社，2012.
[47] 金分树、宁彩珍．建筑材料 [M]. 上海：上海交通大学出版社，2014.
[48] GB/T 50081—2002. 普通混凝土力学性能试验方法标准 [B].
[49] 何秀兰．无机非金属材料工艺学 [M]. 北京：化学工业出版社，2016.
[50] 张锐．现代材料分析方法 [M]. 北京：化学工业出版社，2007.
[51] JGJ 55—2011. 普通混凝土设计规程 [B].
[52] GB/T 18736—2017. 高强高性能混凝土用矿物外加剂 [B].
[53] GB/T 1596—2017. 用于水泥和混凝土中的粉煤灰 [B].
[54] GB/T 1346—2011. 水泥标准稠度用水量、凝结时间、安定性检测方法 [B].
[55] GB/T 17671—1999. 水泥胶砂强度检测方法 [B].
[56] GB/T 208—2014. 水泥密度测定方法 [B].
[57] GB/T 8074—2008. 水泥比表面积测定方法 勃式法 [B].
[58] GB/T 1345—2005. 水泥检验方法 筛析法 [B].
[59] GB/T 2419—2005. 水泥胶砂流动度方法 [B].
[60] GB/T 18046—2017. 用于水泥、砂浆和混凝土中的粒化高炉矿渣粉 [B].
[61] GB/T 8076—2008. 混凝土外加剂 [B].
[62] 王涛等．无机非金属材料实验 [M]. 北京：化学工业出版社，2010.
[63] GB/T 50080—2016. 普通混凝土拌和物性能试验方法标准 [B].
[64] GB 14684—2011. 建筑用砂 [B].
[65] GB 14685—2011. 建筑用卵石、碎石 [B].
[66] JGJ/T 23—2011. 回弹法检测混凝土抗压强度技术规程 [B].
[67] CECS 02：2005. 超声-回弹综合法检测混凝土强度技术规程 [B].
[68] GB/T 50082—2009. 普通混凝土长期性能和耐久性能试验方法标准 [B].
[69] CECS 21—2000. 超声法检测混凝土缺陷技术规程 [B].
[70] 吴新璇．混凝土无损检测技术手册 [M]. 北京：人民交通出版社，2003.
[71] 王文明．无损检测技术发展与应用 [M]. 北京：中国水利水电出版社，2012.
[72] GB/T 176—2017. 水泥化学分析方法 [B].
[73] 李志辉，等．无机非金属材料工程专业创新实验 [M]. 北京：冶金工业出版社，2016.
[74] CECS 207CECS 207：20062006. 高性能混凝土应用技术规范 [B].
[75] JGJ/T 385CECS 207：20062015. 高性能混凝土评价标准 [B].
[76] GB/T18736CECS 207：20062017. 高强高性能混凝土用矿物外加剂 [B].
[77] JGJ/T 281CECS 207：20062012. 高强混凝土应用技术规程 [B].
[78] 徐芝强等．助磨剂在水泥粉磨中的作用及对水泥性能的影响 [J]．混凝土，2017，1：76-81.
[79] 李逸．助磨剂在水泥粉磨中的作用及对水泥性能的影响 [J]．建材与装饰，2018，33：61.
[80] 高瑞晓，荣辉等．800 密度等级的渣土陶粒制备及性能研究 [J]．硅酸盐通报，2017，36 (5)：1647-1650.